21世纪马克思主义研究丛书

技术实践的真理意义研究

李宏伟　著

人民出版社

总　　序

21世纪马克思主义与当代中国马克思主义，是蕴含着中国共产党丰厚理论自信与博大实践抱负的两个命题。两者所指，都是中国特色社会主义。21世纪马克思主义所指，是中国特色社会主义在世界上的时间维度与空间维度。如果说19世纪马克思主义是科学的理论形态，20世纪马克思主义是探索的实践形态，21世纪马克思主义则是创新的发展形态。当代中国马克思主义所指，是中国特色社会主义在中国的时间维度和空间维度。中国特色社会主义是中国共产党人将马克思主义与当代中国实践相结合的产物，是马克思主义中国化在当代的成果。习近平新时代中国特色社会主义思想，则是当代中国马克思主义的最新境界。

习近平总书记在哲学社会科学工作座谈会上的讲话中指出，哲学社会科学是人们认识世界、改造世界的重要工具，是推动历史发展和社会进步的重要力量，其发展水平反映了一个民族的思维能力、精神品格、文明素质，体现了一个国家的综合国力和国际竞争力。在新的历史条件下推进对马克思主义的研究，就是要站在21世纪马克思主义、当代中国马克思主义的高度和视角，研究中国特色社会主义的丰富内涵。这正是华中师范大学编写"21世纪马克思主义研究丛书"（以下简称"丛书"）的初衷。迈向新征程，由华中师范大学马克思主义学院组织编写的这套丛书，作为建党100周年献礼图书，希望对推动马克思主义理论研究创新发展作出应有的贡献。

“丛书”努力做到选题重大，突出使命担当。马克思主义深刻改变了世界，也深刻改变了中国。特别是建党100周年以来，在马克思主义指导下，中国共产党带领中国人民破解了一系列发展难题，书写了中国奇迹，中华民族迎来了从站起来、富起来到强起来的伟大飞跃，也为人类社会发展贡献了中国智慧和中国方案。中国特色社会主义现代化建设的成功实践使中国成为当代马克思主义最重要的实践之地、创新之源。“丛书”总结建党100周年以来中国特色社会主义建设的伟大成就和马克思主义中国化的研究成果，阐明了要学好用好习近平新时代中国特色社会主义思想，用马克思主义学术体系、话语体系去思考分析中国奇迹、中国道路、中国方案、中国经验的理论逻辑。

“丛书”努力做到立场坚定，突出政治底色。坚持以马克思主义为指导，这是我们党带领人民进行社会主义革命、建设和改革伟大实践最为宝贵的经验，总结好这样的经验，在新时代更好地坚持和发展中国特色社会主义，是全党全社会的共同课题，也是思想理论界的重大政治责任。“丛书”坚持马克思主义的基本观点、基本原理和基本方法，强调历史与逻辑相结合、理论与实践相结合、归纳与演绎相结合，从研究对象到分析方法到基本结论，都体现了坚持以马克思主义为指导的政治要求，对如何坚持以马克思主义为指导进行学术研究提供了很好的示范和样板。

“丛书”努力做到立足创新，突出研究本色。马克思主义是一个开放的理论体系，创新是马克思主义的灵魂。马克思主义中国化的过程是自我革命的过程，是崭新的过程。新时代的伟大历程为马克思主义理论的创新提供了强大的理论和实践需求。“丛书”认真听取时代的声音，回应时代的号召，深入研究解决重大和紧迫的理论和实践问题，努力促进马克思主义理论的创新。

作为全国最早研究和传播马克思主义的重要阵地之一，华中师范大学马克思主义学院拥有悠久的革命历史、厚重的理论积淀、突出的学科贡献和浓厚的育人氛围。悉数历史沿革，从最早的中原大学教育学院政治系，到如今的华中师范大学马克思主义学院，七十多年的呕心沥血与学脉延续，是一代又一代的马克思主义者的青春无悔和使命担当。也是由此，华中师范大学马克思主义学院能够在历史发展的基础上，传承和发扬“红色基因”，筑牢新时代高校思想政治工作生命线，培养与时俱进的马克思主义理论工作者与实践者，为高校立德树人根本任务积极践行使命。先后入选湖北省重点马克思主义学院和全国重点马克思主义学院，成为马克思主义教育教学、学科建设、理论研究与宣传和人才培养的坚强阵地。马克思主义基本原理专业入选国家重点学科，马克思主义理论学科列入学校一流学科建设重点行列。

站在新起点上，华中师范大学马克思主义学院将牢记习近平总书记的指示精神，加强对党和国家发展重大理论和现实问题的研究力度，加强一流马克思主义研究高地和一流马克思主义思想阵地建设，努力在研究阐释21世纪马克思主义、当代中国马克思主义，加强思想理论引领、构建中国特色话语体系方面，形成重大学术成果、理论成果，作出新的更大贡献。

“21世纪马克思主义研究丛书”编委会主任

赵凌云

2021年4月28日

目　　录

自　序

本书系国家社科基金项目成果(15BZX027),经全国哲学社会科学工作办公室审核,结项成绩“良好”。以“技术实践的真理意义研究”为题具有三方面含义,一是明确提出“技术实践真理”概念,二是探究技术实践在何种意义上归属真理,三是阐明技术实践真理研究具有怎样重要的哲学理论价值与社会现实意义。按照阿尔都塞所言,实践哲学作为一种全新哲学范式是当代哲学的“问题框架”,本书就是在实践哲学特别是马克思人类学实践哲学视阈下的具体问题研究。

实践哲学可追溯到亚里士多德伦理学,但亚里士多德的理论、实践、生产是相互分立的三种不同行动模式。到了近代,一方面是将实践等同于生产,另一方面是理论与实践彻底分离。现代西方思想中,伽达默尔、哈贝马斯、麦金泰尔等遵循亚里士多德传统,将实践哲学视作一种主体间性的交往理论,把人对自然的技术实践排除在外,未能摆脱传统哲学确定性寻求的本体论思辨。

我国20世纪70年代末“真理问题”大讨论,更多是在哲学之外的思想解放、拨乱反正政治意义。当时的实践理解主要是作为获得感性材料手段,同时也是检验一切真理的最终标准。实践概念还是从属于物质本体论,只是理论活动的外在附属环节。实践是检验真理的唯一标准,但真理最终还是归属理论,实践自身的真理意义被形而上学的“理论优位”所遮蔽。

到20世纪80年代中期以后，学界针对传统教科书体系的物质本体论提出了实践本体论，“实践”被提升为类似形而上学的“本体”或者“实体”范畴。马克思反对“实践”的本体论形而上学理解，也无意构建亚里士多德式的“第一哲学”。马克思理解的实践不是以“解释世界”为目的的抽象理论思辨，而是以“改变世界”为目的的现实实践活动。马克思把实践理解为人类的感性活动，秉持变革人类社会现实、致力人类解放的人类学立场和视野，马克思实践哲学本质上是一种全新的人类学实践哲学。

马克思的人类学实践哲学不是“解释”世界的哲学，而是“改变”世界的哲学。由此，近代哲学的认识论问题转化成了现代哲学的实践论问题，认识论的真理范畴追求转变成为人类生存世界的价值追求和实践创造。实践哲学不是要取消真理追求和探讨，而是要破除理论与实践的形而上学对立，荡除真理理解上的盲点和误区。比如说有学者写了一本“怎样做桌子”的专著，还有木匠师傅叮叮当当打制的一张桌子，这两个哪一个更真实呢？

按照柏拉图理念论的“模仿说”，理念是现实世界的原型，现实世界是理念的模仿，桌子的理念比现实的桌子更为真实。这在怀特海看来是“具体性误置”的谬误，杜威称其为“哲学的谬误”或者“最基本的哲学错误”。不否认木匠打制桌子的时候对“桌子”有所认识，但是“桌子”的观念到底是从何而来呢，归根结底还是来自我们的身体活动、生活实践。相对于次生的理论认识，海德格尔更看重技术实践的“解蔽”、“去蔽”，“展现”、“揭示”的源始真理意义，技术在本质上归属真理。

休谟指出从“是”推不出“应当”，理论界把这看作“休谟难题”。难题之所以成为难题，根源在于对于物质本体科学理论的不适当冀望。科学理论真理都是历史的有条件的，普特南告诫我们要多想一想科学理论的标准、方法是从哪里来的。“应当”根源于人类社会生活实践，而非理论推导或者先验假定，科学理论真理与技术实践真理统一于社会生活实践。

哲学是时代精神的精华，总要反映每一时代的历史发展。技术实践真理的"实践"强调的就是真理的历史性、发展性、具体性，或者像列宁所说实践高于理论认识具有"直接现实性品格"。新时代中国现代化强国建设和科学技术快速发展，当今大数据、人工智能、区块链带来新的机遇与挑战，为技术实践真理研究提供了深厚实践基础和具体研究课题。本书研究只是抛砖引玉，还有太多的具体问题研究没有展开，其中多有不当荒谬之处还请学界方家、广大读者批评指正，以期把技术实践真理研究进一步引向深入。

是为序。

李宏伟

于武汉华中师范大学桂子山

2020 年 5 月

绪论:技术实践的真理蕴涵及其意义

技术实践真理观的提出并不是否认科学知识、科学理论的真理性,而是强调理论与实践、科学与技术之间的相互贯通、融合,突出身体行动、技术实践的真理意蕴。"实践高于(理论的)认识,因为它不仅具有普遍性的品格,而且还具有直接现实性的品格。"①马克思主义技术实践真理观不同于其他真理观的立意高远之处,就在于真理意义不仅是解释世界而且是变革世界,更重要的它是达致人类解放的革命力量。

一、传统真理研究的"具体性误置"

怀特海指出,当我们摒弃具体事物而以抽象概念作为真实存在,这就是"具体性误置"(misplaced concreteness)的谬误。杜威表达相近认识,称其为"哲学的谬误"(the philosophical fallacy),即把不确定、不安定的事物贬黜到现象的意见世界,把有选择的理智偏爱对象建立为真实的实在,把作为探究结果的东西当作先于探究而存在的东西,这就是杜威所谓"最基本的哲学错误"。

"符合"真理观是传统真理观的典型代表,其基本要点两个:一是真理的

① 《列宁全集》第55卷,人民出版社2017年版,第183页。

处所是判断(陈述、命题),二是真理的本质在于判断同对象相符合。但是基于主观与客观、精神与物质二分对立基础的符合真理观问题在于,一方面主体、主观认识与客体、客观事实缺少相近、相似比较的可行结构,另一方面符合真理观的所谓"客观"事实基础既不简单也难以客观。融贯论真理观认为,如果没有某些先在概念参照系统的作用,"认识"和"对象"之间的符合就难以规定、无从理解。真理不是实体和观念的简单符合,而是一组命题之间的贯通、相容,将孤立的经验符合纳入到整体语境中。然而,这种终极概念系统必然是人为建立的,存在着以有限、主观心智假定绝对知识问题。融贯论真理观把真理限定在封闭概念系统,真理的凸显、创造以及面向未来方面被扼杀。

国内学者对于技术的真理意义研究主要体现在三个方面,其一是挖掘海德格尔的技术真理观,阐释存在主义层面的技术展现意义真理内涵;其二是阐发技术作为联系理论与实践中介环节的真理意义,深化、丰富马克思主义真理观;其三是实用主义真理观的研究,揭示技术效用层面的真理意义。但是,以往研究总的说来是对于某位思想家或哲学学派的思想研究,其研究目的不是针对技术的真理意义研究,未能看到技术实践的真理意义研究对于两千多年"哲学的谬误"的颠覆意义,也未能揭示技术实践的真理意义研究对于技术哲学基础理论建设的重要意义,对于技术实践意义层面的真理内涵、特点、标准还没有涉及。

怀特海在《观念的冒险》一书指出,没有冒险,文明将走向衰败。冒险未必成功,但带来新的希望。技术实践的真理意义研究,对技术实践维度的真理观念、真理形态、真理特点和真理标准等方面作进一步的探讨、拓展,是传统真理观念以及技术哲学真理维度研究的"观念的冒险",也是有所期待的"观念的冒险"。

技术哲学界争论技术哲学的核心问题是技术价值论还是技术认识论,却很少探讨技术的真理理论、追问技术的真理意义。在一般的哲学真理理论研究中，即使有关技术与真理的二者关系研究，大多也只是论证技术实践作为真理源泉和检验标准，确立的仍然是科学理论的真理独尊地位，技术实践自身的真理地位、真理意义未能揭示。技术的真理意义研究，不是仅仅作为传统真理理论的确证，而是作为技术自身的内在本质规定及其技术哲学基础理论建设重要环节还没有真正启动。

二、技术实践真理研究的思想资源

在传统真理理论中，科学因其基础主义、本质主义、普遍主义神话而独享至尊真理地位，也强化和突出了科学与技术、理论与实践、真理与意见之间的对立和冲突。但库恩范式理论、科学知识社会学以及福柯的知识考古则揭示了科学的文化、社会、政治基础，马克思主义的技术实践真理观贯通理论与实践、真理与价值的断裂环节。如果我们不再局限于科学真理的狭隘理解，那么技术的真理意蕴就会从遮蔽走向展现，科学与人文、真理与价值贯通、融合的技术真理维度得以开启、深化。① 对于技术实践真理的研究我们是在继承前人研究基础之上的努力探索，其中有存在主义的技术展现真理观和实用主义的技术效用真理观思想资源，特别是我们有马克思主义实践论指导原则，这是我们技术实践真理研究最重要的方向指引和理论前提。

（一）存在主义的技术展现真理观

海德格尔的思想发展致使把他定位、归结为某类哲学家成为困难，从荷尔德林和巴门尼德对海德格尔后期思想的影响来看，他更接近哲学家气质的诗人，而非纯粹哲学家。海德格尔并不承认自己是个存在主义者，也不愿意人们把他当作形而上学家、本体论者看待，甚至他不愿再用“哲学”这一名称而宁

① 李宏伟、张卫：《技术的真理观及其意义》，《自然辩证法通讯》2015 年第 4 期，第 125—130 页。

愿用“思想的工作”取代。[①] 海德格尔认为形而上学自柏拉图始，在柏拉图哲学中实现了从存在本身的思想到存在者的存在的思想转变，存在被遗忘。海德格尔否认自己是存在主义者，但认为自己是整个哲学史上第一个明确提出存在意义问题的思想家。存在、存在的真理是海德格尔著作中最重要概念、短语，“真理”这个被海德格尔赋予了全新意义概念成为与“存在”同等重要论题。本文所讲存在主义的技术真理观不是基于海德格尔的哲学家归类，而是基于存在维度的技术真理研究。

“符合”真理观是传统真理观的典型代表，该真理观认为，科学所展示的自然秩序和规律是真实存在的。近代科学的奠基者如开普勒与伽利略等人大多相信，他们的科学所发现的数学规律，是现实世界中真实的理智结构。[②] 但问题是，主体、主观认识与客体、客观事实缺少相近、相似比较的可行结构，更重要方面是事实之所以呈现为事实、进入视野必须出于无蔽状态的揭示。符合真理观的所谓“客观”事实基础既不简单也难以客观。海德格尔指出，认识要符合于事实，其前提条件是首先要有现成的事实可供我们来进行对照，而如果事实还处于遮蔽状态，真理到哪里去寻找“符合”的对象呢？反之，凡是呈现为事实的存在，必定是已经解蔽的存在，已经带有主体性的因素，因此说，“命题之为真，乃是由于命题符合于无蔽之物，亦即与真实相一致。命题的真理始终是正确性，而且始终仅仅是正确性”。[③] 传统真理观的“真理”之所以是正确性而非真理，乃是由于它是出于自身的自我保证、确证。

海德格尔的真理概念不是命题的属性而是存在本身的属性，即存在对于思想开放、展现的过程、事件。“命题真理植根于一种更为源始的真理（即无

---

① ［美］赫伯特·施皮格伯格：《现象学运动》，王炳文、张金言译，商务印书馆 2011 年版，第 478 页。

② 郝苑、孟建伟：《从“人的发现”到“世界的发现”——论文艺复兴对科学复兴的深刻影响》，《北京行政学院学报》2013 年第 4 期，第 109—113 页。

③ ［德］马丁·海德格尔：《林中路》，孙周兴译，上海译文出版社 2004 年版，第 38 页。

蔽状态)中。”①只有存在被揭示才有可能使存在者处于敞开状态,而存在的被揭示状态是关于存在的真理,是具有形上意蕴的真理。严格地讲,海德格尔的真理是存在学上的真理而非存在者状态上的真理。把真理理解为揭示状态和进行揭示的存在,把我们引导到更为源始的真理现象:此在的存在方式或者说揭示活动本身的存在论生存论基础。世界的展开状态是世间存在者的前提和基础,“只要此在作为展开的此在开展着、揭示着,那么,它本质上就是‘真的’。此在‘在真理中’。……最源始亦即最本真的展开状态乃是生存的真理”。② 真理根基于人类生存、生活、存在,与人类共生共在的技术真理性得以揭示。

海德格尔批判技术工具、技术手段的流行观念技术解释,认为技术不是单纯的手段,任何手段都参与事物和世界的展现和构建。技术展现、揭示、给予无蔽状态这是本义上的真理,有别于技术流行观念的一个完全不同领域即技术的真理领域开启。在科学与技术的关系上,人们一般认为技术是科学的现实应用;而海德格尔则认为,科学与技术相比,技术是第一位的,科学是第二位的,科学是在技术已经开始显现的世界中成长起来的。技术不是科学的应用,而是科学的前提,现代科学的本质是技术性的。③ 古希腊词语τέχνη既表示“技艺”同时也表示“手艺”和“艺术”,而表示“艺人”的词语同时也用来称呼“手工艺家”和“艺术家”,表明技术与艺术的同根同源,技术的技艺、艺术意义显现真理。为什么技艺显现真理,这是因为古希腊的技艺τέχνη不同于我们今天的理解,它本身就有更为深远的真理含义。Τέχνη原意并非指手艺也非指艺术,更不是我们今天所谓的技术,它从来不是指某种实践活动。“希腊文的τέχνη这个词毋宁说是知道的一种方式。……对希腊思想来说,知道的本

① [德]马丁·海德格尔:《路标》,孙周兴译,商务印书馆2001年版,第152—153页。

② [德]马丁·海德格尔:《存在与时间》,陈嘉映、王庆节译,生活·读书·新知三联书店2012年版,第254—255页。

③ [德]马丁·海德格尔:《林中路》,孙周兴译,上海译文出版社2004年版,第49页。

质在于无蔽，亦即存在者之解蔽……因此，τέχνη（技艺）作为希腊人所经验的知道就是存在者之生产；τέχνη从来不是指制作活动。”[①]技术在制作活动意义上无关真理，但技术制作活动的无蔽、解蔽或者说存在者之生产关涉真理。

人作为一种特殊的存在者——此在，是对存在本身有所揭示、领会的存在者。此在总是从它的生存活动、技术活动领会自身，从解决生存问题的紧密相关的上手事物中领会自身。海德格尔认为，仅仅对事物进行旁观是无法领会那种上手状态的，只有使自己的活动从属于“为了做”的目的，才能够真切地领会到上手状态。后者可以被称作“寻视”，而前者只是简单地观看，而非“寻视”。“理论活动乃是非寻视地单单观看。观看不是寻视着的，但并不因此就是无规则的，它在方法中为自己造成了规范。”[②]行动、技术是顺应于事的面向事物本身，在寻视的指引中我们领会世界、揭示存在、觉知真理。而理论在方法的规则、规范中确立自身，确保理论的正确性而非真理。海德格尔的真理本质是自由，真理与方法具有对峙、对立关系。伽达默尔在《真理与方法》（第一卷）的结束语中对书名给出诠释：“我们的整个研究表明，由运用科学方法所提供的确实性并不足以保证真理。”[③]

追问存在、真理，就是对此在本身所包含的存在、生存倾向刨根问底。技术与人类历史同样久远，我们说劳动创造了人，也可以说技术创造了人。在古代的技术生存实践中，人类在活动、行动、操作中习得了经验、技术，也揭示、参与世界的展现和构造。古代技术作为直面生存的生活技术参与世界展现，还是与神话、诗歌、宗教等其他文化因素相互混杂、竞争、制约，体现真理的自由本质。就整体而言，现代技术贯彻技术理性统治，排斥世界展现和理解的其他可能方式，它不是呵护、顺应而是限定、强求自然。森林被订制、强求为木材，

① ［德］马丁·海德格尔：《林中路》，孙周兴译，上海译文出版社2004年版，第46页。

② ［德］马丁·海德格尔：《存在与时间》，陈嘉映、王庆节译，生活·读书·新知三联书店2012年版，第82页。

③ ［德］汉斯-格奥尔格·伽达默尔：《诠释学Ⅰ：真理与方法》，洪汉鼎译，商务印书馆2010年版，第688页。

河流被订制、强求为水电,人被订制、强求为技术人员、人力资源。现代科学为现代技术所驱使,体现的是现代技术本质,科学不再是真理的探求,而是思想的堕落和沉沦,体现的是非自由的非真理。从古代技术到现代技术,技术的真理性光辉被遮蔽。对于此,海德格尔指出:“技术在其本质中乃是沦于被遗忘状态的存在之真理的一种存在历史性的天命。……作为真理的一种形态,技术植根于形而上学之历史中。”①

(二)实用主义的技术效用真理观

实用主义在美国兴起、壮大,是批判欧洲哲学传统与适应工业技术进步结果。实用主义承袭西欧经验论思想传统,但深受达尔文进化论思想影响,静态的经验注入了行动过程和未来取向,体现出勇于探索、开拓未来的美国务实进取精神。“实用主义是由三位美国哲学家——查尔斯·桑德斯·皮尔士、威廉·詹姆斯和约翰·杜威奠立的一种哲学传统。皮尔士由亚历山大·贝恩将信念定义为行动的规则或习惯的做法开始,极力主张:探究(inquiry)的功能不是表象现实,而毋宁是帮助我们更有效地行动。”②皮尔士、詹姆斯和杜威三位哲学家虽然相互了解并且彼此尊重,但并不归属某一组织化、学科化的哲学运动阵营。他们虽有各自不同的思想渊源和学术追求,但反对符合论真理观却是共同的思想信念,成为人们所说的“经典实用主义者”。他们关于真理的看法深深地影响了后分析哲学的真理观,使得后者“在主体间性的真理论和符合论的真理论二者之间找到符合科学实践的真理论”。③

实用主义(pragmatism)一词起源于希腊词 πργμα(行动),皮尔士在1878年《如何使我们的观念清楚》一文中首先使用。在皮尔士看来,观念的意义在

① [德]马丁·海德格尔:《路标》,孙周兴译,商务印书馆2001年版,第401页。
② [美]理查德·罗蒂:《实用主义哲学》,林南译,上海译文出版社2009年版,第1页。
③ 孟建伟、刘红萍:《杜威的科学人文主义对后分析哲学的影响》,《北京行政学院学报》2012年第6期,第102—107页。

于它引起了什么样的行动，产生了什么样的实际效果。当我们说一个观念为真而另一个观念为假的时候，只能依据观念的实际效果来比较、判断。如果我们坚持要用观念背后所谓的客体、实在作为真理判断标准，那这个标准注定要走向空洞和虚妄。“只要概念坚持客体是真的，当概念完全作用时，客体的存在是概念成功作用的唯一理由，这有数不清的例子；当一个不能作用的概念，是以该客体的存在与否以及那些会成为真理的客体存在来加以解释时，将‘真理’这个词转化为客体存在就像是一种语言的滥用。”①实用主义真理观的真理意义不在于其与“实在”符合，而在于它的实际效果、效用。

如果真理的意义在于其实际效果、实际效用，那么真理就不再是封闭的观念体系，身体行动、技术活动的真理意义由此显现。技术破除狭隘观念真理束缚，成为构成真理的必要过程和核心内容。“一个观念的正确性不是内在于它的静止性质。一个观念只是碰巧为真。它是通过事件变得真、成为真的。……它的正确性就是它正确化的过程。”②虽然观念、知识、理论的正确性、真理性存在于它每一个别、具体的正确化、技术化过程，但技术化过程的情境性、地方性缺少共通的未来行动指导，人们把指导每一个别技术行动的普遍观念指称为真理而常常忽略、遗忘真理根基的技术真理性。“真理本质上与那些将我们经验的一个时刻引导到其他时刻的方式密切联系，那种引导也将会是很有价值的。……当我们经验中的某一时刻——不管是何种类型，以某种真的思想启发我们时，意味着我们迟早会由那思想的指导而回归到经验的细节中，并与它们产生有利的联系。”③观念真理是作为潜在、后备的有效工具这一意义上被我们尊称为真理，但不可忘记的是它们真理意义的决定性依据是其实际的技术活动效果，技术活动具有更为基础的现实决定性真理意义。

对于事物、技术与理论、真理的关系，传统形而上学真理观对现实作了根

---

① [美]詹姆斯：《真理的意义》，刘宏信译，广西师范大学出版社 2007 年版，第 7—8 页。
② [美]詹姆斯：《实用主义》，陈小珍编译，北京出版社 2012 年版，第 98 页。
③ [美]詹姆斯：《实用主义》，陈小珍编译，北京出版社 2012 年版，第 99—100 页。

本性的颠倒、误置。我们的每一实践活动必采取某种概念、观点,如此行动并有所受益过程强化了概念反映事物是其所是的本来面目信念。教育、学习过程中对于概念和理论的反复强化,确立了概念和理论的真理地位,身体行动和技术活动淡出了真理视域。但是实用主义对于行动者观点(the agent point of view)和效用真理观的坚守,即使是观念真理也要折射技术活动的真理光芒。詹姆斯讲:"打个比方说,只要一个观念,我们能够驾驭它,能够使我们顺利地从经验的一部分转到任一其他部分,使事物很好地联系起来,稳定地运作,简化及减少我们的工作量,那这个观念就是真的——在其发挥用处的任何地方都是真的。"[①]詹姆斯所讲的观念与技术相像、关联,技术有效运作的地方就是其概念真理表现所在。

杜威的名著《确定性的寻求》以知行关系作为研究主题,确立行动、实践对于观念、理论的优先地位。人存活于世,寻求安全、确定有两条道路可循:一是在直面外界自然的技术活动中寻求确定性,但是外界自然的复杂、多变难保技术活动屡屡奏效;二是逃避自然,在理论的抽象和简化中寻求确定性,但毕竟有别于生存、生活问题的现实、直接解决。相对于观念、理论的确定性,人类生存、生活直面的现实技术活动确定性寻求具有更为源始的基础、优先地位。杜威认为,人们给予数学和物理理论以崇高的科学地位这件事情本身是一件历史偶然事件,而"人们之所以这样做,这原来是由于人类想望确定和安宁,而实际上又因为人类没有管理与指导自然条件的艺术而得不到这种确定和安宁。……于是一切用来颂赞'真理'的话都被用来称扬物理科学了"。[②]

如何理解、规定知识,也决定着我们如何理解、规定真理。传统的旁观者式知识论中的实在如任何观光的心灵都可以瞻仰的高高在上帝王,"不以人的意志为转移"的实在和真理成为知识追求。但是在杜威看来,实在是有输有赢的行动情境中被揭示、建构出来的,知识是一种技术行动中相互作用的

---

① [美]詹姆斯:《实用主义》,陈小珍编译,北京出版社2012年版,第29页。

② [美]约翰·杜威:《确定性的寻求》,傅统先译,上海人民出版社2004年版,第222页。

“探究”。“如果有人辩论说，人们不知道这种有指导的操作的结果是不是真正的知识，我们的答复是：这种反对的意见事先假定了人们对于知识应该是怎么一回事已经有了一种先入之见，所以它能利用这种先入之见来作为判断特殊结论的准绳。”①事物之所以成为我们认识的对象，正是因为它包含有待我们解答的问题、处理的困难，需要理论上的贯通解释或者现实的技术解决。如果不涉及知识备用的居间因素考虑，所谓知识就是一种现实的技术行动和占有享受。如果我们把有效处理现实问题的各种行动、操作、方法看作知识，那么我们就可以说工程师、技术人员、医生、艺术家、工人、农民都拥有知识和享有真理。“当我们把物理知识的操作当作代表着一种人类的利益去转变人类所特有的价值时，那些参与于这些后果之中的人们对于通常所知觉、所利用和所享受的事物所具有的知识则较之在实验室的科学家所具有的知识尤为真实、丰富和深入。”②

（三）马克思主义的技术实践真理观

把恩格斯的“自然辩证法”理解为仅仅关注外在于人的天然客观规律而漠视人在社会历史和改造自然中的能动作用，是对恩格斯自然观、真理观的最大误解和扭曲。在《自然辩证法》中，恩格斯对于人与自然的相互作用、相互依赖关系阐发明确，对于人类活动、技术实践的真理意义作了深刻揭示。他认为，如果离开人类的活动来探索自然现象的因果关系，那么休谟对因果性的怀疑是合理的，因为我们确实不能从“在这以后”就得出“由于这”的结论，但这是否就意味着休谟命题是无解的吗？恩格斯不这么认为，他认为人类的活动能够对因果性作出验证。③ 恩格斯区分了两类因果观念的由来：一是来自自

① ［美］约翰·杜威：《确定性的寻求》，傅统先译，上海人民出版社 2004 年版，第 231 页。

② ［美］约翰·杜威：《确定性的寻求》，傅统先译，上海人民出版社 2004 年版，第 199—200 页。

③ 恩格斯：《自然辩证法》，人民出版社 2015 年版，第 97 页。

然现象的观察，二是来自人类改造自然的实践活动。前者并不能证明因果性，只有后者才能证明因果性。“由于人的活动，因果观念即一个运动是另一个运动的原因这样一种观念得到确证……正是人所引起的自然界的变化，而不仅仅是自然界本身；人在怎样的程度上学会改变自然界，人的智力就在怎样的程度上发展起来。”①对于必然性、因果性的真理认识，最终还是要靠改变外部世界的技术实践证明。

不可知论者可能不会满足于技术实践对于因果性、必然性的证明，对于他们来说，事物现象背后的“自在之物”是永远不可认识的。自在之物显然是一理论想象的产物，而非实践中的难题。假使有人执拗于这一理论怪胎，那我们对他实在帮不上什么忙。“人们在论证之前，已经先有了行动。‘起初是行动。’在人类的才智虚构出这个难题以前，人类的行动早就解决了这个难题。”②思辨的神学家和哲学家之所以困顿于理论的神秘而不能自拔，就是因为他们把这仅仅看作一个理论问题，不能从改变世界的技术实践的角度去理解。马克思曾一针见血地指出：“人的思维是否具有客观的真理性，这不是一个理论的问题，而是一个实践的问题。人应该在实践中证明自己思维的真理性，即自己思维的现实性和力量，自己思维的此岸性。关于思维——离开实践的思维——的现实性或非现实性的争论，是一个纯粹经院哲学的问题。”③恩格斯在《路德维希·费尔巴哈和德国古典哲学的终结》对这段话又进行了具体的阐明：“对这些以及其他一切哲学上的怪论的最令人信服的驳斥是实践，即实验和工业。既然我们自己能够制造出某一自然过程，按照它的条件把它生产出来，并使它为我们的目的服务，从而证明我们对这一过程的理解是正确的，那么康德的不可捉摸的‘自在之物’就完结了。”④科学知识不是解答康德

---

① 恩格斯：《自然辩证法》，人民出版社 2015 年版，第 97—98 页。
② 《马克思恩格斯选集》第 3 卷，人民出版社 2012 年版，第 758 页。
③ 《马克思恩格斯选集》第 1 卷，人民出版社 2012 年版，第 134 页。
④ 《马克思恩格斯选集》第 4 卷，人民出版社 2012 年版，第 232 页。

的自在之物的知识，而是葬送、终结自在之物的知识。正是科学知识、技术活动的实践特点，划清了它与自在之物的界限，确保了科学知识、技术实践成为某一过程、范围的相对真理，"永恒的自然规律变成历史的自然规律"。

承认科学认识背后的历史、文化、主体作用但并不否认真理的客观内容，承认真理的价值因素但反对把真理归结为个人主观意愿的满足效用，这是马克思主义技术实践真理观与实用主义技术效用真理观的原则区别。马克思主义真理观是理论与实践的统一、真理与价值的统一，但马克思主义真理观的价值追求不是个人意愿满足，而是致力于社会正义的人类解放。马克思主义看重的不是科学革命、技术革命的自身意义，而是其对于人类解放的社会革命意义。恩格斯指出："在马克思看来，科学是一种在历史上起推动作用的、革命的力量。任何一门理论科学中的每一个新发现——它的实际应用也许还根本无法预见——都使马克思感到衷心喜悦，而当他看到那种对工业、对一般历史发展立即产生革命性影响的发现的时候，他的喜悦就非同寻常了。"①科学技术不仅是世界解释而且是世界变革力量，更重要的它是达致人类解放的革命力量，这是马克思主义技术实践真理观不同于其他真理观的立意高远之处。但是，尽管马克思崇尚科学，但没有陷入科学而不能自拔，这正是马克思之所以伟大的地方所在，同时也反映出马克思对待科学的辩证态度。正如恩格斯所讲的，马克思"尽管他专心致志地研究科学，但是他远没有完全陷进科学"。②

之所以提出技术的真理观，是因为实践之所以高于理论，是因为实践不仅具有普遍的品格，而且具有直接现实性的品格。列宁在《黑格尔〈逻辑学〉一书摘要》中说："真理是过程。人从主观的观念，经过'实践'（和技术），走向客观真理。"③列宁所言客观真理，并非脱离人类实践的自在之物真理，而是一

① 《马克思恩格斯选集》第3卷，人民出版社2012年版，第1003页。

② 《马克思恩格斯全集》第19卷，人民出版社2005年版，第372页。

③ 《列宁全集》第55卷，人民出版社2017年版，第170页。

定历史条件下人类生存生活的技术实践真理。马克思主义的实践也不仅仅是物质生产实践,任何人类生产都是一定社会生产方式下的生产,表现、反映一定历史条件下的社会生产关系。马克思主义的技术实践真理观,贯通理论与实践、真理与价值的断裂环节,强化了真理的直接现实性品格,使真理从彼岸世界回归现实人间。

三、技术实践真理研究的理论与现实意义

"符合"真理观作为与人类直观经验最为接近的真理观,很容易被人所理解和接受,在人类历史上一直处于主导的地位,该真理观背后其实预设了一个"上帝之眼"①,只有上帝才具有判断主观认识与客观实在是否"相符"的能力,而人是没有这个能力的,所以符合论真理观面临着自身无法克服的难题。"符合"真理观建立在主体与客体、主观与客观对立基础之上,真理定位在观念、认识、理论层面,真理指称的就是科学真理。技术的真理观不同于符合论真理观的本质之处在于,重新发现"生活世界"的意义,使真理奠基于存在、价值和实践过程之中。

存在主义的技术展现真理观根植于存在之思,探究存在展现的无蔽状态始源真理,具有很强的思想艺术启发性,但也暴露出其面对社会现实的苍白和无力。不同于存在主义的缥缈存在,实用主义回归具体现实。实用主义的技术效用真理观以实际效果、技术效用为真理准绳,过分强调了真理的现实结果和当下回报,更有"为达目的不择手段"的误解和滥用。然而,依循实用主义的有用即真理的立场,作为抚慰和关怀的宗教、形而上学也是可以被接受的,又陷入了无限扩大的真理选择。杜威不再强调个人成功而是集体功利,对实用主义真理观作出限定和修正。马克思主义的技术实践真理观不同于其他真

① 孟建伟:《全球化科学哲学:根源、问题与前景》,《北京行政学院学报》2014年第6期,第108—113页。

理观的立意高远之处，就在于真理意义不仅是解释世界而且是变革世界，实现了真理与价值、理论与实践、科学与人文的有机统一，更重要的它是达致人类解放的革命力量。

怀特海所讲“具体性的误置”或者杜威所言“哲学的谬误”，都是把观念、理论看作比生活世界、技术实践更高的“实在”、“真理”所在，技术实践无缘真理。破除“理论优位”，就不能满足于技术实践仅仅作为理论真理的源泉和标准，一定要充分认识技术实践的自身真理地位和独特价值。技术实践具有真理的直接性、现实性和具体性，是更为本义的真理。马克思主义真理观是本课题研究的重要思想来源和理论指导，课题研究要推进、发展马克思主义的自然改造论和技术实践真理观。真理不再是理论对于现实的规划和裁制，而是现实世界的构建和创造。技术实践真理不是要否定真理的理论形态，而是要实现真理形态从理论到实践的拓展，在实践中融合理论与实践、真理与价值、合规定性与合目的性。技术实践的真理观不是空泛概念，而是要致力于概念内涵、真理特点与检验标准等一系列的理论构建。

技术实践真理观的深入研究和阐发，具有重大的哲学理论价值和现实意义。第一，技术实践真理观对于理论与实践的关系这一重要哲学问题作出了自己的回答。自古希腊，柏拉图推崇理念的普遍性、确定性、必然性，现实世界的实践、技术成为理念的分有和模仿。亚里士多德认为人是有求知本性的理性动物，却无视人首先赖以生存解决温饱的生活世界基础。而后，两千多年传统形而上学沿袭古希腊哲学传统，确立科学理论的基础主义、本质主义、普遍主义神话而独享至尊真理地位，也强化和突出了科学与技术、理论与实践、真理与意见之间的对立和冲突。技术实践真理观的提出就是要突出技术实践不仅是科学真理的基础和标准，它本身就具有真理的客观性、现实性品格，实现从“理论优位”到“实践优位”的真正哲学转换。第二，技术实践真理观是对于马克思主义真理观的深入阐发和进一步拓展。1978 年我国“实践是检验真理的唯一标准”大讨论，是针对当时“文化大革命”的“左”倾思想，特别是破除

“两个凡是”的思想禁区而发起的思想解放运动。实践虽然作为真理标准得以确立,但是突出和强调的仍然是真理的理论尊贵型。真理标准大讨论满足了当时的政治和社会变革需要,但理论与实践关系、真理与真理标准关系特别是实践自身的优势地位、真理地位并没有得以解决。第三,技术实践真理观对于正确理解和实践“理论指导”与“摸着石头过河”相互关系具有重要指导意义。以往我们对于“摸着石头过河”多有不解,认为缺少理论指导,殊不知我们的改革事业前无古人,缺少现成的理论指导、经验借鉴,真正的改革只能是反复试错、实践探索。我们不是不需要理论指导、顶层设计,但是所有的理论、设计都必须与实际相结合,理论指导、顶层设计来源于实践,而非高高在上的指手画脚、裁制实践。技术实践真理观不是否定科学真理观,而是把真理视域扩展到技术实践层面。理论的真理性不是束之高阁的天生和现成,而是体现在它符合实际、解决问题的实效性。技术实践真理观融汇理论指导与“摸着石头过河”实践探索的辩证关系,表现出其理论生命力与现实指导意义。

第一章　科学理论反思到实践转向

科学理论、科学定律常常以严格确定知识形式成为真理典范，但是科学的真理性既不是来自天国的先验，也不是来自与人隔绝、对立的纯粹客观实在，而只能是根植于社会历史的技术实践。如果我们打破理性、科学的狭隘理解，就会看到其丰富多彩的思想文化样貌，发现科学的经验技术基础本质。科学哲学研究从理论、实验走向实验室以及实验室之外的技术与工业领域，呈现出科学的理论反思到实践转向趋势。科学与技术共通的实践文化基础，是科学与技术、理论与实践相互贯通的桥梁。

一、理性形式的多重样貌

亚里士多德说“人是理性的动物”，把“理性”理解为人之所以为人的一种特有认识能力。在古希腊，恰如其分地理解人与上帝、人与世界的关系，被认为是真正的理性行为。而现代科学哲学特别是逻辑实证主义则坚持在科学与非科学之间划出确定界限，认为没有经过“经验证实”的“形而上”概念都属于“非科学”，科学发生、发展的社会心理、历史文化、技术实践等要素都要在科学和科学哲学的研究中摒除。由此，理性转换成为现代科学方法，成为一种没有历史文化内涵的静态逻辑体系。这种现代科学主义的理性观由于其自身的限制和束缚,不但导致了自身理论困难,也是现代非理性主义及反理性主义出台的根由。后现代主义理论家利奥塔认为,“只存在多种多样的理性。不存在一个巨大而唯一的理性,这只是一种空想”。[①] 如果我们超越科学主义理性观的狭隘束缚,就会发现理性并不是一个僵死的教条,而是有着丰富实践内涵及人文意义的历史发展过程。

(一)古代本体论的理性探索

“前苏格拉底的宇宙论具有某种过渡性质。被当作是自然始基的潮湿物、不可分物、空气和火等,体现了理性战胜神话观念的过程。”[②]“始基”作为万物存在的根据、条件、原因或理由,对于始基的追问便是对万物存在之合理性的追问。赫拉克利特没有采用一些元素或某一种物来作为万物的最终来源,而是把变化过程本身看作最终的。在赫拉克利特看来,世界的真谛是“变易”,“一切皆流,无物常住”。但是变有变的原则,这一原则就是“逻各斯”。由于有了逻各斯(理性、逻辑)这一普遍的宇宙法则,使得人类个体与个体之间的对话、交流、理解成为可能,构成了世界的可理解性前提。前苏格拉底哲学家所作的尝试就是建立一种统一的宇宙理论,即仅仅根据一些自然原理本身,说明宇宙如何形成、它的结构和它的变化与转化过程的统一理论。

“希腊自然科学是建立在自然界渗透或充满着心灵(mind)这个原理之上的。希腊思想家把自然中心灵的存在当作自然界规则或秩序的源泉,而正是后者的存在才使自然科学成为可能。”[③]柏拉图在他的《蒂迈欧篇》中,提出一种宇宙生成理论,其中渗透着许多神话的因素。造物主以理想的世界为模型来塑造世界,以善的观念为指导赋予世界以灵魂和生命。“世界灵魂是理念

---

① [法]利奥塔:《利奥塔访谈书信录》,谈瀛洲译,上海人民出版社 1997 年版,第 4 页。

② [德]马克斯·霍克海默、西奥多·阿道尔诺:《启蒙辩证法》,上海人民出版社 2003 年版,第 3 页。

③ [德]罗宾·柯林伍德:《自然的观念》,吴国盛、柯映红译,华夏出版社 1999 年版,第 4 页。

世界和现象世界的中介。它是一切法则、数学关系、和谐、秩序、齐一性、生命、精神和知识的根源。”“宇宙中所有美好、合理和有目的的东西，全靠理性；凡是邪恶的、不合理的和无目的的东西，都出自机械的原因。”①亚里士多德提出“四因说”（即质料因、形式因、动力因和目的因），然后又将四因归结为形式与质料这两种原因，最后通过潜能与现实这一对概念来说明事物运动、变化和生成。根据亚里士多德的意见，上帝是世界的第一推动者，是世界的第一原因，是世界的最高目的或至善。“因此，上帝是宇宙间起统一作用的基质，是一切事物努力趋赴的中心，是说明宇宙间一切秩序、美和生命的本原。”②亚里士多德对于事物的目的论解释，带有古希腊物活论的遗风，阻塞了对于事物原因客观解释的科学探究的道路；但是，亚里士多德相信自然是有动力和目的的，断定不能机械地解释自然，这对于当今生态危机下我们重新认识人与自然的关系又是有启发意义的。

中国古代思想认为世界的起源是“气”，有“元气说”。从“元气说”到“阴阳说”再到“五行说”，发展出世界由金、木、水、火、土五要素构成的五行理论。但五行的观念，重点不在于五种基本的物质，而是五种基本的程序。公元前4世纪的邹衍完成了五行相胜说，到公元前2世纪董仲舒提出了五行相生说。自然界和人类社会中的一切现象，都可以比附阴阳五行，如男为阳女为阴，五味配五行，五脏对应五行，并从五行之间的相互关系得到解释和说明。五行理论不但成为中医的理论基础，还可以用来说明皇朝的更替。五行学说虽然有很多牵强附会，但它在古代具有很强的解释能力，对于中国古代科学思想应当是利大于弊的。“中国五行说的唯一毛病是它传得太久了。在1世纪，它是相当进步的思想，在11世纪人们还可以勉强接受，但到了18世纪，才变成荒诞。”③

---

① ［美］梯利：《西方哲学史》，葛力译，商务印书馆2000年版，第69页。

② ［美］梯利：《西方哲学史》，葛力译，商务印书馆2000年版，第89页。

③ ［英］李约瑟：《中国古代科学思想史》，陈立夫等译，江西人民出版社1999年版，第368页。

“基督教世界基本上是反对希腊的理智主义的，但是它却并不能够，也不希望回归到一纯然的非理性领域上去。因为逻各斯这概念亦然是深深地植根于基督教传统中的。”①最初的基督教具有信仰和理性相对立的极端倾向，然而，随着基督教逐渐扩大了影响，就有了理论化、逻辑化的需要。经院哲学的目的决定了它的方法，只要他的目的在于论证早已被肯定的命题，它就会主要运用演绎法。按照托马斯·阿奎那所说，“除了哲学理论以外，为了拯救人类，必须有一种上帝启示的学问……至于人用理智来讨论上帝的真理，也必须用上帝的启示来指导”。② 神学高于哲学，哲学是神学的奴仆，这就是经院哲学的基本命题。在某种意义上说，中世纪哲学的主要问题是信仰与理性之间的关系问题。在经院哲学全盛时期的系统中，“‘自然’与‘恩典’、‘理性’与‘天启’似乎再不彼此冲突了，自然与理性好像都在指向恩典与天启而且在向它们提升。文化世界似乎因此而再度统一团结起来，并建基于一稳固的宗教性的核心之上了”。③ “在希腊人那里，自然是活生生的神圣的存在，而在基督教思想中自然不但没有神性，而且是上帝为人类所创造的可供其任意利用的死东西。基督教贬斥自然的观念固然不利于科学的发展，然而却从另一方面为近代机械论的自然观开辟了道路，使后人在认识世界之外亦树立了改造世界的观念。”④

（二）近代认识论的理性追求

在整个启蒙运动中，“理性”常常与启蒙运动的另一个关键词“自然”一起

---

① ［德］恩斯特·卡西尔：《人文科学的逻辑》，关之尹译，上海译文出版社 2004 年版，第 8 页。

② 北京大学哲学系外国哲学史教研室编译：《西方哲学原著选读》上卷，商务印书馆 1999 年版，第 259 页。

③ ［德］恩斯特·卡西尔：《人文科学的逻辑》，关之尹译，上海译文出版社 2004 年版，第 9—10 页。

④ 张志伟：《西方哲学十五讲》，北京大学出版社 2004 年版，第 149 页。

同时受到赞美。因为从上帝的造物来认识上帝、理解上帝、接近上帝比起从圣经的词句中感受上帝要更为具体、现实。但是,启蒙运动中的自然受到尊重,不再是因为其具有自身活力、目的和理智,而只是因为它是上帝的精美创造物。“文艺复兴的思想家们也像希腊思想家一样,把自然界的秩序看作一个理智的表现,只不过对希腊思想家来说,这个理智就是自然本身的理智,而对文艺复兴思想家来讲,它是不同于自然的理智——非凡的创造者和自然的统治者。”①理性从形式逻辑的方法变成自然科学的方法,理性的法则也变得与自然规律统一。“启蒙运动在很大程度上是由作为完美智力的理性向作为自然规律的理性的转换造成的。把上帝与科学分开,从我们的视角看起来也许是在正确方向上的一个进步,至少在它承认一种更客观的科学方法的程度上是这样,但却为启蒙运动造成了两个永远没有成功解决的悖论。”②一是试图从自然科学提取一种道德规范是无望的,建立一门客观的道德科学的主张,包含着固有的矛盾。二是在严格决定论的自然规律和期盼从自然规律获取更大人类自由的愿望也是有矛盾的,特别是把人理解为自然的一部分时尤其如此。

近代理性探讨主要是在认识论层面展开,主要有以培根为代表的经验论和以笛卡尔为代表的唯理论两种认识形式论证。培根是新思潮的典型代表,近代经验论的鼻祖。他反对空洞无益的经院哲学,尊崇对于自然事物本身研究的新科学,强调在自然科学中有系统和有步骤地进行观察和实验的重要性。培根研究并倡导科学发现的新工具,认为归纳方法是获取正确知识的可靠方法。认识论中经验主义的奠基者洛克,第一个系统地论述了我们的全部知识都来源于经验。洛克反对天生的观念或天赋的原则,认为一切概念,即使是数学和逻辑学的概念,也要由经验进入我们的思维。但洛克并未将这一观点贯彻到底:一切综合知识的有效性必须由经验来证明。他不加批判地接受了归

① [德]罗宾·柯林伍德:《自然的观念》,吴国盛、柯映红译,华夏出版社 1999 年版,第6页。

② [美]托马斯·L. 汉金斯:《科学与启蒙运动》,复旦大学出版社 2000 年版,第7页。

纳推论，未能看到归纳推论的致命弱点。

笛卡尔像柏拉图一样，把数学看作哲学方法的典范。数学方法，简言之即公理方法，它是从“不证自明”的公理或公设逻辑地推导出其他命题，数学推理的严密性将保持推论的确定性、真实性。笛卡尔认为，这种数学方法必须运用到哲学上，只有这样才能保证哲学体系的真实。为此，笛卡尔提出了他的哲学公理：“我思故我在”。但是，笛卡尔的这个公理并不简单，从观念的“思”到客观的“在”之间并不存在必然的逻辑贯通。逻辑原理是分析的，也是空虚的，它不能告诉我们新知识，因为推论已经暗含在前提里。在认识论问题上，康德“调和”经验论与唯理论，认为经验为知识提供材料，而主体则为知识提供对这些材料进行加工整理的形式，知识就其内容而言是经验的，但就其形式而言则是先天的。康德看到了具有综合性质的确定性不能从分析前提中得出，提出了“综合先天原理”。康德的综合先天原理不是从经验中得出的，而被认为是人类思维中天生具有的，并且是必然为真的，如欧几里德几何学公理、因果性原理等。然而，康德的这些认识前提并不像康德所想的那样可靠。现代物理学指出非欧空间适用于广义相对论的引力空间，欧氏空间并不是自然的绝对空间构架。量子力学遵循的也非传统的因果律，而是运用广泛的统计规律。康德的唯理论体系随着其“综合先天原理”的丧失而坍塌了。

不同于哲学家的认识论探索，近代科学家在他们的科学研究道路上求证着科学理性内涵。哥白尼将科学从以前的“拟人论“解释中解放出来，开始从自然本身寻找事物运动发展变化的真实原因。伽利略创立了科学的实验方法，并将实验与物理测量、数学运算结合起来。科学实验已成为当时验证假说、理论的最有力工具，人们相信实验方法是获取确定性知识的有效方法。牛顿巧妙地将归纳法和演绎法结合起来。他的理论总是从实际出发（归纳法），并得到他所预测的新现象的检验（演绎法）。牛顿认识到这两种方法对确定自然界的物理法则都是不可缺少的。牛顿的万有引力定律，从逻辑上讲是一个不能得到直接证实的假说，但是开普勒的行星运动三定律、伽利略的落体定律以及潮汐现象等许多可观察到的事实，都能够从牛顿万有引力定律中合理地推导出来。特别是根据牛顿万有引力定律准确地预言了未知行星海王星的存在，人们相信牛顿万有引力定律被确证了。牛顿物理学的成功使严格决定论成为牛顿时代的普遍思维模式，科学主义也由此滋生、蔓延，科学理性也僭越启蒙理性成为理性的最终决定形式。

19 世纪中叶康德哲学衰落，经验主义、实证主义思潮兴起，孔德是早期代表人物。19 世纪末 20 世纪初的物理学革命刺激了自然科学哲学问题的研究，马赫的经验主义、彭加勒的约定主义和罗素与维特根斯坦的逻辑原子主义精彩纷呈。20 世纪 20 年代真正意义上的科学哲学诞生和确立，应主要归功于石里克、卡尔纳普、赖欣巴哈和亨普尔等逻辑实证主义代表人物的杰出工作。20 世纪前半叶，以逻辑实证主义为主力确立了科学哲学的学科地位，逻辑主义、科学主义甚至物理主义支配着科学哲学的早期发展，也为整个哲学发展确定了“科学”模式。这与当时物理学蓬勃发展的局面相适应，并确立了从观察向理论单向过渡的科学发展模式。逻辑实证主义拒斥形而上学，规避形而上学的本体论困难，但也同时失却了其存在、发展的社会历史根基。科学知识、科学理性的绝对确定性追求必将走向它的反面。

（三）现代非理性思潮及其反思

随着理性主义逐渐走向极端，非理性主义思潮同时涌动。以叔本华和克尔凯郭尔为开端，中经尼采、弗洛伊德，一直到 20 世纪中叶的海德格尔和萨特的存在主义而达至高潮的非理性主义运动，作为理性主义对立物的非理性主义第一次以理论形态构成了现代哲学的组成部分。在科学哲学界，以逻辑实证主义为代表的科学理性观念则遭遇了一次次理论重创。汉森的“观察渗透理论”命题指出，具有不同知识背景的观察者观察同一事物，会得出不同的观察结果，科学赖以发展的客观观察并不存在。按照休谟的观点，归纳方法的成功并不能证实归纳方法，因为循环论证是不可信的。归纳方法只是人们心理预期的产物，迄今看到的乌鸦都是黑的并不能保证下一次看到的乌鸦就一定是黑的。波普尔认为，“天下乌鸦皆黑”虽然不能证实，但只要有一只白乌鸦就能证伪，从而提出他的证伪主义科学进步观。但是，理论的证伪过程并不像波普尔所说的那样简单，科学家常常倾向于通过修改辅助性假说的办法使不利于既有理论的“负证据”转变为支持理论的“正证据”。理论的证伪如同证实一样艰难。库恩一反以往科学哲学研究中只局限于科学理论内部分析的传统，强调科学发展的社会心理因素，提出了“范式”核心概念。所谓范式，就是指导科学共同体成员去发现问题、解决问题的信念、规则、方法。在库恩看来，范式的转换就是整个科学共同体的信念转换，这是一个非理性过程。新、旧范式之间“不可通约”，没有必然的逻辑通道，科学进步也无从说起。费耶阿本德则把库恩的历史主义推向极端，走向无政府主义，宣称“怎么都行”的科学方法虚无主义，否认科学是一理性的事业，成为科学哲学非理性主义的典型代表。

非理性思潮的兴起有着深刻的社会历史文化根源，但最主要的还是针对现代科学理性垄断和统治地位的反动。从理性内涵的历史演变分析可以看出，理性的历史就是其不断扩张的历史，也是其从启蒙理性、解放价值逐渐蜕化为工具理性、统治价值的历史。苏格拉底追求的真理、理性，不是要建立一个哲学体系或科学方法论，而是要让人们过上正当的有德性生活。在他看来，知识是至善，不仅属于理智问题，而且属于意志问题、德行问题。苏格拉底的理性主要指的是一种道德理性。柏拉图深入探究善的知识的获取方法，概要地论述了方法论或辩证法或逻辑学，这是认识论和形式逻辑的开端。柏拉图的伦理学和认识论都建立在他的形而上学基础之上，这就是宇宙是一个有理性的宇宙，只有理性具有绝对的价值，是至善。也就是说，伦理学和认识论是统一的，它们都要归属在宇宙的绝对理性之下。亚里士多德的宇宙是活力论的或说是物活论的，每一事物都有实现它自己目的的力量，而一切原因最后都可以归结为第一原因，它是世界的最高目的或至善。可见，亚里士多德的绝对理性仍然是超验的神圣，认识论和伦理学都要在这里找寻自己的存在理由和根源。

18 世纪法国哲学实际上是狭义的启蒙主义，从广义上说，整个近代哲学——从经验论和唯理论到德国古典哲学——都可以称为启蒙主义。启蒙主义高举理性与自由的大旗，理性是权威和基础，而自由则是最终的目的。“然而，由于近代哲学和科学的自然观是一种机械论的自然观，所以当它提倡理性和科学并且试图将科学精神和方法贯彻于人类知识的全部领域的时候，在它的基本精神内部就出现了矛盾和冲突——启蒙要求克服种种限制获得自由，而科学进步的结果证明却是严格的决定论；启蒙反对宗教迷信和封建专制，试图证明人的价值和尊严，而科学理性视野下的人其本性却是物性，人反而不成其为人，如此等等，暴露了理性(科学)和自由之间的矛盾。”①康德的《纯粹理性批判》讲认识论，讨论科学知识(先天综合判断)何以能够成立的问题；《实践理性批判》讲道德形而上学，讨论人的意志自由的问题。在康德看来，前者属于现象界，人是受必然性支配的；后者属于本体(物自体)范围，人是自由的。由此他得出结论：自由高于必然，实践高于认识，实践理性高于思辨(理论)理性。实践理性成为康德哲学体系(三个“批判”)的最重要部分，是人追求的最高目的。康德说：“当纯粹思辨理性和纯粹实践理性结合在一个认识中时……那么，后者就占了优先地位。”“但是我们却不能颠倒次序，而要求纯粹实践理性隶属于思辨理性之下，因为一切要务终归属于实践范围，甚至思辨理性的要务也只是受制约的，并且只有在实践运用中才能圆满完成。”②

胡塞尔认为，“在十九世纪后半叶，现代人让自己的整个世界观受实证科学支配”，“科学观念被实证地简化为纯粹事实的科学。科学的‘危机’表现为科学丧失生活意义。”③海德格尔认为，古代社会科学理性、技术理性参与现实

① 张志伟：《西方哲学十五讲》，北京大学出版社 2004 年版，第 196 页。

② [德]康德：《实践理性批判》，关文运译，广西师范大学出版社 2002 年版，第 117 页。

③ [德]埃德蒙德·胡塞尔：《欧洲科学危机和超验现象学》，张庆熊译，上海译文出版社 1988 年版，第 5 页。

构造是与事物展现的其他方式(宗教等)相联系的,而近代以来,科学理性、技术理性逐渐成为普遍的、对人与自然和世界的关系加以规定的力量,成为对自然事物和人的限定、强求和挑战。韦伯区分了两种合理性——形式的合理性(工具理性)和实质的合理性(价值理性),断言两种理性的失衡或说是科学理性、技术理性的过分膨胀造成了现代社会危机。针对科学理性、技术理性从一种启蒙、解放的力量转变成为一种新的压迫力量、统治形式,斯诺提出要加强科学文化与人文文化之间的交流与对话,海德格尔倡导诗、艺术作为技术理性的补充、规约。

在马克思看来,构成人的本质的,不是人的生物特征,也不是人的理性特征,而是人的社会特征。人类实践活动,在马克思哲学中占据着核心地位,成为人的自然性与社会性的结合部。马克思认为,自然科学"通过工业日益在实践上进入人的生活,改造人的生活,并为人的解放作准备,尽管它不得不直接地使非人化充分发展"。① 从这里我们可以看到马克思的现实态度和历史观。对于自然科学与哲学的关系,马克思写道,"过去把它们暂时结合起来,不过是离奇的幻想。存在着结合的意志,但缺少结合的能力"。② 因为,这一结合根本不是一个理论问题,而是一个实践问题。马克思把自然主义与人道主义之间矛盾、冲突的化解、整合看作一个历史的过程,寄希望于未来的共产主义社会。"这种共产主义,作为完成了的自然主义,等于人道主义,而作为完成了的人道主义,等于自然主义,它是人和自然界之间、人和人之间的矛盾的真正解决,是存在和本质、对象化和自我确证、自由和必然、个体和类之间的斗争的真正解决。"③科学与哲学、"是"与"应该"、自然主义与人道主义在社会历史的某一阶段可能会呈现相互分离的态势,但是,在马克思看来,实践的历史发展、共产主义的实现是对于人的自我异化的积极扬弃,是对人的本质的

① 马克思:《1844 年经济学哲学手稿》,人民出版社 2018 年版,第 86 页。
② 马克思:《1844 年经济学哲学手稿》,人民出版社 2018 年版,第 86 页。
③ 马克思:《1844 年经济学哲学手稿》,人民出版社 2018 年版,第 78 页。

真正占有,是向人性的真正复归。

二、科学文化的历史溯源

两千多年哲学史中的科学文化思想在与人文文化思想的比较、竞争中显现,古希腊有自然哲学家与智者的不同哲学追求,近代有启蒙运动与浪漫主义的双峰对峙,现代则有针对实证主义、科学主义的后现代文化的人文诉求。科学文化的历史发展中更多强调的是科学文化而非人文文化,如今我们期望在科学文化建设中实现科学文化与人文文化的和谐统一,特别是要在社会生活的技术实践中不断探索、努力践行。

(一)自然哲学家与智者的不同哲学追求

古希腊哲学思想的总基调可以说是具有人文色彩,当然这只是我们今天的相对判断,是相对于近代、现代哲学的总体基调而言的。对于古希腊人来说,在他们的意识中还没有科学与人文的分殊。泰勒斯及其后继者提出自然起源于一种不断运动且改变自身使之具有不同形态的自行活动的物质,因为这种原始物质乃其自身有序的运动与变形的创造者,而且是永恒的,所以被认为不仅是物质的,而且是有活力且有神性的。① 但是,决定性的一步毕竟已经迈出,神话的世界开始让位于由原始的自然元素如水、气、火为起源的物质世界,一种早期的自然主义经验论诞生了。德谟克利特的原子论表征了自然哲学的最高发展,它祛除了早期哲学家所提出的自行活动物质的神话残余物,原子不再具备神的秩序与意志,成为纯粹的物质。与苏格拉底、柏拉图和亚里士多德不同,原子论者拒斥用"目的"或"最终因"解释世界。"经验表明机械论的问题引到了科学的知识,而目的论的问题却没有。原子论者问的是机械论

---

① [美]理查德·塔纳斯:《西方思想史》,吴象婴、晏可佳、张广勇译,上海社会科学出版社2007年版,第20页。

的问题而且做出了机械论的答案。”①

如果说“宇宙论时期”科学思想占主导地位的话，那么智者派和苏格拉底时代则体现出更多的人文思想。从前苏格拉底哲学家的自然哲学转向认识论、伦理学是自然哲学内在矛盾、冲突的结果。“古希腊哲学家从对宇宙狂妄的和无事实根据的沉思中转向了对知识和知识理论的怀疑论的批评，从‘本体论’转向‘认识论’。人们不再简单去观察事物，然后下断言。人类自身本性成了怀疑对象。思想被拉回到自身。人类开始‘反思’。”②苏格拉底不同于智者，他相信真理并践行真理。苏格拉底用对话形式和修辞方法，试图建立一个共同的参照系，在这个基础上，参与者之间最终能够形成自由、辩证的思想过程。这意味着对话比注释和独白更可取，真正的对话不是“说服”，而是参与者面对真理的“唤醒”和“信服”。苏格拉底的知识不仅包括我们所说的科学知识，更主要的是人类真正自我的洞见和“应当”是什么的规范性知识、伦理知识，这也正是他所说“知识即美德”的意义所在。在苏格拉底哲学中，知识与伦理浑然一体，科学文化与人文文化没有区分。

在德谟克里特看来，万物包括灵魂都是由原子构成，思想也是物理的过程，宇宙中并没有什么目的，只有被机械法则统驭着的原子。这种把世界万物都归结为物质作用的必然结果观点，对于神话的“创世说”来说无疑是认识的进步。在罗素看来，原子论后的古希腊哲学不恰当地强调了人，尽管有柏拉图与亚里士多德这样的天才，但是偏离了正确认识世界的轨道。“首先和智者们一起出现的怀疑主义，就是引导人去研究我们是如何知道的，而不是去努力获得新知识的。然后随着苏格拉底而出现了对于伦理的强调；随着柏拉图又出现了否定感性世界而偏重那个自我创造出来的纯粹思维的世界；随着亚里

① ［英］罗素：《西方哲学史》，何兆武、李约瑟译，商务印书馆1963年版，第87页。

② ［挪威］希尔贝克、伊耶：《西方哲学史》，童世骏、郁振华、刘进译，上海译文出版社2004年版，第34页。

士多德又出现了对于目的的信仰，把目的当作是科学中的基本观念。”①但是，原子论割裂了必然性和偶然性联系，忽略了作为整体的宇宙万物内在联系和相互依存，不能有效说明自然事物的和谐发展与整个自然界的秩序存在，忽视了事物特别是人的目的存在。

（二）启蒙运动与浪漫主义的双峰对峙

启蒙运动是和科学知识的传播分不开的。18 世纪启蒙运动的丰碑是以狄德罗为代表的法国一群作家和科学家编纂的大百科全书。浪漫主义在一定程度上可以理解为对启蒙运动的一种反抗，是一场对大革命运动的反革命运动。在浪漫主义者看来，世界不是原子的机械装置而是充满生机的统一机体，自然不是与人截然不同有待人类冷静分析、开发的对象，而是人类灵魂努力进入并与之交融的对象。看重精神实质而非机械论的规律，探寻一种统一的秩序和意义是浪漫主义的核心，不仅是感性、理性而且想象力和情感、意志等人类诸多才能都是获取真正知识所不可缺少的。维柯认为，要通过一种“历史感”深切感受以前时代的精神，以深有同感的这种想象方式去加以理解。在尼采看来，存在着解释世界的多种多样观点，至高无上的真理其实是在人的内心通过自我创造的意志力而产生的。人用意志力创造出一种可以进入并且生活其间的虚构戏剧，把一种救赎的秩序强加于没有上帝的无意义的混沌宇宙。通过想象和意志的自我创造力量，浪漫主义为人类知识提出了一套全新的标准和准则。启蒙运动所确立的理性主义、实证主义认识论遭到了浪漫主义的反抗。

18 世纪的启蒙运动奠定了经济学、政治学、人类学等社会科学基础，一些社会科学学科的创始人就是当时的启蒙者，如休谟、伏尔泰、孟德斯鸠等。启蒙运动的社会科学研究受到了以牛顿为代表的科学方法的深刻影响，表现出把人文简化成物理，把人和社会说成牛顿式的机器，表达出一种过分的简单化

---

① ［英］罗素：《西方哲学史》，何兆武、李约瑟译，商务印书馆 1963 年版，第 107 页。

和乐观主义。如果说社会科学是在启蒙运动中诞生,那么,人文学科兴起体现的则是浪漫主义精神实质。艺术、语言、历史等人文学科和自然科学具有不同质的研究对象,因而也应当具有不同质的研究方法。历史涉及的不是无机的对象、原子的力学,而是人的自由、自觉的意志活动,从普遍规律和历史预设演绎的科学说明方式不适用于历史研究。如果说在自然科学中我们追求的是"说明",那么在人文学科中我们寻求的则是"理解"。狄尔泰认为人文学科存在的首要条件就在于:研究历史的人,在某种意义上也就是创造历史的那个人。精神能理解的,只是它已经创造的东西。自然界——物理科学的对象,则包含着独立于精神而出现的实在。人主动打上其印记的一切,构成了人文研究的主题。①

伴随启蒙运动而来的社会科学兴起体现的是科学主义策略,它是在抹杀人文学科独自存在价值基础上的科学统一策略,即在一切学科中贯彻科学研究方法,推行科学主义。人文学科强调其独特的精神气质,认为人文学科和生命、生命经验之间存在着内在联系。在人文学科的理解中,是生命在理解着生命。人文学科体现浪漫主义精神实质——主观主义,就是人的精神参与现实、世界的塑造。浪漫主义、人文学科的认识重心从认识客体转移到了认识主体,人不再是一个消极的旁观者,完成了认识史上的"哥白尼革命"。人的精神是镜与灯,它不仅反映真理,而是照亮通往真理之路。科学文化与人文文化的关系实质反映着主观与客观、主体与客体的关系,二者的融汇、整合不是谁吃掉谁的关系,而应当是建立在科学文化与人文文化独特价值和意义基础上的二者对话、交流与沟通。

(三)后现代文化整合的人文诉求

波普尔"不断革命"的证伪主义发展观,对累积式科学发展观的批判看似

---

① [挪威]希尔贝克、伊耶:《西方哲学史》,童世骏、郁振华、刘进译,上海译文出版社 2004 年版,第 348 页。

猛烈,但也隐含着其内在的保守性。波普尔坚持真理符合论,后继理论具有越来越高的逼真度,从这一意义来说,科学知识的累积观并没有放弃。但波普尔的批判理性主义对科学理论作动态分析,从而也就具有了历史主义萌芽和科学哲学研究的“外部”转向趋势,波普尔是科学哲学由逻辑实证主义到历史主义的中间过渡环节。20 世纪 60 年代,库恩将“范式”、“不可通约”等概念引入科学哲学研究领域,彻底告别了累积式科学发展观,成为科学哲学研究中历史主义的最著名代表人物。库恩强调价值理性的重要性,以包含信念追求、价值选择、文化因素在内的范式理论,否定了科学理性和逻辑方法的绝对优先性和绝对确定性。库恩承认科学是一合理性事业,但理性不再是冷冰冰的僵硬逻辑,而是科学共同体的信念和选择。换句话说,科学事业本质上是人文事业。①

胡塞尔的现象学并不是对科学的反动,而是持有一种与实证主义相对立的科学观。胡塞尔认为,科学的任务不应局限于“纯粹的”客观事实,也应包括有关价值、意义、理性问题,科学与其说是“事实的研究”不如说是“理性的启示”。在胡塞尔看来,实证主义对于人生问题的拒绝表明其狭隘的理性主义立场,而存在主义对于人生意义却是一种非理性主义关注。哲学的任务就是理性地认识包括人生和自然在内的整个世界,实证主义丢掉了这个任务的一半,存在主义则通过拒绝理性的方式整个地丢掉了这个任务。胡塞尔不但不反科学,而是赞叹科学的严格性和持续不断进步,希望建立一种真正具有严格科学性的哲学。海德格尔是正统现象学的异端,他的存在论特别是实践论风格与胡塞尔的认识论风格形成对比。在海德格尔看来,“最切近的交往方式并非一味地进行觉知的认识,而是操作着的、使用着的操劳——操劳有它自己的‘认识’”。②“海德格尔解决哲学假问题的方法是,把社会实践看作一种

① 肖峰:《论科学与人文的当代融通》,江苏人民出版社 2001 年版,第 255 页。

② [德]海德格尔:《存在与时间》,陈嘉映、王庆节译,生活·读书·新知三联书店 1999 年版,第 79 页。

首要的、不容置疑的要素，而不是一种需要解释的东西。”[①]海德格尔的“技术转向”、“实践转向”是对胡塞尔现象学仍然残留的“笛卡尔主义”倒转。

知识社会学兴起之初，在其先驱者曼海姆那里，把自然科学排除在知识的社会学分析范围之外，认为自然科学不受社会因素的影响。科学社会学的创始人默顿关心的是：怎样的社会机制保证了科学知识的这种特殊地位。如果说曼海姆的“知识二分法”豁免了科学知识的社会检讨，把知识社会学做成了“不含科学知识的知识社会学”，那么默顿则是对科学知识“悬置”、“黑箱化”处理，把科学社会学做成了“科学家的社会学”或“科学体制的社会学”。如果说科学社会学是从“外部”探究科学活动的主体——科学家的社会性对科学活动的影响，那么科学知识社会学（Sociology of Scientific Knowledge，SSK）则从“内部”洞察科学活动的产物——科学知识本身的社会向度。到了20世纪70年代，“社会建构论”（social constructionism）和“行为者网络理论”（actor network theory）从科学的社会、政治建构的角度来研究科学。科学被视为一种特殊的社会实践，科学是协商和建构的结果。[②] 科学知识社会学从社会层面彰显科学与人文的本质关联。

在罗蒂看来，分析哲学一开始出自科学崇拜、实证主义，但作为其内在辩证过程的结果，在蒯因、后期维特根斯坦、塞拉斯和戴维森那里达到了顶峰也超越和取消了自身。“这些哲学家成功地、正确地模糊了实证主义在语义的与语用的、分析的与综合的、语言学的与经验的以及理论与观察之间的区分。”[③]如果说启蒙运动带给我们的是一个后神学文化的话，那么对寻求绝对实在知识的柏拉图主义传统的超越，带给我们的则是一个后哲学文化。“在这里，‘后哲学’指的是克服人们以为人生最重要的东西就是建立与某种非人类的东西（某种像上帝，或柏拉图的善的形式，或黑格尔的绝对精神，或实证

---

① ［美］理查德·罗蒂：《后哲学文化》，黄勇译，上海译文出版社2004年版，第26页。
② ［美］唐·伊德：《让事物“说话”》，韩连庆译，北京大学出版社2008年版，第5页。
③ ［美］理查德·罗蒂：《后哲学文化》，黄勇译，上海译文出版社2004年版，第8页。

主义的物理实在本身,或康德的道德律这样的东西)联系的信念。……一种文化可以看作是后哲学的文化,仅当其放弃了这样的希望,连同在现象与实在、意见与知识之间的对立。"[①]后哲学文化,如果借用当代法国哲学家利奥塔的术语,也可以说是后现代主义文化。当罗蒂抛弃了传统哲学、文化后,他看到的是实用主义的诱惑和希望。作为实用主义者,罗蒂强调宽容、多元和民主,主张用政治问题替代认识论问题,坚信更多的自由最终带来人类更大幸福。但是,正如孟建伟先生所指出的那样,罗蒂将"客观性"归结为"主体间性",将"理性"弱化为"有教养",将"方法"化解为"对话",这实质上抹杀了自然科学与人文学科之间的差别,消解了自然科学的独特存在意义。[②]

两千多年哲学史可以梳理出有关科学与人文两种哲学思想脉络。古希腊哲学的主旨是人文取向,但也能辨识出早期自然哲学家"科学"兴趣与后继智者"人文"兴趣追求不同。近代科学崛起并逐渐取得了文化统治地位,但仍然存有浪漫主义的逆向反动。伴随现代而来的现代性反思和批判催生了后现代思想浪潮,后现代思想中对于基础主义、表象主义的"解构"更多带有人文主义伤感,但也隐含着整合科学与人文的某种思想启示。如果说现代主义走的是科学统一道路的话,那么后现代主义寻求的则是人文主义统一道路。科学精神和人文精神本没有过错,但一旦把他们推向极端走向科学主义和人文主义则是死路。

三、近代科学的哲学基础

近代科学的诞生可以从科学的"外部"找寻原因,如远洋探险、文艺复兴、宗教改革;但是近代科学诞生作为一种观察、认识世界的新方式,它首先是思

---

① [美]理查德·罗蒂:《后哲学文化》,黄勇译,上海译文出版社 2004 年版,第 8 页。

② 孟建伟:《探寻科学与人文文化的汇合点——对当代西方人文主义的文化整合思潮的反思》,《自然辩证法研究》1997 年第 2 期,第 7—11 页。

想观念特别是科学文化哲学思想发展结果，这可谓“观念先行”。近代科学诞生的科学文化哲学基础不是单线条的，而是亚里士多德哲学理性追求、新柏拉图主义神秘启示以及机械主义祛魅思想的叠加、互动、共生。[①]“科学革命”通常指涉的是十六七世纪，但是为使我们对于近代科学形成有较为全面、准确的理解，我们必须追溯更远的历史线索[②]，关注那些为近代科学所应用乃至批判的科学文化哲学学说，把科学置于更为久远、宽厚的哲学思想背景中。

（一）亚里士多德哲学的理性追求

一般认为，亚里士多德主义是近代科学的阻碍，近代科学就是从一条一条批驳亚里士多德谬论而起步、成长的。比如说，亚里士多德的地球中心论的宇宙学说以及“重物比轻物下落快”断言，已经成为近代科学嘲讽亚里士多德主义的笑柄。人们一般不再细致区分亚里士多德的自然科学（物理学、生物学）与哲学，常常把亚里士多德的自然科学成果混同于它的哲学思想，从对亚里士多德自然科学成果的否定进而全面否定亚里士多德哲学，否定亚里士多德哲学思想对于近代科学诞生的某些正面、积极意义。

柏拉图只承认理念的真实存在，贬低、忽略个体事物的存在意义。而在亚里士多德看来，获取知识的第一步是用感官经验个别事物，第二步是从个别事物的偶然性中抽取、归纳出事物的本质和普遍形式。相对于柏拉图的独尊理念来说，亚里士多德则是赋予感觉经验与理念理性同等重要地位。就此而论，亚里士多德的认识论不仅相对于古希腊柏拉图来说，即使相对于近代唯理论和经验论来说，也是对于科学认识的较为全面的辩证认识。“想克服机械唯物论和唯心论的缺陷，把两者综合起来的人，亚里士多德要算最先的一个。”“他不同柏拉图一样，是个单纯思辨的哲学者。同时还是一切事物的严密观

① 李宏伟：《近代科学诞生的科学文化哲学基础》，《东北大学学报》（社会科学版）2013 年第 5 期，第 441—445 页。

② H. Butterfield, *The Origins of Modern Science*: *1300-1800*, New York: Macmillan, 1957, p. vii.

察者。所以，在他的手中，作为科学的哲学才能达到古代的完成，同时，开始对自然作严密的科学认识的也是他。因此，从某种意义上看，可以说他在一切科学上，都是创立者。”①

亚里士多德主张，共相存在于殊相之中。通过殊相，借助思想，我们能够认识共相。亚里士多德承认共相存在，因而可以称其为“实在论者”（或“概念实在论者”）；但亚里士多德的共相并非一种高于殊相的存在形式，况且共相也不能脱离殊相而存在。亚里士多德的实在论显然不如柏拉图的实在论更“实在”，因为柏拉图的共相先于殊相、对象而存在，殊相是模仿、分有理念、共相而存在；在这一意义上说，柏拉图的实在论是极端实在论。亚里士多德被西方重新发现，起初是作为与基督教敌对的异教徒出现，但很快亚里士多德主义在基督教框架中被重新诠释。阿奎那将亚里士多德“基督化”，把他的第一因改造成为基督教的上帝，调和上帝与现世、信仰和理性的矛盾。阿奎那采纳温和的亚里士多德主义概念实在论，承认概念的存在但限定于对象之中。“亚里士多德的哲学是自然主义的，而基督教思想是超自然主义的。虽然托马斯·阿奎那试图引进超自然主义，借以补充亚里士多德的世界观，两种思想路线的矛盾却仍然存在。……亚里士多德的哲学毕竟是希腊人的礼物，它导致经院哲学的解体。”②

“到晚年，亚里士多德与柏拉图的‘唯实论’的分歧就发展为所谓‘唯名论’。按照这种‘唯名论’，个体是唯一的实在，共相只不过是名称或心理概念。……不管从形而上学的观点来看，柏拉图的理念学说包含多少真理，促成这种理论的心理态度却是不适于促进实验科学的事业的。看来，事情很清楚，在哲学仍然对科学起着支配性影响的时候，唯名论，不管是有意识的还是无意识的，都比较有利于科学方法的发展。”③到中世纪后期，唯名论发展起来，比

① 宗白华：《西洋哲学史》，江苏教育出版社 2005 年版，第 84—85 页。

② ［美］梯利：《西方哲学史》，葛力译，商务印书馆 2000 年版，第 250 页。

③ ［法］丹皮尔：《科学史》上册，李珩译，商务印书馆 1997 年版，第 74—75 页。

如在奥卡姆的威廉以及后来的马丁·路德那里。中世纪从概念实在论向唯名论的思想转变，意味着人们的兴趣从先验理念、教义权威转向经验观察、具体事务，促进了实验科学的兴起。

怀特海在讲到“现代科学的起源”时说：“对于科学说来，除开事物秩序的一般观念以外，还要一些其他的东西。我们只要稍微提一句，就能说明经院逻辑与经院神学长期统治的结果如何把严格肯定的思想习惯深深地种在欧洲人的心中了。这种习惯在经院哲学被否定以后仍然一直流传下来。这就是寻求严格的论点，并在找到之后坚持这种论点的可贵习惯。”①事物秩序的观念我们可远溯到古希腊，在古希腊的神话、悲剧里内蕴着人类命运以及事物规律的无情必然性。对于严格论证的思维习惯，我们可以归功于古希腊的自然哲学家，主要是亚里士多德的自然哲学、逻辑学贡献。“伽利略得益于亚里士多德的地方比我们在他那部关于‘两大世界体系的对话’中所看到的要多一些。他那条例清晰和分析入微的头脑便是从亚里士多德那里学来的。”②亚里士多德的遗产主要是他的逻辑学、经验主义和自然科学方面的遗产。亚里士多德创办的吕克昂学院不像柏拉图学院那样是一个半宗教性质的哲学学校，更像一个科学研究与资料搜集的学术中心。亚里士多德不像柏拉图那样在中世纪早期享有盛名，却在中古盛期开始规定西方思想走向，以至近代科学在超越他时，仍然是在使用着他的概念工具攀登、前行。

柏拉图和亚里士多德的差别并不像人们想象的那样大，亚里士多德的形式和目的都与柏拉图的理念有几分神似，他们对于理性的追求在大方向上更是志趣相投。但是，柏拉图利用理性战胜经验世界发现的是超验秩序，亚里士多德却利用理性发现了经验世界自身范围的内在秩序。亚里士多德的三段论对于实验科学的发现目的助益不大，所幸实验家对于形式逻辑并不关心，三段论对实验科学发展的阻碍作用难以成真。逻辑对于科学研究的有限作用亚里

① ［英］怀特海：《科学与近代世界》，何钦译，商务印书馆 1989 年版，第 12 页。
② ［英］怀特海：《科学与近代世界》，何钦译，商务印书馆 1989 年版，第 12 页。

士多德自己看得很清楚，只是后人曲解、夸大了亚里士多德逻辑的科学作用。亚里士多德并非出于逻辑自身目的而研究逻辑，在他看来逻辑不过是一个工具，对于科学和辩证法来说逻辑虽然重要却是一个不完备的工具。科学虽然采用逻辑论证，但科学又不仅仅是逻辑论证。科学需要的更多，不仅是逻辑推理更重要的是自然理解。① 如果说依循教义权威、错误前提推导出很多违背科学事实的错误结论，更多的是出于托马斯主义对于亚里士多德的肢解和滥用。亚里士多德目的论自然解释追问事物的"为什么"，有悖于近代科学更为关心的"怎么样"，可以说是阻碍了近代科学追问事物本质的科学研究道路。但是，即使直到今天，在生物学、人类学、生理学、医学研究中还是难以摆脱亚里士多德目的论影响。不消说达尔文的生物进化论，单是解释磨牙和门牙为什么具有不同结构，恐怕也是用功能目的来解释远较机械论、原子论、还原论来得方便、令人信服。

（二）新柏拉图主义的神秘启示

形而上学历史依循柏拉图道路，所以有整部西方哲学史就是为柏拉图哲学作注脚之说。近代科学是在西方哲学思想下孕育成长的，柏拉图哲学、新柏拉图主义为近代科学诞生提供了形而上学思想基础。

公元 3 世纪，普罗提诺发展出一套新柏拉图主义，用作为太一（One）的神取代了柏拉图的善。就像光线从太阳射出一样，万物来自神的"流溢"。如此，神成为万物的起源，万物也证明了神的存在。普罗提诺并没有表现为严格的泛神论者，但其后继者司各脱·伊里杰纳的神学是一种泛神论和神秘主义思想。在司各脱看来，上帝是万物的开端、中点和归宿，上帝和他的创造物合二为一、浑然一体。我们只有内心尽除他物仅留上帝，超脱感官和理性进入神秘狂热状态，才能达到忘却自我而与上帝合一的心醉神迷状态。新柏拉图主

① Christopher Shields, "Aristotle", *Stanford Encyclopedia of philosophy*, First published Thu Sep 25, 2008.

义者费奇诺(1433—1499)的宇宙图式中,灵魂占据着联系精神世界(太一、心灵)和物质世界(形式、形体)的中介位置,人可以利用灵魂的精微理性激活事物中的精微活力,这种创造力就是"自然魔术"。库萨的尼古拉(1401—1464)认为既然事物运动都是上帝的展开,那么研究自然就是对上帝的亲近和认识。为了破除神学权威的"有知识的无知",我们必须到上帝亲手书写的自然这本书中去寻找真知。库萨的尼古拉提出自然这本大书是用数学符号写成的,为近代科学的数学化研究开辟了道路。

柏拉图出于对天体世界、理念世界的完美信念,坚信虽然我们看到行星表面现象是毫无规律的"游荡"(行星"planet"的词根意味"游荡者"),但现象背后是遵循着完美的数学规律运行。这是柏拉图为哲学家、科学家提出的"拯救现象"任务,也成为后世影响深远的哲学准则、科学原则。新柏拉图主义深受毕达哥拉斯主义影响,尊崇数学实在,坚信宇宙间的数学和谐。哥白尼提出太阳中心说并没有什么更多的新的事实支持,而是出于一种新柏拉图主义的形而上学信念以及太阳系数学关系的简单、和谐的审美追求。哥白尼鄙夷托勒密借用70多个"本轮—均轮"拼凑的"地球中心说"模型,在新柏拉图主义的太阳神崇拜启发下,追随毕达哥拉斯学派的地球围绕中心火运行思想,大胆提出太阳中心说。一开始,对于太阳中心说的反对并非来自天主教会,而是新教和天文学家。整个中世纪鼎盛时期和文艺复兴时期,可以说罗马天主教对于学术思想还是相当宽容。哥白尼死后,天主教大学并没有禁止哥白尼的《天体运行论》,教会确定的新格利高里历就是在哥白尼太阳中心说基础上计算的。新教以《圣经》为唯一绝对权威,认为哥白尼的太阳中心说与圣经相违背,是天主教会的放任自流使得原始的基督教教义和《圣经》遭到了玷污。直到17世纪早期的伽利略时代,教会权威逐渐走向衰落并感受到了来自各方面的威胁,才开始禁止传播太阳中心说。布鲁诺被烧死在罗马的鲜花广场主要原因不是因为其宣传哥白尼的太阳中心说,传布宇宙无限的科学思想,更主要的是其鼓噪的神秘主义的新柏拉图主义异教思想对以亚里士多德主义为基础的基督教正统思想构成威胁。

开普勒、伽利略改进、完善了哥白尼开创的工作,在他们身上同样看到新柏拉图主义思想的深刻影响。开普勒认为太阳是上帝的重要形象,数字和几何具有一种超越力量,“天体的音乐”在数学上的简洁、和谐正是上帝荣耀的表现。开普勒用行星运动的椭圆轨道取代了哥白尼的正圆轨道,以行星运动横扫面积相等取代哥白尼的弧度相等,抛弃了托勒密 77 个轮子、哥白尼 34 个轮子的太阳系模型,代之以 5 个行星的椭圆轨道。开普勒的行星运动第三定律指出,一颗行星围绕太阳运行一周所需要的时间的平方与它轨道的平均半径的立方成正比,即 $T^2 \propto R^3$;当我们看到天体运动遵循如此简洁的数学关系时,不得不感叹如果说在托勒密哥白尼天文学中数学还仅仅是一种数学工具的话,那么在开普勒这里数学表现出一种天体的本质力量,我们相信开普勒达成了柏拉图所说“拯救现象”任务。伽利略受新柏拉图主义影响,相信自然世界可以用几何和数学的方法加以认识,宣称“自然这本大书是用数学语言写成的”。伽利略的惯性定律并不存在于真实的自然界,而是一种思维的理想实验。伽利略宣称,他做实验的目的只是用来说服那些不相信他的理论的人。伽利略对于数学不像开普勒那样具有宗教的神秘狂热,而是把数学看作是理解自然事物、战胜亚里士多德派对手的简明有力工具,具有了超脱新柏拉图主义的自然探究动力。

新柏拉图主义的自然神秘主义、象征主义,以自然为上帝的造物、标志、象征,认为对于自然奥秘的破解就是对于上帝的解读、理解和亲近,为从神学思辨向自然研究转变提供动力。神秘主义认为自然是神秘力量的表现,通过巫术、法术等各种神秘方式同这些自然精灵发生神交就能控制自然现象,于是产生了各种各样的“奇异科学”、“自然魔术”。14 世纪巴黎大学以布里丹为代表的经验科学学派虽然还充斥着大量的神秘信仰,但是毕竟试图研究和控制自然。罗吉尔·培根这位实验科学的先驱者工作中包含着大量炼金术和占星术原理,炼金术士帕拉切尔苏斯奠定了近代化学和医学基础,威廉·吉尔伯特的地球磁性理论建立在万物之灵基础上，威廉·哈维的血液循环不过是效仿天体运行的“小宇宙”。随着时间的推移，荒唐的因素逐渐被剥除，炼金术演化为化学，占星术演化为天文学，巫术演化为实验；而神秘的毕达哥拉斯的数论则培育了对数学的兴趣。哥白尼出于追究占星术的动机，研究天空的数学秩序。正如梯利所言：最长的绕弯的路有时是回家的捷径。

（三）机械主义的祛魅思想

机械主义的源头可追溯到古希腊留基伯、德谟克利特的原子论。但不是所有机械论哲学家都是原子论者，笛卡尔作为机械论哲学家的代表人物就抵制原子论的虚空观念，坚持粒子是可以无限分割的。[①] 留基伯作为原子论的开创者确立了原子论主要观点，即所有事物都是由运动在虚空中的原子构成的。德谟克利特对原子论作了详尽阐述，使得这一理论确定下来。原子论没有为任何设计、目的留下余地，把所有实在都还原为原子的碰撞、组合结果。而对于原子及其运动的最初来源，原子论者认为没有必要解释，因为对于起源的追问可以永无休止地进行下去。正像追问神或者上帝起源是一个无解问题一样，赋予物质的原子以永恒存在似乎是可以接受的解决方案。原子论、机械主义的世界观不同于亚里士多德、柏拉图的有机论世界观，不再引用“目的”或者“最终因”解释世界。当我们问一件事情“为什么”时候，有两种可行的回答问题方法：一是目的论回答“这件事情为什么目的而发生、存在”，二是因果论回答“是什么事情造成这件事情的发生、存在”。前者是“目的论”的用未来解释当下，后者是“因果论”的前因后果解释。很难说用哪种方法解释世界更好，但因果论的机械主义解释更接近于我们当下的科学，机械主义也更适合于现代世界改造。

德谟克利特可说是一位机械唯物主义者，在他看来宇宙之中并没有什么

---

① Alan Chalmers, “Atomism from the 17th to the 20th Century”, *Stanford Encyclopedia of philosophy*, First published Thu Jun 30, 2005, substantive revision Thu Oct 28, 2010.

目的，只有被机械法则统驭的原子，灵魂也是由原子组成的，思想同样是物理过程。古希腊原子论的提出很难说是基于经验基础，因为在古希腊时代原子论是缺少经验证据支持的，只是在两千年后的现代科学中才取得了越来越多的经验事实推理支持。但是，原子论作为机械主义的前驱者主要不是因为其经验主义，而是因为其祛除了生机论、目的论的严格机械决定论。亚里士多德偏爱经验事实，文艺复兴时期的科学把他拒之门外。伽利略的柏拉图主义使他更相信理性而非易错的感觉，反倒使他进入了更为广阔、普遍的科学世界。在德谟克利特看来，我们不能看见原子的本来面目，但能够超越感觉和现象而达于原子的思想才是真正的知识，就此而言可说德谟克利特是一个唯理主义者。德谟克利特原子论在古希腊并不得势，只是到十六七世纪得以复活，成为近代科学开端。

伽利略一方面关注自然现象背后理念世界的数学关系，这使他偏近毕达哥拉斯主义、新柏拉图主义；另一方面，他追寻的是支配自然变化的数学规律而非数学神秘，用数学驱除亚里士多德主义自然观的生机和目的，这又使他偏向机械主义。伽利略借用了阿基米德的漂浮物体模型及其平衡原理，他相信物质的数学本性和运动的数学原则从属于机械论科学。伽利略发展出机械论新科学——物质和运动的科学——的新概念，他的新概念沿用了传统机械论科学的基本原则，又添加了“时间”特别是他所强调的“加速度”概念。① 像17世纪大多数科学家、哲学家一样，牛顿还是一位有神论者，从属于剑桥的柏拉图学派，它的万有引力定律提出就受到了赫耳墨斯共感说的启示。牛顿不是把上帝作用仅仅限定在创造的“第一因”，他认为太阳系的稳定运行因为受彗星的干扰作用有时还是需要上帝出面微调、校正。牛顿不是一位严格的自然神论者，可能还具有泛神论思想，但他的伟大物理学成果给后人带来机械论。牛顿的伟大名著《自然哲学的数学原理》统一了天体和地上的物理运动，使得

① Peter Machamer, “Galileo Galilei”, *Stanford Encyclopedia of philosophy*, First published Fri Mar 4, 2005; substantive revision Thu May 21, 2009.

宇宙、自然不再是神秘难测的云，而成为可精密测算、准确推断的钟。是牛顿物理学严格机械决定论的成功，而非牛顿本人的哲学思想，更加深远地决定着近代以来的机械论世界观。

笛卡尔对于近代科学的最主要贡献并非其科学成果，而是明确提出了一套用以取代亚里士多德生机论、目的论统治的机械论世界观和科学方法。在笛卡尔的机械世界中，取消了天体和地面物体的不同，整个宇宙不再有亚里士多德式的尊卑次序差别。笛卡尔不否认生物与非生物之间的差别，但是在具有灵魂的生命和不具有灵魂的生命之间划出一道分明的界限。在他看来，地球生命中只有人类才具有灵魂。[①] 如此，笛卡尔唯独把人从自然、宇宙中超拔出来并与之相对立，笛卡尔用"主体"与"客体"的对立概念取代了亚里士多德形而上学中人与非人事物共享的"实体"概念。精神被排除在自然界之外，也就摆脱了神学、宗教的训诫和束缚，容许物理学、科学对自然界作自由的机械解释。不仅是自然成为机械，动物乃至人都成为机器。笛卡尔是一位心物彻底分离的二元论者，霍布斯则是彻底的一元机械论，认为运动中的物质是唯一实在。他在《利维坦》中宣称生命无非是四肢的运动，国家则是人工技巧创造的东西——模仿的人，国家主权则是人工模拟的灵魂，把机械论从自然生命推向社会国家。如果说笛卡尔机械论的心身关系难以解决，霍布斯彻底的一元机械论也好不到哪里去，如何用机械解释生机、生命、精神现象同样是有待解决的困难问题。启蒙主义者伏尔泰从牛顿物理学成果解读出严格机械决定论世界观，指出如果全部自然界包括行星都要服从严格定律运行，却有五尺来高的小动物无视规律、妄称自由则是愚昧可笑的。到 18 世纪，西方社会确立了机械论世界观，确信是物理定律、数学关系而非神意统治着世界运行。机械论世界观摧毁了传统世界的生机和神秘，但为近代科学的兴起、发展奠定了思想前提，铺就了前进道路。

---

① Gary Hatfield, "René Descartes", *Stanford Encyclopedia of Philosophy*, First published Wed Dec 3, 2008.

以往科学思想史或者哲学史的研究，常常简单地把科学与宗教、科学与柏拉图主义神秘信仰以及科学与亚里士多德主义的生机论、目的论对立起来。布鲁诺被烧死在罗马鲜花广场，伽利略被教廷宣判有罪，成为宗教迫害科学的最好例证。人们通常认为，亚里士多德主义是近代科学阻碍，却忽略了亚里士多德主义对于近代科学形成的哲学思想滋养。这些认识有根据但非全面，夹杂着辉格史观现代情感的历史误读。启蒙主义者把上千年的中世纪宣判为“黑暗”，否定了它对于近代科学诞生的存在价值和意义。近代科学虽然可以经由文艺复兴追寻它的古希腊根基，但中世纪对于柏拉图主义、亚里士多德主义的传承对于近代科学诞生作用不可小觑。我们可以辨析出近代科学诞生的亚里士多德主义、新柏拉图主义以及机械论哲学思想基础，但也很难把哥白尼、伽利略、牛顿简单地归结为亚里士多德主义者、新柏拉图主义者或机械主义者。亚里士多德主义、新柏拉图主义、机械主义思想并非泾渭分明，而是彼此缠绕共生于思想的生态系统中，它们作为整体为近代科学诞生奠定了哲学思想基础。科学文化哲学不同于一般哲学史、思想史的系统性，而是表达文化的多元追求和包容，这可能更接近历史的真实，也是我们理解科学的更为有效途径。

四、科学的技术实践根基

不论是科学还是技术，都不是脱离社会历史的静态完成成果，而是扎根于社会历史的生产、生活实践，由此获得自己发育、成长、完善的现实养料和实践根据。对于科学技术的全面理解和正确把握，就是要从科学技术理论的“内部”跳出来，走向科学技术的“外部”社会条件考察。正像马克思、恩格斯强调的那样，我们仅仅知道一门唯一的科学，即历史科学。马克思和恩格斯在《德意志意识形态》中指出：“全部人类历史的第一个前提无疑是有生命的个人的存在。因此，第一个需要确认的事实就是这些个人的肉体组织以及由此产生的个人对其他自然的关系。……任何历史记载都应当从这些自然基础以及它们在历史进程中由于人们的活动而发生的变更出发。”①

（一）人为了生存必须劳动

人为了生存必须劳动，这确立了人与自然之间的基本关系。“劳动首先是人和自然之间的过程，是人以自身的活动来引起、调整和控制人和自然之间的物质变换的过程。人自身作为一种自然力与自然物质相对立。为了在对自身生活有用的形式上占有自然物质，人就使他身上的自然力——臂和腿、头和手运动起来。”②也就是在这种劳动的过程中，人挖掘着自身潜力，改变了自身自然。劳动创造了人，人猿揖别走上了不同道路。

劳动工具的使用和制造，虽然并非人所独有，却是人类劳动的鲜明特征。某些动物也会本能地使用和制造某些工具，但不能成为其本质特征。马克思说：“物理学家是在自然过程表现得最确实、最少受干扰的地方观察自然过程的，或者，如有可能，是在保证过程以其纯粹形态进行的条件下从事实验的。”③也就是说，真正的科学研究是典型的本质研究。不仅是制造工具，更重要的是怎样制造工具和劳动，这在蜘蛛与纺织女工、蜜蜂和建筑师之间存在着本质差别。“劳动过程结束时得到的结果，在这个过程开始时就已经在劳动者的表象中存在着，即已经观念地存在着。他不仅使自然物发生形式变化，同时他还在自然物中实现自己的目的，这个目的是他所知道的，是作为规律决定着他的活动的方式和方法的，他必须使他的意志服从这个目的。”④人的劳动区别于其他动物本能之处就在于，人的劳动是有目的、有注意力、有意志力、有表象、有观念。恩格斯在《劳动在从猿到人的转变中的作用》一文指出：“一句

---

① 《马克思恩格斯选集》第 1 卷，人民出版社 2012 年版，第 146—147 页。

② 《马克思恩格斯全集》第 23 卷，人民出版社 2005 年版，第 201—202 页。

③ 《马克思恩格斯选集》第 2 卷，人民出版社 2012 年版，第 82 页。

④ 《马克思恩格斯全集》第 23 卷，人民出版社 2005 年版，第 202 页。

话，动物仅仅利用外部自然界，简单地通过自身的存在在自然界中引起变化；而人则通过他所作出的改变来使自然界为自己的目的服务，来支配自然界。这便是人同其他动物的最终的本质的差别，而造成这一差别的又是劳动。”①

“劳动资料是劳动者置于自己和劳动对象之间、用来把自己的活动传导到劳动对象上去的物或物的综合体。劳动者利用物的机械的、物理的和化学的属性，以便把这些物当作发挥力量的手段，依照自己的目的作用于其他的物。劳动者直接掌握的东西，不是劳动对象，而是劳动资料。这样，自然物本身就成为他的活动的器官，他把这种器官加到他身体的器官上，不顾圣经的训诫，延长了他的自然的肢体。”②马克思《资本论》的上述观点，实际上指出了技术的一种最初由来和发展途径，即技术乃是人体的一种器官延长和弥补。比马克思晚十年，技术哲学奠基人卡普 1877 年出版的《技术哲学纲要》一书中，就把技术活动看作“器官投影”(organ projection)，手是人造物的模式和工具的原型。对于劳动工具、劳动资料，马克思高度评价其对于判断社会经济形态、体现时代特征的重要意义。“动物遗骸的结构对于认识已经绝迹的动物的机体有重要的意义，劳动资料的遗骸对于判断已经消亡的社会经济形态也有同样重要的意义。各种经济时代的区别，不在于生产什么，而在于怎样生产，用什么劳动资料生产。劳动资料不仅是人类劳动力发展的测量器，而且是劳动借以进行的社会关系的指示器。”③

（二）科学的发生发展由生产决定

科学知识来自人类的生活、生产实践，科学的发生和发展一开始就是由生产决定的。“首先是天文学——游牧民族和农业民族为了定季节，就已经绝对需要它。天文学只有借助于数学才能发展。因此数学也开始发展。——后

① 恩格斯：《自然辩证法》，人民出版社 2015 年版，第 313 页。
② 《马克思恩格斯全集》第 23 卷，人民出版社 2005 年版，第 203 页。
③ 《马克思恩格斯全集》第 23 卷，人民出版社 2005 年版，第 204 页。

来，在农业的某一阶段上和某些地区（埃及的提水灌溉），特别是随着城市和大型建筑物的出现以及手工业的发展，有了力学。不久，力学又成为航海和战争的需要。——力学也需要数学的帮助，因而它又推动了数学的发展。”①不可否认，生产并非科学发生、发展的唯一要素，但是对于古代来说，古人的生活、生产无疑就是科学发生、发展的最重要决定因素；即使进入资本主义大工业生产阶段，从本质上来讲，科学的发生和发展还是由生产决定的。

古希腊哲学家亚里士多德虽然有别于他的老师柏拉图，从天上返回到了人间，但生产和技术还是不能进入他的哲学视野。“哲学并不是一门生产知识。……因为人们是由于诧异才开始研究哲学；……既然人们研究哲学是为了摆脱无知，那就很明显，人们追求智慧是为了求知，并不是为了实用。这一点有事实为证。因为只是在生活福利所必需的东西有了保证的时候，人们才开始寻求这类知识。所以很明显，我们追求这种知识并不是为了什么别的好处。我们说一个自由的人是为自己活着，不是为伺候别人而活着；哲学也是一样，它是唯一的一门自由的学问，因为它只是为了它自己而存在。”②在亚里士多德的知识分类系统中，制造和使用劳动工具的生产知识不受重视，处在知识系统的最底端。

亚里士多德的第一类知识“理论知识”是为着自身而被追求的知识，包括“物理学”、“数学”和“第一哲学”；第二类知识“实践知识”是为着行动而被追求的知识，包括“伦理学”、“家政学”和“政治学”；第三类知识“创制知识”是为着创作和制造而被追求的知识，包括“修辞学”、“诗学”和“辩证法”。亚里士多德所说的“哲学”，在他的知识分类系统中看得很清楚，指的是形而上学以及自然科学这些所谓“为着自身而被追求的知识”——理论知识。在亚里士多德看来，日月星辰的各种现象是怎么回事，宇宙是怎样产生的这些问题并

① 恩格斯：《自然辩证法》，人民出版社2015年版，第28页。

② 北京大学哲学系外国哲学史教研室编译：《西方哲学原著选读》上卷，商务印书馆1999年版，第119页。

非生活、生产的需要，而是来自人们对于智慧的追求、好奇的促使。亚里士多德所说并非全无道理，只是它忘记了人类的生存、好奇、智慧建立在生活和生产基础之上。对于古希腊科学来说，它是建立在古希腊奴隶社会基础之上，不能脱离古希腊奴隶的辛勤劳作和生产实践基础。

相对于制造和使用生产工具的"创制知识"来说，物理学特别是数学这些"理论知识"看似远离生产、生活，好像完全出于好奇的纯粹智慧追求。但这只是一个假象，这种假象不仅存在于数学，同样存在于其他科学，包括我们有关社会、国家理论。恩格斯在《反杜林论》中精辟地指出："和其他各门科学一样，数学是从人的需要中产生的，如丈量土地和测量容积，计算时间和制造器械。但是，正像在其他一切思维领域中一样，从现实世界抽象出来的规律，在一定的发展阶段上就和现实世界脱离，并且作为某种独立的东西，作为世界必须遵循的外来的规律而与现实世界相对立。社会和国家方面的情形是这样，纯数学也正是这样，它在以后被应用于世界，虽然它是从这个世界得出来的，并且只表现世界的构成形式的一部分——正是仅仅因为这样，它才是可以应用的。"①恩格斯不仅指出了一切科学的经验基础，并指出其后的发展必然是走向抽象、独立的道路，但它只是抽取了丰富自然过程的某一方面、某一局部联系。这当然是理论的一种损失，但也由此发挥理论的优势所在，也正是因此理论获得了其指导实践的普遍性和正确性。

对于数学的经验来源，我们可以作词源学考证。"digit"一词，不仅有数字1、2、3……的含义，也代表手指和脚趾。也就是说，数字观念有赖于手指、脚趾的观察、经验和帮助。几何概念同样来源于对物质实体所形成图形的观察，例如角的概念最初就来自对肘和膝所形成的角的观察。在许多语言中，包括近代德语中，表示角的边的词和表示腿的词一样。中国古代有勾股定理，所谓"头悬梁，锥刺股"，其中的"股"就有"大腿"含义。"纯数学是以现实世界的

---

① 《马克思恩格斯选集》第3卷，人民出版社2012年版，第414页。

空间形式和数量关系，也就是说，以非常现实的材料为对象的。这种材料以极度抽象的形式出现，这只能在表面上掩盖它起源于外部世界。但是，为了对这些形式和关系能够从它们的纯粹状态来进行研究，必须使它们完全脱离自己的内容，把内容作为无关重要的东西放在一边……"①这样一个过程，可以说是从现实事物的"感性的具体"到科学观念的"抽象的规定"过程，还有待在理论和实践中不断发展、丰富、完善。

"如果说，在中世纪的黑夜之后，科学以意想不到的力量一下子重新兴起，并且以神奇的速度发展起来，那么，我们要再次把这个奇迹归功于生产。"②把科学发展的动力归结为生产的促动是没问题的，问题在于为什么偏偏是"中世纪的黑夜"之后，中世纪为科学兴起提供了怎样的社会生产条件呢？我们常常把中世纪用"黑暗"形容，也记得布鲁诺被教廷烧死在罗马鲜花广场。中世纪可能确有其"黑暗"一面，特别是经由启蒙主义者的夸大宣传，但把中世纪说成"愚昧"、"黑暗"、"悲惨"的全无是处也未必符合历史的真实。恩格斯对中世纪有清醒的辩证认识，在《路德维希·费尔巴哈和德国古典哲学的终结》中指出："这种非历史观点也表现在历史领域中。在这里，反对中世纪残余的斗争限制了人们的视野。中世纪被看做是千年普遍野蛮状态造成的历史的简单中断；中世纪的巨大进步——欧洲文化领域的扩大，在那里一个挨着一个形成的富有生命力的大民族，以及 14 世纪和 15 世纪的巨大的技术进步，这一切都没有被人看到。这样一来，对伟大历史联系的合理看法就不可能产生，而历史至多不过是一部供哲学家使用的例证和图解的汇集罢了。"③在这里，恩格斯不仅是辩证地对中世纪评价，更主要是表达出一种辩证历史观，即站在历史、古人的角度理解历史、古人，历史不容割裂和抹杀。

中世纪确有其压制、迫害科学一面，但是它也为文化、文明的延续、传播作

---

① 《马克思恩格斯选集》第 3 卷，人民出版社 2012 年版，第 413 页。

② 恩格斯：《自然辩证法》，人民出版社 2015 年版，第 28 页。

③ 《马克思恩格斯选集》第 4 卷，人民出版社 2012 年版，第 235—236 页。

出贡献。中世纪的修道院使文化、知识得以传承,特别是中世纪 12 世纪文艺复兴带来大学、高等教育,这种文化贡献无论怎样评价都不为过。“火药、指南针、印刷术——这是预告资产阶级社会到来的三大发明。火药把骑士阶层炸得粉碎,指南针打开了世界市场并建立了殖民地,而印刷术则变成新教的工具,总的来说变成科学复兴的手段,变成对精神发展创造必要前提的最强大的杠杆。而水(风)磨和钟表,这是过去传下来的两种机器,它们的发展还在工场手工业时代就已经为机器时期做了准备。”①

恩格斯也谈到了“中世纪的黑夜”,这是相对于其后近代科学开始自身独立和革命的伟大时代而言。这一伟大时代开始于 15 世纪下半叶,以 1543 年哥白尼发表他的不朽名著《天体运行论》,宣布自然科学的独立自然研究为明确标志。“这是人类以往从来没有经历过的一次最伟大的、进步的变革,是一个需要巨人并且产生了巨人的时代,那是一些在思维能力、激情和性格方面,在多才多艺和学识渊博方面的巨人……那个时代的英雄们还没有成为分工的奴隶,而分工所产生的限制人的、使人片面化的影响,在他们的后继者那里我们是常常看到的。”②伟大的时代产生伟大的学者,他们不仅是伟大的学者同时也是革命者。“有人用舌和笔,有人用剑,有些人则两者并用。因此他们具有成为全面的人的那种性格上的丰富和力量。”③恩格斯在讲述这一伟大革命时代时充满了欣喜和激动,他是看到了他那个时代及其科学、科学家的某种缺失,更不能想象我们当今时代的科学、科学家所面临问题。

“……科学的发展从此便大踏步地前进,而且很有力量,可以说同从其出发点起的(时间)距离的平方成正比的。这种发展仿佛要向世界证明:从此以后,对有机物的最高产物即人的精神起作用的,是一种和无机物的运动规律正

① 《马克思恩格斯全集》第 47 卷,人民出版社 2005 年版,第 427 页。

② 恩格斯:《自然辩证法》,人民出版社 2015 年版,第 9—10 页。

③ 恩格斯:《自然辩证法》,人民出版社 2015 年版,第 10 页。

好相反的运动规律。”①如果说牛顿万有引力定律揭示了引力与两个物体之间距离的平方成反比的话，那么，科学的发展则是遵循指数曲线的加速发展规律。这不仅是恩格斯的大胆推断，也为科学社会学以及科学学的实证统计研究所证实。恩格斯注意到了科学的发展获得了一种力量，这种力量推动科学以一种原子爆炸的链式反应递增发展。这样一种科学发展的动力可能是多要素的，但相对于文化、思想、政治等要素来说，最后的决定性基础还是要“归功于生产”（恩格斯语）。“至于那些更高地悬浮于空中的意识形态的领域，即宗教、哲学等等，它们都有一种被历史时期所发现和接受的史前的东西，这种东西我们今天不免要称之为愚昧。……虽然经济上的需要曾经是，而且越来越是对自然界的认识不断进展的主要动力，但是，要给这一切原始状态的愚昧寻找经济上的原因，那就太迂腐了。”②

（三）科学进步依赖技术的促动

马克思在《资本论》中对工场手工业中提出的技术问题、科学问题做了具体分析，这时的马克思不像是一位哲学家，更像是一位精通技术的工程师，但是超出技术人员的是他令人信服的论证能力。“靠磨杆一推一拉来推动的磨，它的动力的作用是不均匀的，这又引出了飞轮的理论和应用。……大工业最初的科学要素和技术要素就是这样在工场手工业时期发展起来的。”③当工场手工业进展到资本主义生产阶段，资本主义社会制度又为大机器生产基础上的科学、技术插上了资本的动力、翅膀，这是工场手工业阶段的科学、技术发展所无法比拟的。马克思在《经济学手稿（1861—1863）》中指出：“自然科学本身｛自然科学是一切知识的基础｝的发展，也像与生产过程有关的一切知识的发展一样，它本身仍然是在资本主义生产的基础上进行的，这种资本主义生

① 恩格斯：《自然辩证法》，人民出版社 2015 年版，第 11 页。

② 《马克思恩格斯选集》第 4 卷，人民出版社 2012 年版，第 611—612 页。

③ 《马克思恩格斯全集》第 23 卷，人民出版社 2005 年版，第 414 页。

产第一次在相当大的程度上为自然科学创造了进行研究、观察、实验的物质手段。由于自然科学被资本用作致富手段……所以，搞科学的人为了探索科学的实际应用而互相竞争。另一方面，发明成了一种特殊的职业。因此，随着资本主义生产的扩展，科学因素第一次被有意识地和广泛地加以发展、应用并体现在生活中，其规模是以往的时代根本想象不到的。”①马克思所讲，一方面强调了科学技术的社会生产基础，另一方面也揭示出科学、技术、生产之间的互动关系，但归根结底还是突出生产、技术对于“自然科学本身”发展的重要基础作用。

1894 年《恩格斯致符·博尔吉乌斯》信指出：“如果像您所说的，技术在很大程度上依赖于科学状况，那么，科学则在更大得多的程度上依赖于技术的状况和需要。社会一旦有技术上的需要，这种需要就会比十所大学更能把科学推向前进。整个流体静力学（托里拆利等）是由于 16 世纪和 17 世纪意大利治理山区河流的需要而产生的。……可惜在德国，人们撰写科学史时习惯于把科学看做是从天上掉下来的。”②恩格斯并不否认科学与技术之间的双向互动作用，也不否认科学对于技术的理论指导作用，但他更强调的是生产、技术对于科学的基础性决定地位和作用。这不仅是历史的真实发展，也是马克思主义生产力和生产关系、经济基础和上层建筑相互关系基本原理的具体体现。

五、后 SSK 的实践与文化转向

科学哲学自其诞生，其主题和流派不断转换、形成，现在说起科学哲学就好像说起历史往事。费耶阿本德曾说科学哲学是一个有着伟大过去的学科，宣称科学哲学已然走向衰落，这道出了科学哲学的某种当前境况。但费耶阿本德预想不到的是，科学哲学既有其传统主题的延续，更有新的研究流派和路

① 《马克思恩格斯全集》第 47 卷，人民出版社 2005 年版，第 572 页。

② 《马克思恩格斯选集》第 4 卷，人民出版社 2012 年版，第 648 页。

径产生，后科学社会学的实践和文化转向就是富有启发意义的主题拓展和路径转换。

（一）科学知识社会学的后 SSK 转向

科学知识社会学不同于默顿的科学社会学，不仅是科学共同体要遵循社会规范，即使是科学知识、科学内容也是社会塑造、社会建构的。科学哲学与科学社会学的共同问题就在于，它们还是自觉或者不自觉地设定科学、知识的先验“实在”前提，理想化地设定“科学”规范、方法和结果。如果说科学哲学、科学社会学的共通主题还是“科学”的话，那么科学知识社会学的主题则是“社会”，从科学的“自然实在”走向了“社会实在”。科学知识社会学研究方法还没有摆脱“自然”与“社会”的对立思维模式，还没有摆脱科学、科学哲学对于事物复杂多变现象背后秩序、本质的追寻模式。

对于 20 世纪的英美哲学及其后续各种变种来说，不仅是逻辑实证主义主流也包括反主流思想家如费耶阿本德、汉森乃至波兰尼、库恩，他们的主要关注点还是科学的最终知识产物，纠缠于科学理论、科学事实及其相互关系问题。科学知识社会学的主要问题同出一辙，还是把科学视作“知识”，“科学共同体”基于个人利益考虑建构知识。“因此，SSK 追随着涂尔干的理论，突出了实验室丰富的混乱现象中的两个组成部分。一部分是可见的，知识——SSK 一直是一种认识论的纲领，继承了知识的哲学传统。另一部分是社会，社会被理解为隐藏的秩序，如利益、结构、习俗或其他类似的东西。因此，SSK 认为社会是某些先验的东西，能够被用于对尚存疑问的知识进行解释。一旦认识到这点，SSK 的工作就会显得过时，必然会走向后 SSK 的研究。”①

在 20 世纪 70 年代晚期开始，不同于 SSK 固有研究但与其交叉的新的研究方向开始出现，关键标志就是布鲁诺·拉图尔和斯蒂夫·伍尔伽注重田野

① ［美］安德鲁·皮克林：《作为实践和文化的科学》，柯文、伊梅译，中国人民大学出版社 2006 年版，第 2 页。

调查的人类学著作《实验室生活》。美国科学史学家史蒂夫·夏平(Steven Shapin)通过对科学史的考察,试图使我们认识到"通过实践社会学方法通达科学知识的诸多经验成功"。[①] 到20世纪80年代晚期,类似SSK流派但明确拒绝哲学先验论以及SSK一贯注重的科学研究社会维度,与SSK交叉但绝不是原有理论方法继承和发展的新的研究方向形成,这就是以"科学实践"分析为突出特点的后SSK研究。后SSK研究有三种研究学派,分别是常人方法论、行动者网络理论与冲撞理论。常人方法论源于伽芬克尔20世纪60年代对"科学的"社会学批判,反对寻求行动者背后隐藏的社会学变量。林奇关注科学家知识生产的可见图像,并非社会秩序先于人类活动而存在,而是行动者共同维持、缔结一种社会秩序。"由于把专业的社会学方法和非专业的方法基本上视为同样的研究领域,常人方法论者使自己远离了社会学学科的生活形式,正是在这种学科生活形式中,常人方法论的社会学同僚们处理着它们的专业事物。"[②]拉图尔的"行动者网络理论"模糊理性与非理性、主体与客体、物质与精神的差别,突出各种异质要素之间非线性的耦合、链接、扩张,体现人类力量与非人类力量之间的对称性。后SSK打破传统哲学固有的主观与客观、主体与客体、自然与社会之间的截然对立,将科学研究中主体、客体、自然、社会乃至设备、仪器等各种异质因素视为"行动者",是各种"行动者"在实践中博弈性地建构科学。皮克林用"冲撞"表达各种各样行动者之间的辩证博弈,其中不仅有科学家的作用也有仪器设备乃至自然微生物的作用,不同的行动者具有同样重要的科学建构作用,科学实践就是各种力量之间阻抗与适应的辩证史。

后SSK关注科学实践中的各种可见要素,不再追寻各种可见现象背后的

---

① Steven Shapin, "History of Science and Its Sociological Reconstruction", *History of Science*, Vol. XX, 1982, 158.

② [美]迈克尔·林奇:《科学实践与日常活动》,邢冬梅译,苏州大学出版社2010年版,第15页。

隐藏秩序和结构，科学实践中的“技术”而不是科学、“行动”而不是观察、“干预”而不是表征的重要作用和意义得以凸显。后 SSK 研究从实验走向实验室以及实验室之外的技术与工业领域，走向科学技术的社会与文化研究，“后科学知识社会学”、“科学、技术与社会”以及“科学的文化研究”具有交叉、融汇的趋势。这是一场“去中心化”运动，正像皮克林所说；“如果我们不想在黑暗中徘徊，我们需要思考这一点，分析科学、技术与社会如何在一个去中心化的世界中共同进步。科学、技术与社会的后 SSK 研究为我们提供了这种研究的手段与概念资源。古典 SSK，及其所追求的隐藏的永恒结构，并不能够充当这种角色。对我来说，这就是为什么我们应该冒险去逐渐摆脱启蒙时代的科学世界观的原因。”①

（二）后 SSK 的实验室实践研究转向

西方文明有两条或明或暗相互竞争的知识道路，一条是静思玄想的理论化道路，另一条是起源自更古老的巫术魔法（包括炼金术、自然魔法）等操作、技艺知识道路。“尽管正统思想费尽心思加以根除，神秘主义的异端从来没有彻底名声扫地。直到 19 世纪，魔法的知识理想被富有想象力地整合到现代实验科学之中，剩下来的神秘主义传统的残余则遭人奚落为非理性、非科学的典范。”②近年来兴起的“科学实验哲学”是针对“科学实验”的研究，名称相近的“实验哲学”则是“使用社会科学和认知科学的方法来研究哲学认识”③。二者之间虽名称相近但具有不同研究内容，我们在此研究的是前者即针对“科学实验”的研究。劳斯通过对 20 世纪 80—90 年代美国科学哲学发展现状的考察，敏锐地认识到“科学哲学、科学社会学的焦点发生了转移，即从科

① ［美］安德鲁·皮克林：《作为实践和文化的科学》，柯文、伊梅译，中国人民大学出版社 2006 年版，第 4 页。

② ［加］巴里·艾伦：《知识与文明》，刘梁剑译，浙江大学出版社 2010 年版，第 130 页。

③ ［美］约书亚·亚历山大：《实验哲学导论》，楼巍译，上海译文出版社 2013 年版，第 2 页。

学知识转向了科学实践”。①

科学实验无疑是科学研究的重要环节,但是科学哲学很少对科学实验特别是实验室进行哲学思考与分析,科学实验与实验室在科学哲学中是一个未经探究的“黑箱”。我们常见的是科学研究的理论成果、实验报告,“对拉图尔而言,这些科学论文与出版物不过是科学的字面文本”。② 但是科学实验中的设备与仪器、过程与细节未能进入科学哲学视野,哲学的抽象思辨与宏大叙事对于实验室的具体与细微表现出一种忽略与漠视,拉图尔的目的就是通过对实验室的人类学研究打开这个“黑箱”。“无论设备是建模世界某些特性的仪器,还是由世界中的某些过程而因果地引发转化的工具,其实验的结果都是一种过程的终结状态的读取。”③但是,后 SSK 的科学实践哲学以及相近的科学实验哲学都对实验与实验室表现出极大关注,这对于我们认识与理解科学乃至哲学基本问题具有重要意义。“实验研究具有的作用类似于实验在这种科学中的关键作用,它能够揭露出科学家生产的知识类型的某些哲学盲点。”④

在传统科学哲学视野中,观察与实验没有什么本质区别,它们都是理论与其表征世界联系的中介桥梁,对理论的发现与确证起辅助支撑作用。“通常实验者做一种实验,总是为了检验或证明某一种实验观念的价值。因此,我们又可以说:在这种情况下,实验是一种以检验为目的而促成的观察。”⑤“至今,哲学家把实验等同于观察结果,并用这些结果来检验理论。他们假定,观察为

---

① Joseph Rouse,“New philosophy of science in North America twenty years later”, *Journal for General Philosophy of Science*, Vol.29, 1998, pp. 71-122.

② Don Ihde,“Technoscience and the ‘other’ continental philosophy”, *Continental Philosophy Review*, vol. 33, 2000, pp. 59-74.

③ [英]罗姆·哈勒:《关于实验的某种形而上学中的工具物质性》,载汉斯·拉德主编:《科学实验哲学》,吴彤、何华青、崔波译,科学出版社 2015 年版,第 17 页。

④ [英]戴维·C. 古丁:《实验》,载 W. H. 牛顿-史密斯主编:《科学哲学指南》,成素梅、殷杰译,上海科技教育出版社 2006 年版,第 150 页。

⑤ [法]克洛德·贝尔纳:《实验医学研究导论》,夏康农、管光东译,商务印书馆 1996 年版,第 22 页。

有才智的人了解自然界的事实和规律提供了一个可资利用的窗口，而科学家的主要问题是提出独特的或独立的理论解释。”①而以哈金为代表的科学实践哲学的新实验主义研究进路批判观察、实验渗透理论，认为实验并非都受理论引导，而是有其独立价值和生命。哈金指出：“实验有一项作用完全遭到忽视，以至于我们都不知道如何称呼它。我称之为‘创造现象’（creation of phenomena）。人们常说，科学家的任务是要说明他们在自然界中发现的现象。但是我认为，科学家经常创造现象，随后这些现象成为理论的核心部分。”②

理论与实验关系并非一成不变，在不同阶段具有不同形式，在原创性研究中实验常常超前于理论，布朗运动发现、爱迪生的电灯以及瓦特蒸汽机并非理论成果的指导应用。在科学实践哲学中，实验的认知方法论地位逐渐让位于实验室，实验室不是牛顿绝对空间的科学研究场所，而是科学生产的具体实践机制。关注实验室，就不能无视实验室的技术设备，技术设备不仅是观察仪器的数据供给，而是与实验者、理论知识具有同等重要地位。如果仪器作用只是以适当或者更优方式接近自然获得自然在某些方面的表征、数据，就像自动收报机产生铭文、输出字条那样的机器，那么这种仪器理解就与传统哲学的表征模式一脉相承，没有什么实质不同。

仪器可以分成几种类型，其中一种就是用于自然系统驯化的物质模型。“一个托卡马克（tokamak）是一个恒星的驯化版本。强大的磁场把氢原子禁闭在很小的体积内，因外部能量激发而聚变成氦。这个过程运转起来，就是恒星熔合的一种驯化版本。”③实验室的驯化版本不同于野生、野外的自然环境，驯化版本得到的表征与数据只是针对驯化版本有直接意义。“像化学家‘重新创造’有机化合物，生理学家在实验动物身上诱导糖尿病一样，物理学家是

---

① ［英］戴维·C. 古丁：《实验》，载 W. H. 牛顿-史密斯主编：《科学哲学指南》，成素梅、殷杰译，上海科技教育出版社 2006 年版，第 143 页。

② ［美］伊恩·哈金：《表征与干预》，王巍、孟强译，科学出版社 2011 年版，第 176 页。

③ ［英］罗姆·哈勒：《关于实验的某种形而上学中的工具物质性》，载［荷］汉斯·拉德主编：《科学实验哲学》，吴彤、何华青、崔波译，科学出版社 2015 年版，第 23 页。

在模拟‘自然’——并具有控制的潜力。”①但是,驯化版本是野生版本的简单化和抽象化,野生版本是驯化版本的源泉或者说原型,我们可以把驯化版本的认知推及野生版本,但这是有风险的跨越一步。因为驯化版本毕竟不同于野生版本,驯化版本并不存在于自然界而只是表现在实验室中。

仪器不仅是对于自然的驯化,还有仪器—世界复合体的现象创造。没有威尔逊云室很难说有作为运动粒子的电子;没有双窄缝和照相感光屏幕放在前面,作为干预波的电子又将何在呢?“一个仪器就是垃圾,除非它被自然融合而结合成为统一的整体。一个陈列在博物馆里的曲颈瓶并不是一个仪器。让我们称呼仪器—世界复合体是科学家、工程师、园丁和厨师形成波尔的人造物品的东西。或许操作它们使得它们产生原本在野生世界即自然界里不存在的现象。”②这正像海德格尔所说,一件家具扔在荒郊野外并不能成为家具,家具只有在房间中居家使用才成为家具。我们对于家具的认识,不是首先来自家具,而是来自家具所属的在世,我们是从整体认识、成全个体事物。“一个仪器不是超越于世界的某个东西,在世界之外,而是与自然发生因果作用的东西。这就是工具的角色。仪器及其涉身的其他相邻世界部分组成一个事物。”③光是粒子还是波,这不是光的自身现成实在,而是不同仪器作用下的不同属性表现。

我们说牧场的奶牛、实验室的果蝇是对自然界的野性驯化,我们试图把驯化后的研究成果倒推到野性自然世界之中是一步危险的科学跨越;那么在仪器—世界复合体中的自然现象创造倒推到野性自然世界则是根本不可能的,因为某些实验现象只存在于实验室中,自然界没有其源泉和原型。金属钠的

---

① [英]约翰·V. 皮克斯通:《认识方式》,陈朝勇译,上海科技教育出版社 2008 年版,第 146 页。

② [英]罗姆·哈勒:《关于实验的某种形而上学中的工具物质性》,载[荷]汉斯·拉德主编:《科学实验哲学》,吴彤、何华青、崔波译,科学出版社 2015 年版,第 24 页。

③ [英]罗姆·哈勒:《关于实验的某种形而上学中的工具物质性》,载[荷]汉斯·拉德主编:《科学实验哲学》,吴彤、何华青、崔波译,科学出版社 2015 年版,第 24 页。

燃烧不存在于自然界中，只能存在于实验室中特定仪器设备条件下。在实验室的驯化模式下，还存在着把仪器仅仅当作探测自然奥秘的工具、手段的幻想，沿袭的还是主体与客体、自然与社会二分的传统思维模式。“它忽视了仪器对于现象的形式和实质的贡献。对这个争论的反思使得我们更深地进入到波尔解释中。波尔式的现象既不是仪器的性质也不是由仪器所引起的世界的性质。它们是一种新的实体的性质：仪器与世界即仪器—世界复合体的无法分解的结合。”①这里强调的是复合体，这不是实体性思维而是关系性思维，科学家、实验室、仪器设备都不是外在于世界，它们共处于社会文化并共同构成一种复合体。从本质上来说，驯化型的实验仪器模本都可以归结为仪器—世界复合体，仪器—世界复合体具有更为广泛的适用性和解释能力。

仪器、设备的制造需要知识无可置疑，或者说其中蕴含、浓缩知识，虽然制造的知识不同于陈述、理论的知识，但是难以否认制造知识的确实存在。我们这里所说的制造知识，不是关于制造的理论知识，而是制造、生产环节的具体操作和物质实现。言说知识的优势在于强于表达，而制造知识的优势在于具体、现实，在具体现实意义上而言实际制造比理论知识更为真实可信。T. 达文波特来自美国一个铁匠家庭，几乎没有受过什么学校教育，也没有电磁方面的知识训练，但是他在看到 J. 亨利的电磁样机之后，成功地制造出一台旋转电磁电动机并申请了专利。达文波特在亨利电磁样机中学到的不是命题、方程和理论，而是“解读”样机物质对象的“物质约定”。

南卡罗来纳大学哲学系贝尔德教授提出“事物知识”（thing knowledge）概念，表达存在于事物之内而非思维之中的知识，工具而非信念是事物知识的携带者、传播者。沃森和克里克用金属盘和杆组合在一起，提供了一个物质表征的 DNA 模型，我们可以称其为模型知识。法拉第第一次制造电动机，法拉第本人以及当时的所有人可能都不知道其物理原理，但是没人能否认电动机正

① ［英］罗姆·哈勒：《关于实验的某种形而上学中的工具物质性》，载［荷］汉斯·拉德主编：《科学实验哲学》，吴彤、何华青、崔波译，科学出版社 2015 年版，第 27 页。

在工作的事实,我们可以把法拉第所具有的知识称其为“工作知识”(working knowledge)。测量仪器则综合了模型知识与工作知识,比如水银温度计有赖于关于温度的结构性表征办法的模型知识以及温度计制作的工作知识,并把两种知识有效结合成为一种综合性的测量知识。贝尔德提出认识论上三种不同种类工具,即物质表征的“模型知识”工具、表达现象的“工作知识”工具以及综合模型知识和工作知识的测量工具,这三种物质产品负载的知识工具也可统称为“事物知识”。①

波普尔的客观知识(世界3)最容易引起歧义、争论,虽然波普尔的“客观”强调“知识”的逻辑程序以及证伪批判,但终归还是知识内容的精神层面,是一种精神、理论层面的客观而非物质、实践层面的客观。波普尔讲:“关于客观知识的例子有,发表在报刊和书籍中以及储藏于图书馆中的各种理论;关于这些理论的讨论;与这些理论有关的困难或问题,等等。”②从波普尔的客观知识例子可以看出,理论是其客观知识的根本内容,即使如他所言“客观”知识也只能取理论形式而非实物形式。这是波普尔三个世界理论划分的前提和基础,也是其哲学认识论思维模式跨不过去的一道关口。波普尔注意到了书、图书馆、计算机存储器对于知识的载体作用,却把这些载体自身的知识浓缩功能忽略了,不能认识“媒体即信息”,看不到载体、媒体自身就是信息、知识。波普尔在论证第三世界独立存在时给出了一个思想实验:“我们所有机器和工具,连同我们所有的主观知识,包括我们关于机器和工具以及怎样使用它们的主观知识都被毁坏了;然而,图书馆和我们从中学习的能力依然存在。显然,在遭受重大损失之后,我们的世界会再次运转。”③波普尔三个世界划分强

---

① [美]戴维斯·贝尔德:《事物知识:唯物主义知识理论概要》,载[荷]汉斯·拉德主编:《科学实验哲学》,吴彤、何华青、崔波译,科学出版社2015年版,第47页。

② [英]卡尔·波普尔:《客观知识:一个进化论的研究》,舒炜光等译,上海译文出版社2015年版,第84页。

③ [英]卡尔·波普尔:《客观知识:一个进化论的研究》,舒炜光等译,上海译文出版社2015年版,第125页。

调知识的理论形态，强调科学知识的独立、客观存在，忽略了仪器设备的内蕴知识及其文明传播作用。我们可以扩展波普尔的世界 3，不仅包括理论形态的知识，也包括物质实践的制造知识和浓缩在仪器设备的物质形态知识。如此的世界 3 更接近“客观知识”本义，与世界 1、世界 2 的联系更为自然、密切，人类物质实践搭建了贯通三个世界的桥梁。

（三）后 SSK 的科学的文化研究转向

科学的文化研究（cultural studies of science）涉及面广很难精准定义。约瑟夫·劳斯指出“我在很广泛的意义上使用这个术语，包括了对科学实践的种种探索。在科学实践中，科学理解在一个具体的文化语境中得到阐发和维持，并被翻译和扩展到新的语境中。‘文化’是有意选择的词语，原因是它的异质性（它既可以包括‘物质文化’也可以包括社会实践，语言传统，或身份、共同体和团体的改造），以及它可以暗示意义的结构或范围。”[①]由此看来，科学的文化研究就是对于科学实践的探索。在劳斯看来，“实践经常等同于人类行为共同体的行为表现或预设的规则性与公共性”[②]，其本质具有文化性。

科学史、科学哲学研究都可以看成是科学文化研究的理论前身，它们拥有相同的研究反思对象——科学，不过是对于科学的不同维度、层面展开研究而已。但是问题并不如此简单，科学史以及科学哲学都是秉持基础主义、本质主义，而科学文化研究则是反基础主义、反本质主义，科学文化研究不是在科学史、科学哲学基础上直接起步。受帕森斯、卡尔·曼海姆社会学影响，科学社会学以及科学知识社会学兴起，坚持理想状态下科学研究的制度和规范作用，科学成功与否的深层基础是对于科学精神、科学规范的坚持和背离，无疑这是一种理想化、抽象化、简单化、概念化研究方法，以想当然的理想状态、科学精

① [美]约瑟夫·劳斯：《涉入科学》，戴建平译，苏州大学出版社 2010 年版，第 219 页。

② Joseph Rouse, *How Scientific Practice Matter: Reclaiming Philosophical Naturalism*, Chicago: The University of Chicago Press, 2002, p. 161.

神取代了科学实践的具体实践活动。

后科学知识社会学(后SSK)、科学哲学的后实证研究打破SSK的认识论中心和社会规范结构解释原则,从实验走向实验室异质要素"去中心化"的冲撞与博弈。"实验室概念扮演了一种能提供方法论堡垒的实验概念所无法扮演的角色;它把人们的目光从方法论转向了对科学的文化活动的研究。"①20世纪80年代科学的文化研究推至前沿,这就是转向研究科学文化研究的科学实践研究,科学的文化研究就是更为广义的科学实践研究。安德鲁·皮克林编著的《作为实践和文化的科学》(Science As Practice and Culture)书名,把实践与文化并列,说明了科学实践与科学文化的一致性。虽然科学的文化研究持有与SSK不同的研究理念和方法,但是SSK的社会建构论对于科学的文化研究重要贡献不可否认。"文化研究追随了强纲领及其社会学后继者的领导,拒绝要求一些独特的方法或范畴来理解科学知识,使得它对立于其他文化形式。"②科学的文化研究在拒绝把"知识"作为研究中心方向上比建构论走得更远,它拒绝所有根据共识、表象、规则来描述知识的努力。

英国科学社会学家贝尔纳支持对科学进行有目的的政治管理,而波兰尼推崇"个人知识"探究的科学自由。科学的文化研究对于贝尔纳和波兰尼都保持一定距离,明确反对科学的任何本质目标以及规范原则要求,既反对贝尔纳的政府集中统治也反对波兰尼的精英寡头政治。"社会建构论者拒绝实在论通常出于两个理由:科学描述的世界自身就是社会地构造的,对世界进行描述的目的也可以从社会方面予以明确(满足利益,维持制度和实践,等等)。科学的文化研究被理解为对实在论及反实在论二者的拒绝,包括社会建构论。实在论和反实在论都提出去说明科学知识的内容,或者通过它与真实客体的

① [美]卡林·诺尔-塞蒂纳:《实验室研究——科学论的文化进路》,载[美]希拉·贾撒诺夫等主编:《科学技术论手册》,盛晓明、孟强、胡娟、陈蓉蓉译,北京理工大学出版社2004年版,第111页。

② [美]约瑟夫·劳斯:《涉入科学》,戴建平译,苏州大学出版社2010年版,第219页。

因果联系,或者通过固定其内容的社会互动。这里共同的假定是,有一个固定的'内容'需要去解释。"①科学的文化研究反对社会建构论将社会解释立场与被解释科学内容之间的界限固化,更愿意把社会说明的同一性或者统一分类纳入自己的研究视野,把自己与其研究的文化实践和表意之间的复杂知识和政治关系纳入"自反性"研究视野。

"科学技术论"与"科学、技术与社会"(Science, Technology and society, STS)表述不同,研究内容侧重不同,但大部分内容是相近的,都是跨学科的综合研究。卡林·诺尔-塞蒂纳在《科学技术论手册》中第7章标题就是"实验室研究——科学论的文化进路",透射出科学技术论、实验室研究与科学的文化研究关系。"文化研究提供了对科学实践的解释,包括这些实践不断表达的文本和言辞。但是科学实践本身已经参与了这些解释,如在对过去实践的引用、重申、批评或推广中。"②既不同于库恩强调科学共同体封闭的、同质的、思想规范的自主性和一致性,也不同意社会建构论强调社会利益与社会互动对科学共同体的信仰、价值的决定性影响,科学的文化研究打破科学共同体及其语言和规范的固化,破除科学之内和科学之外的区分,坚持科学实践的实地性、物质性、话语性、开放性特征。科学的文化研究不可回避规范性问题,但是规范性基于地方性和自反性情景之下,知识和政治批评是科学的文化研究的重要内容。

科学哲学不仅仅是有"伟大过去的学科",它也可以发展成为一个拥有强大未来的学科。科学哲学不仅有传统研究主题的延续,也必须回答现代科学技术发展的重大理论与现实问题,有新的研究问题、方法、流派产生。后SSK研究从实验走向实验室以及实验室之外的技术与工业领域,走向科学与技术

---

① Joseph Rouse, *How Scientific Practice Matter: Reclaiming Philosophical Naturalism*, Chicago: The University of Chicago Press, 2002, p. 233.

② [美]卡林·诺尔-塞蒂纳:《实验室研究——科学论的文化进路》,载[美]希拉·贾撒诺夫等主编:《科学技术论手册》,盛晓明、孟强、胡娟、陈蓉蓉译,北京理工大学出版社2004年版,第111页。

的社会与文化研究，“后科学知识社会学”、“科学、技术与社会”以及“科学的文化研究”具有交叉、融汇趋势。我们的科技文化研究，首先不能完全沿袭西方科学的文化研究，不能一概否定传统研究方法理念，要走包容、开放道路；其次，不能只做东方文化与西方文化、古代文化与现代文化、科学文化与人文文化关系的宏大叙事研究，要做具体、微观研究；再次，必须正视从技术科学到赛博（Cyborg）科学的转变趋向，知识的制造场所从大脑转移到既是大脑产物又是产生“涉身大脑”（embodied brains）的文化上去，既要强化实验室的具体微观文化研究，也要开拓更为广阔的赛博科学文化研究空间；最后，要紧密关切诸如人工智能与共享技术等最新现代科技成果的社会应用，不仅是关注其对于社会生产力的巨大解放、提高作用，更重要的是深入考察其广泛、深远的社会影响与社会关系变革作用。

第二章　技术实践的思想文化基础

技术既不是自主存在的“天命”,也不是单纯体力劳动的“无思”。技术作为人类应对自然挑战的生存方式,一方面它深远影响了社会历史文化面貌,另一方面它也深受社会历史文化导引和塑造。揭示技术实践发生、演变的哲学思想、历史文化基础,强调的不是技术实践的理论思想性,而是捕捉技术实践思想文化基础背后的社会实践脉动。

一、世界演进的技术实践轴心

技术的人类学规定或者说人类的技术规定(人是制造工具的动物,tool-making animal),注定了技术的历史与人类的历史一样久远。当原始人开始有意识地打制石器时,人类就走上了一条技术之路,人猿的揖别就成为不可避免的历史事件。人的技术生存道路的展开也注定了世界图景的转变,世界的技术化演进成为人类文化、文明演变的基本规导力量和主导方向。

(一)自然的技术化

史前人类所面对的是一个神话的世界,是充满着各种神灵的世界,他们用“万物有灵”的神话世界观来观察世界、解释世界。在中国,有“盘古开天地”、

“女娲补天”、“夸父逐日”的神话；而在西方神话中，太阳成了菲巴斯的火焰车，雷电成为宙斯或索尔的武器。东西方的神话形形色色，内容有所不同，但它们都有一个共同特点，即各种神话中的神祇都是人格化的神或神化的人，“万物有灵论”或“拟人说”是远古社会占统治地位的自然解释。

按照何新先生的研究，神话具有三种社会作用。首先，它是一个解释系统，它是远古先民的“哲学”和“科学”。其次，它是一个礼仪系统，具有价值判断和礼仪规范的效力。最后，它是一个操作系统，是一种原始的实践知识和实用技术。史前神话一般围绕两大题材展开，一是天地开辟神话，解释宇宙起源及天地间的各种自然现象；二是种族和文明起源的传说，解释人类及本族始祖起源，解释人类文明（风俗、伦理、器用、技术）起源。在盘古开天地、女娲补天、神农尝百草、仓颉造字等神话传说中，我们可以领略神话的这种解释功用。[①] 而在古希腊的俄狄浦斯神话中，我们可以体会神话的伦理意义。拉伊俄斯娶伊俄卡斯忒为妻，因有预言说他们所生的孩子将要杀死他，所以一直没有同居。但在宗教节日中拉伊俄斯喝醉而纵欲，于是俄狄浦斯出生了。为避免预言的发生，儿子俄狄浦斯被刺穿脚踝后扔到山上。但是儿子幸存下来，长大后在“十字路口”遇见了父王并杀死了他。后来儿子答出了斯芬克斯的谜语，王后兑现了她的诺言嫁给了他，儿子承担了亡父的全部责任。当真相大白后，王后自杀，王子则弄瞎了自己的双眼。这可以看作对于拉伊俄斯早年同性恋的因果报应，也可以看到神话中所暗含的社会伦理训诫。古代神话中，“是什么”与“做什么”、知识与道德、真理与善都是一体的、不可分的。

在希腊思想家看来，自然界是一渗透或充满着心灵（mind）的活力世界，它不仅具有灵魂（soul）而且具有理智（intelligence）。基督教文化中缺少古希腊的自然崇拜，相信上帝用话语的力量从虚无中创造出天地万物，自然从此失去了自我存在的根据和尊严。“事物本身不再是生机勃勃的和神圣的，从自

---

① 何新：《中国远古神话与历史新探》，黑龙江教育出版社 1989 年版，第 315—320 页。

己的自身存在中自在地推导出自己的本质性，而是它们通过一个第三者才得到这尊严：它们是由超验的绝对的东西创造出来的。”①不但上帝创造自然，人也被上帝赋予了管理自然的权力。

哥白尼天文学革命之前，恒星天层相对于地上世界来说，仍然享有亚里士多德赋予的尊贵地位，是宇宙机体其他部分活动的源泉。这也就决定了是占星术而不是天文学在社会知识、文化中的主导地位。哥白尼革命的深远意义就在于它否弃了宇宙中心说，打破了自然界的有机论。有机体暗含着分化了的器官和尊卑次序，但在哥白尼的世界里天上地下都是同样的物质世界，遵循一样的自然规律。随着自然巫术逐渐淡去它的神秘成分而成为实验的自然哲学，也随着社会上机械的大量发明与使用，配合哥白尼的天文学革命，机械自然观的产生在所难免，自然成为一部机器。

培根喊出了“知识就是力量”的口号，知识成为操控自然的权力和手段。在笛卡尔的哲学中，确立了主体与客体的二元对立，自然成为对象站在了人类的对立面。笛卡尔反对亚里士多德和经院哲学家的活力论，对有机的自然界提供了一个彻底的机械论。在笛卡尔看来，自然界是无生命、无精神、无目的的一部机器，它只是按照齿轮和杠杆的力学定律运转。笛卡尔是近代机械论哲学的奠基人，他为自然的技术控制提供了合理性论证，自然的技术化宰割成为新时代风尚。

（二）社会的技术化

原本作为自然研究方法的机械论很快就侵入了社会领域，社会科学、社会技术的研究随之展开。霍布斯醉心于数学研究和笛卡尔的理性主义哲学，决心用科学方法来研究政治。他把人类事物纳入自然科学范围，将社会视作类似钟表的机械装置。他首先设定一个像笛卡尔“我思故我在”的真理——“自

① ［德］冈特·绍伊博尔德：《海德格尔分析新时代的技术》，宋祖良译，中国社会科学出版社1993年版，第98页。

然状态”,然后导向社会契约,最后得出“利维坦”国家绝对统治的合理性。霍布斯《利维坦》的辉煌成就很大程度地表现在他严密的逻辑论证中,但是,问题恰恰在于政治现实是非理性的,充满了不合逻辑的设想。霍布斯的《利维坦》政治理论,引起了强烈的社会反响,几乎成为过街老鼠,人人喊打。

在经济学的创设中,我们同样能够感受到笛卡尔唯理论、机械论的影响。对于经济科学来说,永远追求个人幸福最大化的“经济人”是其基本理论假设。这一假设对于我们今天的人来说是司空见惯、习以为常,但对于古希腊人的重智慧、古罗马人重权力、中世纪人重圣洁来说,则是新的价值转向。那么,经济人的个人主义怎么能够实现和谐社会呢?斯密指出,幸好有一只“看不见的手”,确保个人的利益追求达致社会整体受益,应和了曼德维尔的著名观点“私人恶德乃是公共美德”。于是,人们追逐财富,贪求奢靡,反而给穷人提供了工作,为国家创造了财富。但是,在这种经济学理论中,“经济人”成为整个经济体系中的一个“原子”,个人的幸福被等同于利润、收益,货币和金钱把人及其人性抹杀了。

在韦伯的社会学研究中,“理想类型”概念(比如“经济人”)可以理解为科学中使用的基本概念,构成一种实在研究的“模型”。韦伯将他的社会学建立在四种“纯粹”的行动类型(理想类型)上:目的合理性行动、价值合理性行动、情感性的或情绪性的行动和传统取向的行动。韦伯认为,西方的现代化过程其实质是目的合理性、工具合理性过程,而非价值合理性过程。其中,经济、法律和行政管理等领域中的工具合理性追求表现得尤为突出。当今社会的经济追求、效益取向,决定了社会的计划和组织,科学成为行政管理的一部分进入社会,社会的科层化成为合理社会组织形式。工具合理性只是相对于确定目标的规定,而基于人生道德和幸福理解的价值合理性才是更为始源和基本的价值根据。如果我们把 GDP 作为社会的基本价值追求,在目的合理性、工具合理性的意义上,我们可以说当今社会呈现出一片“技术”进步景象;但如果我们把公众道德、宗教伦理作为社会基本价值取向的话,那么,我们对于

“进步”的判断则要困难得多。

哈贝马斯认为人有两种旨趣:一是技术旨趣,另一是交往旨趣。对应于预测与控制自然的技术旨趣,我们有经验分析的自然科学知识;对应于人际“相互作用”的交往旨趣,我们有释义学的社会科学知识。从旨趣认识论出发,哈贝马斯认为自然科学与社会科学是并列的,反对社会科学机械地移植、套用自然科学方法。哈贝马斯指出,当今技术与科学具有双重职能:作为生产力实现对自然的统治,而作为意识形态实现对人的统治。晚期资本主义社会把经济增长当作社会进步的唯一目标,技术与科学作为第一生产力成为资本主义统治的合法性基础。现代国家的功能不是致力于促进人的解放,而是要解决技术问题。“只要国家的活动旨在保障经济体制的稳定和发展,政治就带有一种独特的消极性质:政治是以消除功能失调和排除那些对制度具有危害性的冒险行为为导向,因此,政治不是以实现实践的目的为导向,而是以解决技术问题为导向。”①技术问题的解决不依赖于公众讨论,国家干预主义将公众逐出了政治实践领域。

福柯对监狱、兵营、学校、医院、工厂等社会领域所实施的纪律、统治技术,作了具体分析。统治需要一个封闭的空间,需要规定出一个与众不同的自我封闭场所。监狱的高墙、电网不必再说,学校的住宿制得到肯定,工厂实行封闭式管理。在这一封闭的空间范围内,每一个人都有自己的确定位置,不得脱岗。犯人被囚禁在牢房内,病人有自己的固定病床,学生上课时间是不得串座位的。这一切统治的实施必须借助于一定的监视技术手段,边沁的全景式敞式建筑(panopticon)为此提供了一个范例。在这一监狱建筑形式中,中间有一瞭望塔,四周是一环形建筑,环形建筑被分成许多小囚室,每个囚室都贯穿建筑物的横切面。囚室有两个窗户,一个与瞭望塔相对,另一个对着外面,保证光亮贯通窗户。按照边沁的设想,在囚犯所困的环形建筑,人彻底被观看、监

---

① ［德］哈贝马斯:《作为“意识形态”的技术与科学》,李黎、郭官义译,学林出版社 1999 年版,第 60 页。

视，但不能观看；在统治者所处的中心瞭望塔，人能观看一切，但自身不会被看到。我们不得不佩服这种贯彻统治意志的空间“分配艺术”，社会空间、社会事物已然被技术理性、技术方法操控。

（三）人的技术化

笛卡尔的实体指的是不依赖其他任何东西而自身存在的东西，心灵和物质就是这样彼此间没有相互作用的两个独立实体。笛卡尔的二元论特别关注的是让自然科学对自然界自由地作机械的解释，而将“灵魂”、“心灵”、“上帝的意志”等前科学的假设从自然物中驱逐出去。这为世界的科学解释、技术操作开辟了空间，是有利于科学和技术发展的。“笛卡尔把这种学说运用到整个有机界，甚至应用于人类身体。人类身体和动物身体一样，是一架机器。”①按照笛卡尔的二元论，人的心与身、精神与物质之间是不能相互作用的，这与人的心理与生理活动的协调一致事实明显不符，引发了身心关系问题绵延不绝的哲学争论。

拉美特利继承了笛卡尔的机械论，同时指出笛卡尔身心二元论错误。在拉美特利看来，人体组织足以说明一切，心灵只是一个毫无意义的空洞名词，可以被奥卡姆剃刀剔除。他把机械论原则贯彻到底，得出“人是机器”的结论。“人体是一架会自己发动自己的机器：一架永动机的活生生的模型。体温推动它，食料支持它。没有食料，心灵就渐渐瘫痪下去，突然疯狂地挣扎一下，终于倒下，死去。这是一支蜡烛，烛光在熄灭的刹那又会疯狂地跳动一下。”②“心灵的一切作用既然这样依赖脑子和整个身体的组织，那就很显然，这些作用不是别的，就是这个组织本身……”③如果说笛卡尔身心二元论未能

① ［美］梯利：《西方哲学史》，葛力译，商务印书馆 2000 年版，第 316 页。

② 北京大学哲学系外国哲学史教研室编译：《西方哲学原著选读》下卷，商务印书馆 1999 年版，第 107 页。

③ 北京大学哲学系外国哲学史教研室编译：《西方哲学原著选读》下卷，商务印书馆 1999 年版，第 122 页。

正确理解身心关系，那么，拉美特利则是彻底否定了人的精神性存在，人成为没有灵魂的肉体空壳，等待着科学分析和技术解剖。

拉美特利只是把人看作机器，他的哲学机械论必须借助于现代技术才有可能转向实践的机械论，现代技术对于人的改造是拉美特利无法想象的。人类生殖方式有可能从两性生殖转化为无性生殖（如克隆人），从自然生殖转化为技术生殖。工作机取代人手，汽车取代人脚，电脑取代人脑，人体功能将被技术物全面取代。基因工程生产定制的“人体部件”成为可能，器官移植或者人造器官正在越来越多地进入人体、取代人体，自然人体被改造成人造人体。随着人的技术物化和技术物的智能化，人与技术的界限越来越模糊，人的主体地位受到威胁。过去拉美特利说“人是机器”，现在“机器是人”，这对于人来说是一种挑战。有一幅漫画，大机器人的腿上坐着 10 个洋娃娃式的人，旁白是“让机器人当爷爷，我们当孙子，也许更舒坦”。

“对基因科技来说，一方面它实际能够干预的只是人的自然体，而这却是人的主观能动性的表现；另一方面，它干预的对象又是人的整体本质及主观性的自然基础。”“如同在人的身心关系中，心常常把身作为奴隶来实现许多与身无关的愿望并为害于身，科技也开始把人性作为支配的对象，并必然使人性物化、分化和异化。”①基因技术的滥用使人身归附于人心，人的身心二元对立被消解了，人的本质上的统一性与完整性被破坏了。对于人身的基因操作，既是人的自由发挥，同时也是技术理想的张扬、疯狂。基因技术的滥用应当说只是人性的技术消解的第一步，当人的意识控制技术进一步提高，人的主观精神也实现了技术操控时，人的身心两方面就完全消融在技术理性之中，真正的人也就不复存在。

人不仅具有物质追求，他更主要的是具有精神追求；人的本质特征不在于他是物质工具的制造者，而在于他是精神产品的制造者。世界的物化、技术化

---

① 吴文新：《基因科技与身心二元论的消解》，《自然辩证法研究》2001 年第 10 期，第 25 页。

压迫人的精神生活，剥夺人生的生命存在意义。世界的技术化进程从自然、社会到人自身，是技术理性逻辑的必然展开，体现的是技术自主性和技术本质的"座架"统治。胡塞尔认为，"19 世纪与 20 世纪之交，对科学的总估价出现了转变"，"在 19 世纪后半叶，现代人让自己的整个世界观受实证科学支配"，"科学的危机表现为科学丧失生活意义"。① 柏格森指出，意识试图组织物质，使之作自由的工具，这样，它乃坠入陷阱：自动性和必然性尾随于自由之后，自由终于被窒息。只有在人那里，链条能够被打断，人的头脑能够以另一种习惯对抗任何一种已经形成的习惯，使必然性和必然性作斗争。如果我们的行动出自我们整个人格，是那人格的表现，我们则是自由的。② 古代技术参与世界展现是与其他方式（如宗教、道德等）相联系、相制约的，技术还不是我们人类的唯一存在方式。现代技术作为一种生活手段也必须在宗教情感、伦理道德、社会正义、生活体验、美的感知等规约下一同发生作用，我们对技术抱有一种审视、反省、规约的态度，使技术走上人本主义发展道路。

二、技术实践的哲学思想蕴涵

在古希腊，不论是柏拉图还是亚里士多德，都把技术看作低于科学和哲学的较低层次的知识，技术未能进入他们的哲学主题。③ 亚里士多德认为，理论活动接近于神明，是最高贵的活动，而创制活动则是最低贱的活动。在柏拉图的理想国中，哲学王处于社会的最高层，而从事生产和技术活动的工农则处于社会的最低等级。在哲学"经验转向"、面向实事、走向生活世界的今天，技术哲学是否要依循形而上学传统、效仿科学哲学发展路径我们暂且不论，但问题

① ［德］埃德蒙德·胡塞尔：《欧洲科学危机和超验现象学》，张庆熊译，上海译文出版社 1988 年版，第 5 页。

② ［美］梯利：《西方哲学史》，葛力译，商务印书馆 2000 年版，第 632 页。

③ 李宏伟：《技术的形上蕴涵》，《自然辩证法通讯》2010 年第 3 期，第 81—85 页。

的提出也对技术的哲学之思提出了更高的要求。实际上,技术哲学关涉本体论、现象学、知识论、价值论,技术哲学的研究和发展必将促进哲学基本问题的深入认识和整体提高。

(一)存在:技术的形上根基

存在问题是哲学中至为经典、纯粹的第一问题。后期海德格尔从抽象思辨的存在问题转向技术的哲学研究和批判,这可从两方面理解:“一方面,存在问题并非在出世脱俗和彼岸的意义上的‘崇高的’问题,另一方面,现代技术并非单纯经验的和无精神的‘实践’。”①

在古希腊,技术是一种去蔽方式,即“把事物从遮蔽状态带入无蔽状态”。② 在古希腊,技术作为一种解弊的方式,是一种产生,但有别于自发的或内在的产生。自发的或内在的产生,是出于自身原因的事物涌现,如日升日落、星辰流转、花开花落、草木荣枯。而技术的“产生”,则是指事物不是出于自身原因而是出于外部原因而呈现出来。“技术为之去弊的,是那些不自行‘产生’且尚未摆到我们面前的事物,是那些时而以这种方式时而以另外一种方式使之成为可见的与可阐明的事物……在技术中,决定性的东西并不是制造或操纵,或工具的使用,而是去蔽。技术正是在去蔽的意义上而不是在制造的意义上是一种‘产生’。”③技术是去蔽、产生、展现。

“依古来定见,事物的本质即事物的所是。当我们问技术是什么时,我们就是在追问技术的所是。”“技术并不等于技术的本质……技术不只是工具。”④

① [德]冈特·绍伊博尔德:《海德格尔分析新时代的技术》,宋祖良译,中国社会科学出版社1993年版,第1页。

② [德]海德格尔:《人,诗意地安居》,郜元宝译,广西师范大学出版社2000年版,第101页。

③ [德]海德格尔:《人,诗意地安居》,郜元宝译,广西师范大学出版社2000年版,第102页。

④ [德]海德格尔:《人,诗意地安居》,郜元宝译,广西师范大学出版社2000年版,第99—102页。

正像我们说“诗是词汇的堆积”，这不能说它是错误的，但它绝没有说出诗歌的本真、本质的东西。技术的工具论和人类学规定可能都具有某种“正确性”，但就是没有洞见技术的本质。技术的本质是一种类似存在者“如何存在并活动着的方式”，名词“本质”正是源出动词“存在并活动着”。技术的本质并非只是为存在者提供一个“如何存在并活动着”的场所或展示舞台，而是从根本上决定了存在者“如何存在并活动着的方式”。技术展现是一本体论的基本事件，它从根本上构造或改变了事物的存在和活动的方式。当我们说“存在是技术的形上根基”时，不仅是就存在先于一切存在者而言，而是指存在既是技术产生、发展之形上前提、基础，而且技术成就存在的历史和现实。有怎样的技术，就有怎样的存在，就有与之相应的存在者。简而言之，技术是存在的天命，存在与技术不可分。

“存在”是海德格尔存在哲学中最重要概念，但海德格尔却从没给出过明确的定义。“存在”是最普遍的概念，无论一个人于存在者处把握到的是什么，这种把握总已经包含了对存在的某种领会。如果说“存在者”可以界定为类、属的话，存在则不能界定为类、属，存在的普遍性是超越一切族类上的普遍性，存在是超越者。采用传统逻辑的“种加属差”定义方法，可以在一定限度内规定存在者，但这种方法不适用于存在。不能把存在理解为存在者，从存在者归属于存在也不能使存在得到规定。依照海德格尔的思想，或许可以说，存在就是一切存在者存在的根源，就是事物赖此不断产生、呈现的方式。在海德格尔看来，技术建立在形而上学的历史中，现代技术起源于形而上学开端的存在遗忘。

海德格尔指出，形而上学从柏拉图开始。在柏拉图哲学中，实现了从存在本身的思想（在“前苏格拉底派”中）到存在者（存在状况）的存在的思想的转变。柏拉图面对变幻万千的世界，从中攫取其隐含的稳定方面——“理念”。柏拉图把着眼点放在理念，通过理念观察世界、解释世界。于是，存在抽身而去，理念出场取代存在。人们开始按照理念知识理解、解释、控制、设计他所面对的世界，正是在这里孕育了现代技术的最初根源。如果存在本身没有转变成作为存在状况的存在，那么，存在就不可能成为对象。在柏拉图开始的形而上学中，存在者取代了存在而成为对象，由此为现代技术诞生奠定了形而上学基础。

海德格尔不是简单地反对技术，而是要在更深的层次上找寻技术根据。在古希腊，技术是一种解蔽方式，是一种产生。对于古代技术来说，这种产生不是对于自然的控制和强暴，而是人以一种理解、体验、响应的方式对待自然，并使物我一体，进入“天、地、神、人之四重整体”，进入一种“澄明之境”。古代的风车借助风力但不是强索，农夫的工作也不是向田地挑战。现代技术也是一种去蔽方式，这本不是它的过错，但关键在于它已经成为一种唯一的世界观察和理解方式，排斥了我们理解和认识世界的多重方式和不同角度。如此，存在不再有丰富的展现，而是被现代技术遮蔽，存在被遗忘。现代技术的去蔽特征不再是古代意义上的“产生”，而是强求、逼索、挑战。现代技术的去蔽是对于自然的一种鞭挞，是对自然的胁迫与敲诈，要让自然臣服，顺从于人的意志，交出人之所需。海德格尔认为，技术不仅是挑战，其本质在于“座架”。在座架中，古代人们对于事物和自然构造的许多重要的观察和理解方式——如神话的、自然主义的、唯灵论的或神圣的——纷纷退出了历史舞台，只剩下了技术的谋算。

（二）现象：技术的生活视阈

对存在、本体的追问构成了形而上学的第一个分支，即本体论。但是，离开了现象的本体是不现实的，也是不存在的，本体与现象的统一才是事物存在的真谛。依照中国哲学的说法，“道”隐于“器”中，决不能离开“形下之物”来理解“形上本体”，“道”与“器”相互涵摄，道以器显，器得道而成。因此中国哲学中有崇本举末、体用不二、道器一体的说法。对现象的追问与思考便构成了形而上学的第二个分支，即现象论或现象学。胡塞尔指出：“在十九世纪后半叶,现代人让自己的整个世界观受实证科学支配,并迷惑于实证科学所造就的'繁荣'。这种独特现象意味着,现代人漫不经心地抹去了那些对于真正的人来说至关重要的问题。只见事实的科学造成了只见事实的人。"①胡塞尔现象学的超验主义认为:"现存生活世界的存有意义是主体的构造,是经验的,前科学的生活的成果。世界的意义和世界存有的认定是在这种生活中自我形成的。——每一时期的世界都被每一时期的经验者实际地认定。"②生活世界是科学技术的被遗忘了的意义基础,科学技术的危机表现为科学技术丧失了生活意义。如果说海德格尔将科学技术危机归结为"存在"的遗忘,那么胡塞尔则把科学技术的危机归结为"生活世界"的遗忘。

当科学技术依凭它的程序化技术方法快速推进时,它获得了一种脱离、独立于生活世界的自有的内在力量,科学技术背弃了孕育它的"生活世界"意义基础。"就像算术本身一样,在从技术上发展它的方法论的时候,它发生了一场转变。通过这种转变它成为一种技艺,这也就是说,它成为一种按照技术的规则,通过计算的技术去获得结果的单纯技艺。关于这种结果的真正的真理意义只有通过具体的直觉的思想,在实际针对有关题材本身时才能获得。"③"然而,最为重要的值得重视的世界,是早在伽利略那里就以数学的方式构成的理念存有的世界开始偷偷摸摸地取代了作为唯一实在的,通过知觉实际地被给予的、被经验到并能被经验到的世界,即我们的日常生活世界。"④胡塞尔指出:"我们处处想把'原初的直观'提到首位,也即想把本身包括一切实际生活的(其中也包括科学的思想生活),和作为源泉滋养技术意义形成的、前于

① [德]埃德蒙德·胡塞尔:《欧洲科学危机和超验现象学》,张庆熊译,上海译文出版社1988年版,第5—6页。

② [德]埃德蒙德·胡塞尔:《欧洲科学危机和超验现象学》,张庆熊译,上海译文出版社1988年版,第81—82页。

③ [德]埃德蒙德·胡塞尔:《欧洲科学危机和超验现象学》,张庆熊译,上海译文出版社1988年版,第55页。

④ [德]埃德蒙德·胡塞尔:《欧洲科学危机和超验现象学》,张庆熊译,上海译文出版社1988年版,第58页。

科学的和外于科学的生活世界提到首位。”①只有回归生活世界，我们才能找回科学技术的真正经验的生活意义，也才能找回人生的价值和信仰。

美国技术哲学家伯格曼（Albert Borgmann）通过现象学还原，将技术还原的剩余物锁定为技术人工物品，提出了用以标志现代技术本质的“装置范式”（device paradigm）概念，以区别于古代社会的“聚焦物”（focus thing）概念。②古代生活中的“聚焦物”带我们进入技术的生活世界，火炉不是机器而是事物，它提供的不只是温暖更是家庭冬日里的焦点、中心，汇聚着一家人的劳动、闲暇、故事和亲情。现代家庭里的中心不再是火炉，热量的提供由空调解决，“聚焦物”转化为“装置范式”，减轻了劳动却遗失了聚焦实践和生活意义。美国技术哲学家伊德（Don Ihde）所提出的技术现象学任务就是分析不同技术在人类经验中呈现出不同面貌，以及各种特定技术如何放大、缩小、凸现或遮蔽人所经验到的现象。③ 第一种是包容关系（embodiment relations），即技术与人合为一体，如手杖、眼镜。第二种关系是解释学（hermeneutic relations）关系，技术被用作为一种解释的语言来描述世界。雪天的寒冷不是通过切肤的感受，而是通过气象预报或者温度计的读数得到的。第三种关系是他者关系（alterity relations），人们热衷于把自己的力量投射在他物上，机器人是人类永远的技术追求。第四种关系是背景关系（background relations），即技术背景将人与世界完全隔离开来，人被缚在“技术茧”中。这倒很像海德格尔的“座架”。但是，伊德的技术现象学不再是从整体上把握技术及其后果，而是具体分析各种技术对于人的感性经验、生活世界的影响。伊德所关心的技术哲学问题是：在人类日常经验中，技术起什么作用？技术产品如何影响人类的存在

① ［德］埃德蒙德·胡塞尔：《欧洲科学危机和超验现象学》，张庆熊译，上海译文出版社1988年版，第70页。

② Albert Borgmann, *Technology and Character of Contempory Life: A Philosophy Inquiry*, Chicago and London: The University of Chicago Press, 1984.

③ Don Ihde, *Technology and the Life World*, Bloomington and Indianapolis: Indiana University Press, 1990, pp. 26-27.

和他们与世界的关系？工具如何产生了变形的人类知识？

（三）知识：技术的试验建构

自古希腊柏拉图，知识与意见分立。知识被看作是关于实在、存在的稳固性、必然性联系，而意见则归属感官现象的个人信仰、见解。柏拉图的知识存在于他的“理念”王国，笛卡尔的知识是他的“天赋观念”，康德的知识是他的“先天综合判断”。即使是经验主义者如亚里士多德、培根、伽利略的知识也不过是借助观察、试验去“阅读”、“发现”自然事物的“本来”面目。按照早期的“标准科学观”（standard view of science），科学理论是对客观经验世界的摹写，科学基础是与主体无关的绝对客观。然而，20 世纪 60 年代后，汉森、奎因、库恩、费耶阿本德等科学哲学家的研究，发现了科学基础及其理论中相对性、主观性的存在。60 年代末，爱丁堡学派等激进的社会建构论者，举起了科学知识社会学的大旗，开始用各种社会因素诠释科学认知，宣称科学理论所揭示的实在是科学共同体的活动所建构的实在。科学知识社会学的主要问题是把科学作为知识，其突出的特征是坚持科学为社会性建构的。对于 20 世纪大多数英美科学哲学家来说，他们始终关注的是科学理论、科学事实以及科学理论和科学事实的关系问题，这不仅适用于逻辑实证主义者主流，甚至对于许多反主流思想的科学哲学家，如费耶阿本德、汉森都是如此。[①] 科学研究、实验中的仪器装备、技术设置、实验操控被认为不过是科学发现的“工具”、“手段”，真正的知识归属于科学的发现。技术被认为是“应用科学”，是科学原理的具体应用，或如柏拉图所说是对于“理念”的分有、模仿、复制。

海德格尔认为，技术不只是工具，它首先是一种去蔽的方式，属于事物和世界的构造。“如果我们注目于此，工具之外的技术之本质的另一境遇，将向

---

① ［美］安德鲁·皮克林：《作为实践和文化的科学》，柯文、伊梅译，中国人民大学出版社 2006 年版，第 3—4 页。

我们公布出来。这就是去蔽亦即真理的境遇。”①海德格尔揭示了作为整体技术的真理本质,而伊德则具体分析了认知过程中各种技术的居间调节作用。在技术的居间调节过程中,技术具有一种放大或缩小的结构。“伴随着每一个放大,必然同时存在一个缩小。放大是显著的、吸引人的,而缩小却经常被忽略和忘却,特别是恰好这种技术的透明性被高度加强时候。”②眼镜既要恢复人的视力,又要完全透明,近乎于无。当我们探究月球某一环形山的细节构造时,望远镜无关研究结果因而不在考虑范围内。人类的直接知觉由于技术的介入而被改变为居间调节知觉,由此也可以说技术认知具有“意向性”能力。波兰尼区分焦点意知(focal awareness)与支援意知(subsidiary awareness)、焦点知识(focal knowledge)与支援知识(subsidiary knowledge),焦点意知和焦点知识要借助于支援意知和支援知识来达成,虽然我们常常忘记、忽略了支援意知与支援知识的存在和作用。在波兰尼看来,我们的身体和我们所使用的技术手段、认知工具,都是我们用来实现对我们周遭环境的知性与实际控制的工具。当我们在获取焦点知识时,也不能忘记这些工具的实际存在和知识价值。③

依照杜威的看法,实在不是通过感官的接受性而揭示的,而是以一种建构主义的方式在筹划和施行有赢有输的行动的情境之中被揭示的。“近代知识史上重要的事情就是利用工具、器械和仪器以加强这些主动的动作,希望揭示原来并不显明的关系……这些事情是大家十分熟悉的,因而人们容易忽视了它们对于认识论的全部重要意义。”④对于某些研究对象,特别是现代科学技

---

① [德]海德格尔:《人,诗意地安居》,郜元宝译,广西师范大学出版社2000年版,第102页。

② Don Ihde, *Technics and Praxis: A Philosophy of Technology*, Dorderecht: Reidel Publishing Company, 1979, p. 21.

③ [匈牙利]波兰尼:《科学、信仰与社会》,王靖华译,南京大学出版社2004年版,第122—123页。

④ [美]杜威:《确定性的寻求》,傅统先译,上海人民出版社2004年版,第84—85页。

术发展阶段的微观研究和宇观研究，不经由某些特别设计的仪器施行信息转换（如红外观测、光谱分析），我们就不可能得到研究对象的信息。我们只有掌握仪器的工作原理、因果关系，才有可能辨识、理解所得数据、信息的意义。可以说这种仪器参与到现象、概念的定义中去，或如步里奇曼所说“意义即操作”、维特根斯坦所说“意义即用法”。正如光的波粒二象性所显示的那样，光具体表现出哪一方面的性质取决于具体实验的技术操作以及人们对实验的所予解释。如果说，爱因斯坦在说明相对论时引进了“观察者”概念，那么对于操作主义者来说则是引进了“操作”。但是，爱因斯坦不同于操作主义、逻辑实证主义、实用主义的根本出发点是：相信有一个离开知觉主体而独立的外在世界。这也是我们论证问题的根本出发点。

（四）价值：技术的实践规约

技术工具论、技术的价值中立论认为技术不过是一种达到目的的手段、工具，它听命于人的目的，只是在技术的使用者手里才成为行善或施恶的力量。最常见的论证就是，刀既可以用作救死扶伤的手术刀，也可以用作害人性命的凶器。技术的价值中立论如果仅仅是允诺不可能简单地对技术做出好或坏的价值评价的话，那么可以说技术的价值中立论有一定道理。但如果从技术既有积极的价值方面，又有消极的价值方面，而得出技术与价值无涉，在这种意义上的技术的价值中立论则是荒谬的。技术价值的积极方面与消极方面不像数学中的正、负数可以相互抵消，它恰好表明了技术价值的多维性、丰富性。海德格尔把技术的工具论解释称为“流行观念”，他并不否认这种技术解释的正确性，只是认为工具性的技术解释还未达到技术的真正本质。按照海德格尔的理解，技术不仅是工具、手段，而是一种去蔽方式，是一种世界的技术展现。现代技术的本质不是工具，而是“预设”、统治一切的“座架”。孟建伟先生指出，海德格尔将“座架”的支配力归结于“存在的天命”，使其技术之思带有浓厚的宿命论色彩：技术的本质成了至高无上的实体化力量，而人则变成了完全由技术的本质及其存在的天命支配的奴隶。“其实，‘存在的天命’并不存在，存在的只是特定的社会历史条件。人与科学技术的关系的确在很大的程度上取决于特定的社会历史条件，而决不是所谓的‘存在的天命’”。①

技术的内在价值正是使技术成为其本身所是的承诺，有效性是它的核心，可分析性和可计算性、可操纵性等都是这种价值的体现：它们构成了技术活动的内在目的和合理性标准，是技术的意义所在和技术进步的指向，也是技术活动和技术方法区别于人类其他活动和其他活动方法以及不能为其他活动所取代的根据。如果我们把技术看作社会中的一个子系统，那么，我们也可以从系统的“自组织”特征来理解技术系统自身的这种内在驱动力、内在价值取向。正是因为技术作为社会的一个子系统，所以它不但要有自己的内在的价值，还要有一定的功能输出，服务于社会大系统。如此，在社会运用中，技术的评价就不仅是技术功效的问题，更重要的是要看技术运用的社会效果，我们可称之为技术的外在价值。技术的外在价值，在本质上就是人的价值，即人在技术活动中所实现的自身的价值。对照技术的内在价值与外在价值，不难看出，技术的外在价值即人的价值具有绝对优先的地位。技术功效、技术内在价值的提高对于技术系统自身来说可能具有根本性意义，但对于人类社会这个大系统来说它只是我们人类借以实现人类幸福的有效手段，技术的内在价值应服从于技术的外在价值。问题就在于，技术的内在价值和外在价值之间并不总是和谐统一的，技术的内在价值追求可能悖逆技术的外在价值追求，对于人性完满、生命充实、道德高尚、文化多元的悖逆就是对于人文价值的放逐和侵害。

对于随资本主义机器大工业生产而来的劳动异化及其人文价值的冲突，马克思从不抽象地谈论理性观念，而是在社会层面——资本主义社会制度中寻找原因，将技术异化归因于资本主义的生产关系。马克思指出：“一切资本主义生产既然不仅是劳动过程，而且同时是资本的增殖过程，因此都有一个共

① 孟建伟：《论科学的人文价值》，中国社会科学出版社2000年版，第119页。

同点，即不是工人使用劳动条件，相反地，而是劳动条件使用工人，不过这种颠倒只是随着机器的采用才取得了在技术上很明显的现实性。”①资本主义生产不同于传统社会的生产，它不再满足于一般的使用价值生产，而是以价值增值为根本目的、根本动力。马克思指出，生产剩余价值或赚钱，是资本主义生产方式的绝对规律。随技术进步、资本积累，资本有机构成不断提高，造成大量失业人口，使资本家可以随时获得廉价劳动力，因此而加重了对于在业工人的剥削。按照马克思的看法，棉纺业中的走锭精纺机、梳棉机等机器，都是为了镇压工人的罢工而发明的。机器在资本主义社会条件下，作为物化的技术取代了工人的劳动技能，工人失去了和资本家抗争的有效手段。在资本主义剩余价值规律的支配下，工业大机器生产及其技术发展成为了压榨、统治工人的力量。

“现代工业、科学与现代贫困、衰颓之间的这种对抗，我们时代的生产力与社会关系之间的这种对抗，是显而易见的、不可避免的和毋庸争辩的事实。有些党派可能为此痛哭流涕；另一些党派可能为了要摆脱现代冲突而希望抛开现代技术；还有一些党派可能以为工业上如此巨大的进步要以政治上同样巨大的倒退来补充。可是我们不会认错那个经常在这一切矛盾中出现的狡猾的精灵。我们知道，要使社会的新生力量很好地发挥作用，就只能由新生的人来掌握它们，而这些新生的人就是工人。工人也同机器本身一样，是现代的产物。”②只有在这种新型的社会形态里，大工业机器生产和技术进步才能带来真正的人类解放。

三、现代技术发生的哲学基础

一般认为现代技术与机器生产、产业革命的兴起紧密相关，大约有几百年

① 《马克思恩格斯全集》第 23 卷，人民出版社 2005 年版，第 463—464 页。
② 《马克思恩格斯全集》第 12 卷，人民出版社 2005 年版，第 4 页。

的历史了。但是现代技术形成的思想观念、哲学基础却可以远溯到古希腊时代,现代技术形成、发展的哲学基础就是一部形而上学史,就是一部哲学思想史。[①] 技术不是单纯制作、操作的“无思”,而是具有深厚的哲学思想基础。

(一)自然祛魅的自然哲学基础

“自然”一词在古希腊早期指的不是一个集合而是一种原则(principle)或说是本原(source),它是事物自身行为的本性所在、内部原因。只是到了古希腊相对晚期的时候,自然才获得了它的第二种含义即作为自然事物的总和或聚集,它开始或多或少地与宇宙——“世界”一词同义。对于爱奥尼亚哲学家来说,自然“总是指本质上属于这些事物的、使得它们像它们所表现的那样行为的某种东西”。[②] 亚里士多德和爱奥尼亚学派以及柏拉图一样,把自然界看作是一个自我运动着的事物的世界,自然本身是过程、成长、变化。自然不仅有变化的特性,还有向某一确定方向努力、奋争的趋向;如种子破土而出,小苗努力长大。“整个过程包含着潜能与现实之间的区别,潜能是奋争的基石,凭借着奋争,潜能朝着现实的方向进发。”[③]在希腊思想家看来,自然界是一渗透或充满着心灵(mind)的活力世界,它不仅具有灵魂(soul)而且具有理智(intelligence)。自然界各种造物(包括人)的生命和理智不过是代表了自然界这种充满活力和理性机体的特定部分。

当一个基督徒赞叹自然之奇妙与和谐时,不过是感叹上帝造物之伟力。但是,由于上帝作为最高意志的存在,人还是面向来世,等待上帝的召唤。追求个人私欲的生活被认为是不道德的,世俗生活被压制,自然开发缺少文化基

---

① 李宏伟:《现代技术形成、发展的哲学思想基础》,《科学技术与辩证法》2008 年第 2 期,第 62—65 页。

② [德]罗宾·柯林伍德:《自然的观念》,吴国盛、柯映红译,华夏出版社 1999 年版,第 49 页。

③ [德]罗宾·柯林伍德:《自然的观念》,吴国盛、柯映红译,华夏出版社 1999 年版,第 89 页。

础和社会动力。“十五、十六世纪的自然主义哲学赋予自然以理性和感性、爱和恨、欢乐和痛苦,并能在这些能力和激情中找到了自然过程的原因。”“自然仍被看作是一个活的机体,自然界与人的关系是用占星术和巫术的语言表达的。人对自然的主宰不被看作是心灵对机械的主宰,而是一种灵魂对另一种灵魂的主宰——这其中就包含巫术的意味。”①在中世纪,巫师、炼金术士被视为鬼魅附体的可怕人物。到了文艺复兴时期,人们开始区分鬼魅的巫术与自然的巫术。“炼金术士那种神秘而充满诱惑的研究又慢慢地散布开来,使人们对那种玄妙但却有一定效果的实验科学产生了兴趣。”②炼金术士向人们表明,他们在实验室里能完成、加速自然过程,自然物与人工物没有什么差别。自然物取代自然,自然被物化,自然的遮蔽过程开始了。

当自然不再具有神性,不再渗透着心灵、灵魂而成为机器的时候,对于自然的敬畏、祈祷就成为多余。心灵对于心灵的对话,“天人感应”就没有任何的意义。对于这样一部机器,我们不必寻求巫师的帮助,而是每个人都可以像技师那样分析它、设计它、改装它。即使设计、操控失误,也没有什么可怕,不必担心上帝的发威和天谴。自然的祛魅是对自然实施控制、改造的基础,是现代技术由以发展的前提条件。自然的祛魅为现代技术发展提供了舞台和可操作空间,自然由此借以现代技术而展现。

(二)存在遗忘的形而上学基础

在海德格尔看来,技术建立在形而上学的历史中,现代技术起源于形而上学开端的存在遗忘。“存在”是海德格尔存在哲学中最重要概念,但海德格尔却从没给出过明确的定义。“存在”是最普遍的概念,无论一个人于存在者处把握到的是什么,这种把握总已经包含了对存在的某种领会。如果说“存在

---

① [德]罗宾·柯林伍德:《自然的观念》,吴国盛、柯映红译,华夏出版社 1999 年版,第 106—107 页。

② [英]韦尔斯:《世界史》,焦向阳译,九州出版社 2005 年版,第 231 页。

者"可以界定为类、属的话,存在则不能界定为类、属,存在的普遍性是超越一切族类上的普遍性,存在是超越者。采用传统逻辑的"种加属差"定义方法,可以在一定限度内规定存在者,但这种方法不适用于存在。不能把存在理解为存在者,从存在者归属于存在也不能使存在得到规定。依照海德格尔的思想,或许可以说,存在就是一切存在者存在的根源,就是事物赖此不断产生、呈现的方式。

"技术"一词来源于古希腊词 technē,technē 不仅是工匠的活动与技巧,同时也是心灵的艺术和美的艺术。Technē 属于"产生",它是某种产生性的东西;同时,技术也是一种去蔽之术。"技术为之去蔽的,是那些不自行'产生'且尚未摆到我们面前的事物,是那些时而以这种方式时而以另外一种方式使之成为可见的与可阐明的事物……在技术中,决定性的东西并不是制作或操纵,或工具的使用,而是去蔽。技术正是在去蔽的意义上而不是在制造的意义上是一种'产生'"。[①] 在海德格尔看来,形而上学从柏拉图开始。在柏拉图哲学中,实现了从存在本身的思想(在"前苏格拉底派"中)到存在者(存在状况)的存在的思想的转变。柏拉图面对变幻万千的世界,从中攫取其隐含的稳定方面——"理念"。柏拉图把着眼点放在理念上,通过理念观察世界、解释世界。于是,存在抽身而去,理念出场取代存在。人们开始按照理念知识理解、解释、控制、设计他所面对的世界,正是在这里孕育了现代技术的最初根源。如果存在本身没有转变成作为存在状况的存在,那么,存在就不可能成为对象。在柏拉图开始的形而上学中,存在者取代了存在而成为对象,由此为现代技术诞生奠定了形而上学基础。

尽管现代技术的起源可以追溯到几千年前的希腊哲学,但现代技术的真正勃兴是十七八世纪的事情,这与笛卡尔发动的现代形而上学运动的促动分不开。笛卡尔"我思故我在"的形而上学前提,确立了灵与肉、精神与物质、主

---

① ［德］海德格尔:《人,诗意地安居》,郜元宝译,广西师范大学出版社 2000 年版,第 102 页。

体与客体的二元对峙。“但如果人成了第一性的和真正的一般主体，那就意味着：人成为那种存在者，一切存在者以其存在方式和真理方式把自身建立在这种存在者之上。人成为存在者本身的关系的中心。”①主体通过表象化世界、图景化世界、对象化世界而达到操作、控制世界的目的。笛卡尔根据数学方法来确定事物的性质，认为事物的基本属性是广延，而气味、颜色、滋味这些“感性的特性”属于第二位的性质，是可以通过思维滤掉的。笛卡尔以抽象规定性否定了物质世界的感性丰富性，世界被简单化机械处理。自然由此失去了它的感性、生机和神秘，动物甚至人都沉沦为机器。

胡塞尔指出，早在伽利略那里就以数学的方式构成的理念存有的世界开始偷偷摸摸地取代了作为唯一实在的，通过知觉实际地被给予的、被经验到并能被经验到的世界，即我们的日常生活世界。伽利略既是发现的天才，又是掩盖的天才。“伽利略在从几何的观点和从感性可见的和可数学化的东西的观点出发考虑世界的时候，抽象掉了作为过着人的生活的人的主体，抽象掉了一切精神的东西，一切在人的实践中物所附有的文化的特性……在此，一切事件被认可为都可一义性地和预先地加以规定。”②自然的数学化，自然也就具有了可预测性和可操控性。技术支配的特征是“预置”，而数学筹划的特征是先行“设置”，他们具有共通性。通过数学筹划，现代技术作为“座架”支配科学，操控自然。③

一般认为，现代技术不过是现代科学的应用而已，所以有“应用科学”的说法。海德格尔不否认现代科学对于现代技术的重要作用，没有核科学就没有原子弹、核电站。但是，在海德格尔看来，与其说现代技术是现代科学的应用，毋宁说是现代技术在雇用、差使着现代科学，现代科学不过是现代技术

---

① [德]马丁·海德格尔：《林中路》，孙周兴译，上海译文出版社 2004 年版，第 89 页。

② [德]埃德蒙德·胡塞尔：《欧洲科学危机和超验现象学》，张庆熊译，上海译文出版社 1988 年版，第 71 页。

③ 吴国盛：《让科学回归人文》，江苏人民出版社 2003 年版，第 175 页。

“座架”本质的开路先锋。海德格尔认为，现代科学的本质特征不能简单地归结为“事实科学”、“实验科学”、“定量研究”，因为这些特征在古代科学中也是同样存在的。海德格尔理解的现代科学是“数学化”的，但这不是简单地度量和计算，而是先验的设想和人为的“公理”设定。牛顿惯性定律所述运动物体，并非“事实”存在，而是人为设想。现代科学体现的是现代技术“座架”本质，人为限定、实验强求、筹划谋算。

（三）现代技术转向的技术哲学基础

现代技术根源可以追究到古埃及的“巨机器”（修建金字塔的严密社会组织）、古希腊的柏拉图（理念）亚里士多德（形式逻辑），说起来已经有几千年的历史了；但以大机器生产为标志的现代技术广泛社会影响形成不过三百年的时间。也就是在这三百年时间里，现代技术理性在政治、经济、文化等领域强势推进，各种技术弊端和社会后果逐渐显现，人类生存面临严峻挑战，现代技术在传统道路上的发展走到了尽头。现代技术批判的浪潮高涨，现代技术转向具备了越来越丰富、坚实的技术哲学思想基础。

在芒福德看来，原始技术首先是生活指向的（life-centered），而非狭隘的劳动、生产甚至权力指向，它是一种真正的综合技术。但是，在大约五千年前，一种通过对日常活动的系统组织来致力于权力与财富增加的单一技术（monotechnics）开始出现，其标志就是复杂的、高度集权化的机器中心出现，人则成为这种集体式机器（巨机器 megamachine）的附属、附庸。在古埃及的金字塔、古代中国的长城乃至现代的原子弹中，我们都可以寻到巨机器的踪影。机器的自动化技术可以减轻人类劳动，但它无法达到以生活为中心的技术所具有的劳动者自我教育、自我实现、真正劳动解放意义。巨机器的组织严密、生产高效抹杀人的个性、人性，具有人类麻痹作用。当我们警惕地审视机器与人类关系，从巨机器的依赖和统治中解放出来，更为人性化的生命技术就会向我们展开。

弗洛姆认为，现代技术之所以有一个非人道化的前景，是因为它建立在两个坏的指导原则基础之上。一个原则是“凡技术上能够做的事都应该做”，技术发展由此摆脱了道德、伦理的约制，人文主义传统价值规范被推翻。另一个原则是“最大效率与产出原则”，由此个体成为最大效益原则的牺牲品，人成为机器的附属物。对于未来技术发展的人道化转向，弗洛姆的标准是促成人的最理想发展，而非生产的最大限度发展。一方面要激活个体的主动性、创造性，变被动服从到积极参与社会事务管理、决策。另一方面要实现人道化消费，从重占有和利用到重生存的新的生命态度。

埃吕尔所说的技术泛指一切控制事物和人的方法，与整个人类活动相关，而不是仅仅局限于机器设备。① 他认为，如果我们把技术局限于机器的理解，我们就会低估技术的力量和可能性。技术先于科学，因而技术不能理解为应用科学；现代技术运用科学，科学成为技术的仆人。现代技术奠基在科学基础之上，技术于是成为一种自律的力量，绝对贯彻的效率原则吞噬了人类自由。物质技术引发的社会问题由“人类技术”加以解决，这好像是重新确立了人对于技术的主人地位，但实际上是实施技术对于自然和社会的全面统治。对于摆脱现代技术统治，埃吕尔提出几点必要条件。首先，人们必须认识物质技术的危险，同时拒斥所谓的“人类技术”。其次，打破历史规律及其技术手段的神话地位，与技术保持一定的距离，确立人的自主地位。最后，在技术万能与技术逃避两种技术观点之间对话，建立一种思维与行为统一的古希腊式的真正哲学。

海德格尔不是简单的反对技术，而是要在更深的层次上找寻技术根据。在古希腊，技术是一种解蔽方式，是一种产生。对于古代技术来说，这种产生不是对于自然的控制和强暴，而是人以一种理解、体验、响应的方式对待自然，并使物我一体，进入“天、地、神、人之四重整体”，进入一种“澄明之境”。古代

① Jacques Ellul, *The Technological Society*, New York: Alfred A. Knopf, Inc., 1964, p. xxv.

的风车借助风力但不是强索,农夫的工作也不是向田地挑战。现代技术也是一种去蔽方式,这本不是它的过错,但关键在于它已经成为一种唯一的世界观察和理解方式,排斥了我们理解和认识世界的多重方式和不同角度。如此,存在不再有丰富的展现,而是被现代技术遮蔽,存在被遗忘。现代技术的去蔽特征不再是古代意义上的“产生”,而是强求、逼索、挑战。现代技术的去蔽是对于自然的一种鞭挞,是对自然的胁迫与敲诈,要让自然臣服,顺从于人的意志,交出人之所需。海德格尔认为,技术不仅是挑战,其本质在于“座架”。在座架中,古代人们对于事物和自然构造的许多重要的观察和理解方式——如神话的、自然主义的、唯灵论的或神圣的——纷纷退出了历史舞台,只剩下了技术的谋算。正像海德格尔所惊呼的“众神逃遁,大地解体,天上没有了奥秘”①。

海德格尔首先批判技术的工具性和人类学理解,认为技术的本质是“座架”,技术的真正危险是对于存在的遮蔽和遗忘。对技术实施道德控制是不可能的,没有哪一个人或者集团能够叫原子时代的历史过程刹车。后期海德格尔集中强调“思”(theoria)和“艺术”(poiesis)的作用,不是因为思想能够为人类指明什么是应该做的,而是思想把技术赶回到它自己的本质之中,重新确定 technē(技艺)、praxis(实践)和 poiesis(艺术)各自的地位。在海德格尔看来,“这个思既不是理论的,也不是实践的。这个思产生于有此区别之前。这个思只要是这个思的话,它就是对在而不是对任何其他物事的怀念。这个思属于在……这个思所思的是在。这样的思没有结果。它没有功效。它如此去思,它就使其本质臻于圆满了”。② 当沉思的思想用知足的因为代替无休止的“为什么”时,它也试图克服对于事物的估计、谋算和利用。相对于科学知识来说,天然知识能够更好地表达事物自身的特性而非人为的谋划。海德格尔

① [德]海德格尔:《形而上学导论》,熊伟等译,商务印书馆 1996 年版,第 38 页。

② [德]海德格尔:《人,诗意地安居》,郜元宝译,广西师范大学出版社 2000 年版,第 22—23 页。

借用荷尔德林的话断言，那里有危险，那里就生长着拯救者。当我们认识到了现代技术座架本质的真正危险，当我们冷静地面对技术并且沉思着的时候，也就为现代技术开启了转向的道路。“在海德格尔看来，虽然我们必须使用不可缺少的器具，但我们应该提防完全受它们的占用，以至于在我们的思想和行动中不再有别的位置。以这种方式，人们能够与技术器具获得新的交往，对技术世界获得新的态度。不再直接地固定在技术世界，而是对获悉世界的意义而保持敞开的态度。”①

马克思说：“我们看到，机器具有减少人类劳动和使劳动更有成效的神奇力量，然而却引起了饥饿和过度的疲劳。新发现的财富的源泉，由于某种奇怪的、不可思议的魔力而变成贫困的根源。技术的胜利，似乎是以道德的败坏为代价换来的。随着人类愈益控制自然，个人却似乎愈益成为别人的奴隶或自身的卑劣行为的奴隶。甚至科学的纯洁光辉仿佛也只能在愚昧无知的黑暗背景上闪耀。我们的一切发现和进步，似乎结果是使物质力量具有理智生命，而人的生命则化为愚钝的物质力量。”②这一切难道是技术自身所固有的罪恶吗？马克思明确指出，要“把机器和机器的资本主义应用区别开来”。怎样才能使大机器工业生产和技术发展真正成为工人解放的力量，不仅是在手段上而且在目的上直接实现人类解放呢？马克思指出唯一的出路就是进行社会变革，废除资本主义私有制，逐步建立起一种崭新的社会制度——共产主义制度。它作为完成了的自然主义，等于人道主义；而作为完成了的人道主义，等于自然主义。只有在这种新型的社会形态里，机器大工业生产和技术进步才能带来真正的人类解放。

不注重观念的历史，就不可能获得对现代技术的整体把握，因为这种观念的历史是科学和技术的基础和前提条件。哲学是时代精神的精华，现代技术

① ［德］冈特·绍伊博尔德：《海德格尔分析新时代的技术》，宋祖良译，中国社会科学出版社1993年版，第199页。

② 《马克思恩格斯全集》第12卷，人民出版社2005年版，第4页。

的形成、发展、转向都有其哲学思想基础，正可谓“观念先行”。形而上学自古希腊柏拉图开端，到现代技术终结，技术建立在形而上学的历史中。现代技术严格地讲，不过几百年的历史，但是它传统道路上的发展已经走到了尽头。在这现代技术发展的十字路口，哲学转向为技术转向奠定哲学思想基础，开辟思想解放道路。现代技术未来转向的哲学“观念先行”，虽然不能明示未来技术发展的具体步骤，但它已经昭示出现代技术未来发展的人性化发展方向。

四、现代技术的社会文化后果

对于埃吕尔来说，他更偏向于用 technique 而非 technology 表达技术。他的“技术”包括所有有效手段的理性行为总和，并认为这种广义的技术已经成为现代西方文化的时代精神。[①] 温纳同样指出，“技术构成了一种新的文化体系，这种文化体系又构建了整个社会”。[②] 我们不能盲从技术自主论、技术决定论观点，但是只要我们不把技术仅仅看作简单的机器、设备、工具——这正是海德格尔以雅斯贝尔斯为代表所批判的“技术工具论”流行观念，我们就不难认识现代技术已经成为当今社会最为重要的文化基础和现象。[③] “科学技术是第一生产力”的观念深入人心，科学技术对于现代化建设、物质财富积累和人民生活水平提高的积极作用也毋庸置疑，对于现代技术的社会文化后果特别是某些可能消极影响我们也必须有清醒认识。

（一）从文化多元到全球化

文化的全球化可以在两种意义上理解，一是指全球文化的趋同化、全球文

---

① Paul T. Durbin, “Toward a Social Philosophy of Technology”, in *Research in Philosophy & Technology*, Vol. 1, 1978, p. 84.

② Winner, *Autonomous Technology*, Cambridge: MIT Press, 1977, p. 17.

③ 李宏伟：《现代技术的社会文化后果》，《自然辩证法通讯》2008 年第 4 期，第 1—5 页。

化的一体化;二是指借助现代通信、传媒技术而来的地方文化的全球化共享。但人们更多的是在第一种意义上使用全球化概念,即把文化的全球化理解成文化的全球趋同化或者同一化。这是因为我们借助传媒、网络技术所欣赏的地方文化更多的是文化表演,脱离了它赖以生存的风土人情、文化土壤,形式的精美难掩内容的苍白,原生态的地方文化不是被发扬、光大,而是被肢解、阉割。福朗西斯·福山所说"全球化就是美国化"未必当真,但不可否认全球化是有自身主导文化的。就洛杉矶而言,它简直就是全球文化产业的电影、电视和音乐的制作之都。"一个最没有可能给世界作道德表率的国家,却因其高科技扮演了这个角色。这状况就像醉汉驾车。"①文化的全球趋同化成为当今文化的主导性发展趋势,它对世界文化的影响警醒世人。

受制于道路、交通、通信技术的限制,古代社会区别于现代社会的特点就是它的地区封闭性。在古代社会,走出家乡到外地去旅行是艰苦、危险的事情。桥梁常常是没有的,即使有也常常遭到破坏或是被洪水冲走,城乡之间的荒野行走还难免遭遇强盗和野兽袭击。古代的旅行不是一件轻松愉快的事情,这可以从 travel(旅行)和 travail(疼痛或是艰苦努力)的词源学联系看得很清楚。在 15 世纪,有人在公路上挖了一个坑,结果一个不幸的游走商贩掉进去淹死了。挖坑的那个当地磨房主最后被陪审团宣判无罪释放,因为他们认为磨房主没办法从其他地方得到他所需要的泥土。我们在此看到的不仅是古代旅行的危险和游走商贩的无辜,更有古代社会一整套不同于我们时代的社会优先权和公共看法。布鲁克(Brooke)在围绕地产边界评述中世纪道路的迂回曲折时说,古代的田野要比道路更能说明问题。② 由此我们看到古代社会不同于现代社会的特有文化观念,古代社会看重的是当地和地方性而非交流和流动性。

---

① Joost Smiers, *Arts under Pressure, Promoting Cultural Diversity in the Age of Globalization*, London: Zed Books Ltd., 2003, p. 33.

② [英]约翰·汤姆林森:《全球化与文化》,郭英剑译,南京大学出版社 2002 年版,第 60 页。

古代社会的相对封闭性确保了古代地方文化的原生态和世界文化的多元化存在。古代的空间概念，是事物存在、汇聚的“场所”，是人与众神对话的所在。古希腊的神庙、罗马的广场、中世纪的教堂、文艺复兴时期的宫殿等古代建筑，都不是冰冷的僵死的空间形式，而是汇聚着天地神人，凝聚着厚重的历史文化，传达着“场所精神”（spirit of place）。埃及的金字塔和中国的十三陵都是陵墓建筑，但表现出不同的建筑文化。北京的四合院不同于徽居建筑格式，更有别于湖南的吊脚楼，不同自然地理条件和地方文化传统对比鲜明。“自古希腊和古罗马时代以来，街道和城市街区就一直是城市生活的基础。街道向来有综合的功能：生活空间、运动场、剧场、生产车间、商品市场、交通运输联结点。”①这样的城市空间对在技术理性支配下的城市规划来说则意味着无序和混乱，是需要借助科学规划和技术设计清理的地方，于是城市就具有了一种“现代的”或“国际风格”。高层建筑成为建筑的普遍形式，旅馆、办公室、豪华公寓以及公共住房都适用。如今，在北京、纽约、东京、伦敦、巴黎等国际都市都具有同一建筑风格，站在北京、上海的街头你不能轻易分辨出这到底是纽约还是伦敦。

在传统建筑中，技术作为手段通过坚固、实用要素与建筑相关联。当现代技术以结构力学替代经验，以水泥、钢材、玻璃等工业建筑材料替代石、木、砖瓦这些自然材料，以钢筋混凝土结构、悬索结构等现代结构替代传统建筑的石材、砖木结构，以采用大量预制件、现场组装和采用大型机械设备进行施工替代传统的手工营造……这些翻天覆地的变化都使得作为手段的技术显现出来，建造的过程成为了技术的过程，变成了科学管理的过程，原本作为手段的技术将建造目的颠覆了，形式取代内容成为一种技术统治的展现过程。都江堰、赵州桥建造中所考虑的因地制宜、就地取材、巧妙构思等在现代技术设计中几乎成为多余，因为钢铁混凝土是有效的通用材料，一切都可以由技术来解

---

①　［美］艾尔伯特·鲍尔格曼：《跨越后现代的分界线》，孟庆时译，商务印书馆2003年版，第70页。

决。为了技术的展现,各地都在打造标志性建筑,世界第一高楼在人们的竞争中不断攀升。为了资本的利益,人们要在有限的地面上占领最大的空间,架空式、倒三角、倒台阶、倒金字塔之类非常建筑方式不断涌现。"在这技术化的建筑中,在这钢筋混凝土的城市丛林里,在这割断了历史、文脉,割断了地方性、民族性,排除了人的情感和人文精神的建筑机器里,我们能够在此定居吗?我们能够以此为家园吗?"①

在指南针及枪炮等一系列技术支持下,欧洲人海上探险的最直接成果就是哥伦布发现新大陆及麦哲伦环球航行的成功。欧洲人的地理大发现,展现了一个新的世界图景,也改变了他们的世界观。新大陆的发现,刺激了资本主义的原始积累,加快了资本主义海外移民的步伐,世界版图扩展了。1903 年 12 月 17 日,美国莱特兄弟用自己制造的飞机,实现了人类首次持续的、有动力的、可操纵的飞行,开创了现代航空的新纪元。喷气式飞机的出现使飞机突破了音障,整个地球成为一天可以往返的大家庭。我们现在可以感叹的就是,现代技术把世界各地间的距离大大缩短,地球和世界变小了!计算机网络技术的出现,深刻地改变着整个社会,把人类带入了一个全新的网络空间,或称赛伯空间(cyberspace)。赛伯空间是一个依靠电子计算机和网络技术支持的数字化信息世界,并以多媒体的形式呈现在人的面前。在赛伯空间,虽然我们面对的不是现实的人和物,但是它却给我们真切的感受,实现着人与网络世界的真实互动。虚拟现实技术为感官创造了一个比现实显得更为"真实"的空间世界,人的感官在虚拟技术中被最大程度地调动、强化,使每一个参与者具有了一种超越现实的"真实"感、沉浸感。仅仅是一个办公桌的实际空间,我们面对的就是一个电脑屏幕,但是因特网(Internet)、万维网(WWW)技术把我们与赛伯空间的任何一个节点相连,整个世界就展现在我们面前。在赛伯空间我们可以随时到法国凯旋门、埃及金字塔、悉尼歌剧院甚至美国五角大

---

① 邓波:《技术与现代主义建筑思想》,《科学技术与辩证法》2004 年第 2 期,第 88 页。

楼,可以查找世界各地图书馆的资料,也可以邀请不同国家的朋友一起讨论学术问题、一起聊天。赛伯空间一方面把我们的空间联系无限扩大,另一方面它汇聚整个世界,压缩或者说是销蚀了空间距离。

欧洲的海上探险、地理大发现扩大了世界范围,而现代航空技术、通信技术带来的则是空间的收缩和坍塌,地球一体化成了“地球村”。“我住长江头,君住长江尾,日夜思君不见君,共饮长江水”的古代情思没有了,鸿雁传书显得多余了,拿起电话就可以聊天,坐上飞机很快就可以见面。由于空间的坍塌,过程被取消,直接面对的就是结果,现代人看重结果不看重过程。唐僧师徒四人西天取经九九八十一难再也不会出现,一个电子邮件发过来全解决了,至多就是讨论佛经的版权问题。自 19 世纪,公路、铁路、轮船、飞机、电报、电话、因特网逐渐贯通全球,世界一体化、全球化进程加快,但是文化的差异性与多元化也逐渐被抹杀。现在不论你身处何处,只要打开电视、连上因特网,展现在你眼前的电视节目、网页内容可能是不同的,但媒体即信息,其文化内涵大同小异、基本一样。

(二)从禁欲节俭的新教伦理到消费主义文化

按照韦伯所言,新教伦理与早期资本主义的兴起直接相关。在新教思想中,劳动和勤勉是对上帝的应尽义务,是一种天职和禁欲手段。只有劳动而不是休闲和娱乐,才能够增加上帝的荣耀。冲动式的生活享乐既会导致人们逃避职业劳动,也会使人们背离宗教,因此无论它取贵族娱乐形式,还是平民百姓的舞厅或酒馆享乐的形式,都是合理禁欲主义的仇敌。人仅仅是经由上帝恩宠赐予他的财富的受托人,他必须像圣经寓言中的仆人一样,把每个托付给他的便士入账,而如果仅仅为了一个人自己的享受而非为了上帝的荣耀花掉了哪怕一个便士,其结果也是很危险的。[①] 除了晚期资本主义社会,其他任何

① ［德］马克斯・韦伯:《新教伦理与资本主义精神》,彭强、黄晓京译,陕西师范大学出版社 2002 年版,第 160—163 页。

人类社会阶段都不会把消费、浪费、挥霍、奢侈作为社会主导文化而大肆宣扬、吹捧、追逐,这可以说是我们“理性”社会的最大非理性表现。前现代社会,人类生活一直处于物质匮乏之中,消费文化缺少经济基础;即使在资本主义早期阶段,消费也处于新教伦理的压制之下;只是到了晚期资本主义阶段,在现代技术经济支持下,资本主义走到了它的后工业时代、消费时代,消费才堂堂正正地成为文化、“主义”,成为维持资本主义运转的发动机。

农业社会的大部分时间里,由于粗放的农耕和靠天吃饭生产方式,人们常常不得温饱。在中世纪和现代早期的欧洲,大多数人口的大约80%收入花费在食物上。在这样的条件下,毫不奇怪,偶尔的饱餐一顿,尤其是在能够吃到肉的重要机会如丰收和婚礼,就起着至关重要的社会作用。甚至在相对繁荣的时期,人们将收入花在服装上也占不到10%,以至于服装成为传向下一代的重要物件。在19世纪40年代,英国人口的大约10%是乞丐,在诺丁汉甚至达到20%的乞丐人口。在1833年的曼彻斯特,超过人口的10%居住在地下室。1840年,曼彻斯特工人阶级儿童的57%在5岁之前就死掉了(相比之下,农村地区为32%)。①

工业革命的爆发是消费革命的前兆,资本主义在它不到一百年的阶级统治中所创造的生产力,比过去一切时代创造的全部生产力还要多、还要大,从而为消费文化的产生奠定了一个坚实的物质基础。到19世纪70年代,以电力技术为标志的第二次技术革命催生出许多像美孚石油公司、美国钢铁公司、美国烟草公司这样的跨国公司和大财团,它们有力量控制生产和市场。泰勒的科学管理方法和福特的标准化、流水线生产方式极大地提高了资本主义生产效率,实现了前所未有的规模效益。福特汽车的装配流水线开通后,组装一辆新车的时间由1913年10月的12小时28分钟缩减到1914年春季的1小时33分钟。1920年福特T型车年产400万辆,到1925年就达到了年产1200

① [英]克莱夫·庞廷:《环境与伟大文明的衰落》,上海人民出版社2002年版,第344—345页。

万辆;1908 年每辆 T 型车售价 850 美元,到 1924 年降到了 290 美元。1914 年 1 月 5 日,福特将工人工资一下子提高到一般工人的两倍多——5 美元,同时将工人每天的工作时间由 9 小时减少到 8 小时。[①] 工人工资和休闲时间的增加,以及信用制度、广告业务、市场销售等迅速发展,为消费时代的到来奠定了基础。

在供大于求的过剩经济时代,需求和消费成为制约经济增长的主要矛盾,资本主义实现了由早期关注生产到晚期重视消费的转变。资本主义的控制重点从早期对生产和产业工人的控制转向当今对消费特别是消费者的思想和行为控制,从剥削工人转向剥削消费者。新的控制对象和内容需要新的控制手段和技术,如快餐店、购物中心、主题公园、网上购物、广告推销、信用卡等。信用卡是美国的创造,它使消费摆脱了"现金"的束缚,引导人们今天花明天的钱。游乐公园、机场、火车站越来越像购物中心,甚至我们的办公室、起居室、书房也成为电子购物中心的扩展延伸部分。以往购物领域和非购物领域之间是有所区别的,现在几乎一切地方都成为商品推销的场所,我们无可逃避。"有一种说法:'如果人们不喜欢它,他们可以对此做些事情',讲得更坦白一些就是,'如果他们不喜欢某一产品或服务,他们可以不买它。'当然,这种说法常常忽略了广告在操控这种自由中的巨大价值和效力,也忽略了整个系统引导这些选择的能力。"[②]当今的技术发明与其说是新产品的发明,不如说是新的消费技术和新的消费需求的发明和创新。技术发明使以往不可能的事情成为可能,为个人和社会提供了新的选择。[③] 以往,太空遨游只是世界上少数几个宇航员的专利,而对于平民百姓来说则是可望不可即的幻想,然而美国人

---

① [美]托马斯·K. 麦克劳:《现代资本主义——三次工业革命中的成功者》,赵文书、肖锁章译,江苏人民出版社 2006 年版,第 295 页。

② Phillip R. Fandozzi,"Appropriate? Inappropriate? ——What's the Difference?",*Research in Philosophy & Technology*,Volume 6,p. 37.

③ Kristin Shrader-Frechette, Laura Westra, *Technology and Values*, Lanham: Rowman & Littlefield Publishers,Inc.,1997,p. 78.

蒂托(Dennis Tito)的太空旅游的顺利完成证明太空旅游在技术上没有障碍,太空旅游成为大有前途的旅游开发项目。蒂托宣称,他要开发太空旅游市场,看是否能够成为新的财源。①

丹尼尔·贝尔说,资本主义不是一个满足需要(needs)的社会,而是一个满足欲望(wants)的社会。②"真正的生物学意义上的需要是有限度的,比如说食物、衣服和居所的需要;但这些需要现在已经扩张并吸收了技术化伪装的'需要'概念,其实质是'欲望'而非'需要',这是无限度的。""事实上,我们现在想要的东西早先并不知道,也没有什么价值,我们之所以想要是因为别人已经拥有它们。"③现代消费不仅是过去意义上物性东西的具体使用价值消费,更多的是在消费被广告和宣传创造出来的意向,是一种符号的消费。商品被当作一种风格、声望、奢华以及权力等的表达和标志而被购买。一辆"宝马"牌轿车之所以比一辆"现代"牌轿车更令人喜欢,不是因为它更适用而是因为它显得更高级、更有派头、更能显示身份和权力。我们所追求的不是获得和使用一种物品时所产生的那种愉悦,而是某种差异。"在对某些物品进行消费时,我们就是在表明(虽然是无意识的)我们与那些消费着同样物品的人是类似的,而与那些消费着其他物品的人之间是不同的。正是这种符码控制着我们消费什么和不消费什么。"④消费者只有在不间断的购买和消费中,才能感觉到自己没有被社会抛弃,才能排解内心的孤独与空虚,才能证明自己还活着。消费本应是通向目的即幸福的手段,但是现在,消费本身成为目的。异化消费带来物性的放纵和人性的堕落,引发社会贫富阶层矛盾和冲突。更为关

---

① Com staff,"Tito Says He Will Evaluate Space tourism Market",2002,http://www.space.com/missionlaunches/ missions/tito-dobbs-010518.html.

② [美]丹尼尔·贝尔:《资本主义文化矛盾》,赵一凡等译,生活·读书·新知三联书店1989年版,第22页。

③ Theodore John Rivers,*Contra Technologiam:The Crisis of Value in a Technological Age*,Lanham:University Press of America,Inc.,1993,p. 24.

④ [美]乔治·瑞泽尔:《后现代社会理论》,谢立中译,华夏出版社2003年版,第110页。

键的是消费主义文化所倡导的“无限消费”与资源、环境、生态的“有限性”形成强烈反差，消费主义社会难以为继、终将崩溃。

（三）从高雅文化到大众文化

过去几千年间，尽管有民间的通俗文化，但由文人雅士创造的精英文化、高雅文化始终不可动摇地占据着社会主流文化。如中国几千年文化史推崇的是诗词歌赋、琴棋书画等阳春白雪式艺术形式，它们专属于文人雅士而非普通百姓。市井百姓的曲艺杂耍属于下里巴人，登不得大雅之堂，只能游走民间、社会边缘。然而，工业革命特别是第三次科技革命以来，以电影、电视、网络技术为依托的大众媒介渗透到社会生活和文化领域的方方面面，实现了社会的文化转向。以往，欣赏经典艺术、接触高雅文化还是人们所向往的主要文化活动，但是现在大众文化却迅速崛起、取而代之，成为当今社会最主要的文化取向和文化行为。传统的诗词歌赋被网络小说、卡拉 OK 取代，琴棋书画让位于卡通动漫、搓麻泡脚。

法兰克福学派所批判的大众文化不同于民间习俗性的自娱自乐群众文化形式，而是指依托文化工业和大众传媒技术而形成、发展起来的，供大众进行消费的商业型文化或商品性文化。这种类型的大众文化与民间文化的不同在于，前者不是从大众中自发产生和主动接受的文化，而是由统治阶级主动开发、制造、强加给普通大众的，是一种具有功利主义价值和意识形态功能的消费型文化。所谓“消费型文化”不同于前文中所说“消费文化”，“消费文化”是指消费已然成为社会时尚和文化潮流，而“消费型文化”是专指文化已然成为一种社会消费品——作为消费品的文化。文化不再具有启蒙和贵族身份，文化进入日常生活，本身成为消费品。传统的文化总是具有某种精神的意味而与单纯的物质、经济、金钱相区别，但现代大众文化则具有商品化和消费化特征，利润和效益成为大众文化生产——文化工业——的目的。霍克海默和阿多诺在《启蒙辩证法》中指出，由电影、电视、唱片、无线广播、大众传媒构成的庞大的文化工业体系的主要特征是产品的批量化和标准化,这实质上反映了技术理性和经济力量侵入文化领域的结果。工业文化取消了文化作品的稀缺性、唯一性的个性创造特质,艺术家的个人才能被技术设备和手段所排斥,"量"替代"质"成为决定性力量,艺术降格为"消遣"和"娱乐",导致文化艺术的庸俗化,实质上取消了文化。

本雅明不同于霍克海默和阿多诺的观点,他在《技术复制时代的艺术作品》中指出,文化生产的技术复制带来两种后果,一是艺术作品的"光晕"褪去,其"崇拜价值"让位于"展览价值";二是文化消费和欣赏不再是少数人的特权,实现了文化的"大众化",从而"解放"文化生产力。本雅明所言不能说没有道理,是复制使我们在网络上就能欣赏凡·高的《向日葵》、王羲之的《兰亭序》。据此也有人批评霍克海默和阿多诺是文化精英主义立场,站到了大众的对立面。但是,霍克海默和阿多诺的大众文化批判的更深层意义在于,当今的大众文化已经失去了它应有的文化反思和社会批判功能,而蜕化成为一种巧妙、隐蔽的阶级统治形式。大众文化愉悦大众,缓解劳动者的生理和心理紧张,抚慰劳动者的创伤,使其在虚假的满足之后,再重新回到压抑性的社会"铁笼",因而扮演着现存统治秩序的维护者角色。"在技术化的大众文化中,本雅明看到了一种抗毒素,它抵御着工业社会在精神上摧毁人类的进程;而阿多诺则将大众文化更多地理解为进行心理操纵和调控的媒介。"①

文化的工业化和技术化改变了文化形式,大众传媒助长了技术向艺术的渗透,传统的文化和艺术形式渐渐隐退,而科技含量高的文化和艺术形式则大行其道。电视、网络、电影、影碟、广告等无不用影像来吸引人们,我们已经进入了一个影像文化的时代,影像成为了人们生活感受的重要来源。"与印刷品不同,印刷品根据解读专门化语言编码的不同能力,产生了不同等级的社会群体,电视使用每一个人都能理解的简易编码,使不同社会地位的所有观众都

① [德]阿尔布莱希特·维尔默:《论现代和后现代的辩证法》,钦文译,商务印书馆2003年版,第43页。

能理解它的信息，从而打破了社会群体之间的界限。通过将人口中不同阶层结合为一体，电视创造了一种单一的观众、一个文化活动场所。”[①]当读图代替了读书，它摧毁了传统文化的等级秩序，也消解了文化、艺术对意义的深度追求。图像替代文字，“现实转化为影像，时间断裂为一系列的永恒的存在”。[②]大量的影像文化生产，特别是电影、电视等动态影像，通过对时空的拼接使人们可以穿越时空，通过视觉转换颠覆了以往的历史感和空间感。网络世界的虚拟空间模糊了现实世界和虚拟世界的界限，扰乱了人们的世界观、人生观、道德观。

经典作品、传统名著几乎毫无例外地被翻拍成电影、电视，并且一版再版，对此我们可以说它普及了文学艺术，但这也可能湮灭研读原著的愿望。经典的现代解读和历史戏说，迎合了现代听众和观众的口味，也有可能扭曲原著精神实质，戕害优秀传统文化的精髓。在今天的文化活动中，经济诉求即利润动机成了主宰一切的根本出发点，商业价值、票房价值、销售量、收视率、点击率等几乎成了统治文化界的“原则”和“理想”。一些选秀节目之所以在国内引起收视热潮，是因为直播现场成为了“明星制造秀场”，普通的参赛者被“包装”而赋予了“形象化”的灵光圈。与此同时，千千万万的电视观众也在通过手机互动而同谋式地参与了这场铺张的“秀”之中，观众在此过程中也被电视工业所引导、塑造。当今的某些歌星可能连基本乐理常识都不懂，但借助于现代音响设备却唱红了大江南北。技术化的艺术使人类技能平均化，削弱了人与人之间的素养、特质差异，使得个性化生存荡然无存。正如波德里亚所说，标志着这个社会特点的，是“思考”的缺席，对自身视角的缺席。

现代技术的社会文化后果是全方位的，既有消极方面也有积极方面。比如伊德（Don Ihde）就像本雅明那样，看到的是现代技术的积极文化方面。伊

---

① ［美］戴安娜·克兰：《文化生产：媒体与都市艺术》，赵国新译，译林出版社 2001 年版，第 4 页。

② ［美］詹姆逊：《文化转向》，胡亚敏译，中国社会科学出版社 2000 年版，第 20 页。

德认为正是技术进步使我们进入了一个多元复合文化时代，是现代媒体技术使各种文化跨越地域限制而同时呈现在我们面前。看到现代技术的积极文化方面是必要的，然而更为重要的是我们必须警醒现代技术对社会文化的某种侵蚀、取代和统治作用。当然，我们不仅要看到技术对于文化的某种决定作用，同时也要看到文化对于技术评价、技术创新、技术运用的某种反作用，要看到技术与文化之间的双向互动关系。海德格尔将技术看作是人的“天命”，是人类的存在方式。他的现代技术批判不是要完全否定或者是抛弃现代技术，而是要通过对于技术本质的追问来唤起人们对于现代技术真正危险的认识，这是克服现代技术的必要准备。海德格尔对于艺术、诗歌的呼唤，实质是一种发自内心的文化呼唤，他要借助文化的导引力量来约制现代技术，使人类真正体验“诗意的生存”，踏上“重返家园”之路。海德格尔借用荷尔德林的话断言，哪里有危险，哪里也就生长着拯救者。①

五、食品技术为例的创新反思

当代技术实践以技术创新为导向，但一味创新并不能成为目的本身，所有的技术创新必须以人类幸福为旨规。以食品技术为例反思技术创新具有典型代表性，是因为食品技术及其产品可以不断创新，而人作为有情感的生命有机体具有生机稳定性，过度的食品创新不但不能带来人类幸福反而危害人类健康。食品技术不仅指食品的加工、冷藏、包装、运输技术等，也泛指与食品相关的更为基础的农业、生物技术。食品技术不像蒸汽机技术、电力技术、信息技术、核能技术、宇航技术那样引起人们关注，很少能够成为社会和学界讨论的焦点问题。只有食品引发了社会安全问题之后（如“月饼风波”、“奶粉事件”等），才会引起社会关注，而后复归于沉寂。“民以食为天”，食品技术、食品安

① ［德］冈特·绍伊博尔德：《海德格尔分析新时代的技术》，宋祖良译，中国社会科学出版社 1993 年版，第 201 页。

全关涉人类健康，理应成为人类生活中人人关心的头等大事。

（一）表征文明的食品技术发展

从严格的意义上来说，文明社会的食品几乎都是技术处理过的，很少有纯粹意义上的“天然食品”。我们吃的水果和蔬菜，都是栽培或人工选种的结晶，而非纯粹的自然选择结果。现代文明中，大多数“生”吃食物被端上餐桌前都经过了仔细的清洗，可能还使用了各种各样的消毒剂、清洗剂。“生”与“熟”是一文化概念，我们一般认为水果的“生”吃是正当的，没有人说“生苹果”。自从人类学会了火的使用，人们逐渐习惯了吃熟食，表征人类文明的食品技术发展开始了。烹饪使食物易于消化，而且还可以破坏一些食物中的毒素使其成为美味。英文里“焦点”（focus）一词的原义是火炉，说明火炉、烹饪具有“社会磁石”的作用，它使饮食具有社会性，成为食客们固定时间和地点的活动。食品不仅能提供营养，更重要的是它的社会文化意义，如祭祀、宴会、宗教活动等。在文明社会，“生”隐含着颠覆和冒险、野蛮和原始的含义，中国文化传统中，常常根据民族的文明程度而划分为“生”与“熟”，所以有现在看来显失正当的“生番”说法。

焙烤食品的起源很早，古埃及的坟墓中以及古罗马的庞贝古迹中都曾发现木乃伊化的酵母发面面包。中国发面技术历史较早，北魏贾思勰在《齐民要术·饼法》中记载了以小麦粉等原料制作“髓饼”的方法。明代戚继光备“光饼”作行军干粮，其制作原理与面包相同。明末西方传教士将西方面包制作技术传入中国，清末机械化制造饼干和西式糕点技术也逐步传入中国。焙烤不仅是古老的食品制作技术，同时也是古老的食品保藏技术，和食品干藏、腌藏、烟熏等古老而又简便的其他保藏方法一样，至今仍是广泛采用的食品技术处理方法。自1873年苏格兰人制出第一台人工制冷的氨压缩机以来，出现了机械化的冷藏和冻藏，这为食品技术的工业化开展奠定了基础。1810年N.阿佩尔发明了用沸水煮瓶装食品的方法，并建立了世界上第一个商业化罐头食品加工厂。食品辐射保藏则是到20世纪中叶开始研究的新技术。

工业化、城镇化相互促进,大量农业人口转向城市生活,食品供给也必须适应工业化的浪潮。在市场扩大和集中背景下,食品开始了工业化进程。最初,食品工业主要集中于为军队提供食品。19世纪欧洲的战时后勤供应鼓励兴建大规模、流水线生产的食品加工厂,诞生了为皇家海军生产硬面包的政府面包厂,以及使用特制烤箱批量生产的雷丁饼干厂。对于维护军械油脂的需求也刺激人们探索、开发新的脂肪来源,人造黄油的广泛使用最先出现在法国海军。到19世纪70年代末英国的三大饼干生产商的年产量达到1700万公斤。“雷丁饼干、亨特利 & 帕尔默(Huntley & Palmer)的饼干罐子,再加上其从业者所着的醒目的蓝色制服,成了英国工业和帝国主义向全世界扩展的标志。”①

伴随着粮食的大量消耗,农业发生了本质的变化,我们可以称其为“化学农业革命”或者“农业的工业革命”,这是因为它依赖生产化肥、杀虫剂、农用机械的工业作后盾。20世纪60年代通过杂交育种,小麦和水稻新品种高产纪录不断被刷新。到20世纪90年代早期,第三世界3/4的粮食生长地区都采用了新的品种。在中国,粮食新品种占全部品种的95%。② 农业革命带来了高产,养活了更多的人口,但是它也带来新问题。单一的高产品种取代了各种各样的传统品种,生物多样性被破坏了。同时,新农业离不开化肥和杀虫剂,而这威胁生态平衡,造成环境和食品污染。20世纪晚期,“工厂农场”为工业社会提供了绝大部分的肉、鸡蛋。1949年“催长维他命”投放市场,1950年抗生素开始被添加进饲料,动物生长的强制化过程开始了。农场里面,人们像对待机器那样对待动物,为节约成本动物被圈养在最小空间,动物间相互践

---

① [美]菲利普·费尔南德斯·阿莫斯图:《食物的历史》,何舒平译,中信出版社2005年版,第237—238页。

② [美]菲利普·费尔南德斯·阿莫斯图:《食物的历史》,何舒平译,中信出版社2005年版,第249页。

踏。与此相伴随的就是非典型肺炎、疯牛病、禽流感的世界肆虐，人类正在遭受自然的报复。

（二）食品添加剂的“是”与“非”

所谓食品添加剂，是为改善食品品质和色、香、味以及为防腐和加工工艺的需要而加入食品中的物质。食品添加剂不是食品，也不提供营养，但人们却难以摆脱食品添加剂。食品添加剂为人们所关注时间相对较短，但是人类使用食品添加剂的历史源远流长。中国古代就有用果蔬液汁点缀糕团，传统豆腐制作中的食品凝固剂——盐卤东汉时就已经应用，作为肉制品防腐和发色的亚硝酸盐南宋时就用于腊肉生产。

食品添加剂种类繁多，我国到 1991 年底批准使用的食品添加剂就有 20 类（如发色剂、防腐剂、抗氧化剂、漂白剂、增味剂、蓬松剂等）1018 种。用于肉制品的发色剂主要有硝酸钠和亚硝酸钠，使制品呈现良好色泽。食品防腐剂中的苯甲酸及其盐类、山梨酸及其盐类常用于果汁、饮料、罐头、酱油、醋等食品的防腐，丙酸及其盐类被广泛用于面包、糕点等的防腐，亚硝酸盐能防止肉毒中毒，亚硫酸盐可抑制某些微生物活动。食品抗氧化剂能阻止或延缓食品氧化变质、提高食品稳定性和延长储存期。氧化不仅会使食品中的油脂变质，而且会使食品褪色、变色和破坏维生素，降低食品的感官质量和营养价值，甚至产生有害物质，引起食物中毒。食品抗氧化剂通常用于油脂和含油食品，如油炸方便面等油炸食品。食品乳化剂可亲和水油，除具有乳化作用外，还具有稳定作用，对面包和糕点有抗老化作用，面包工业需求很大。食品漂白剂中的溴酸钾和过氧化苯甲酰具有很强的氧化漂白能力，多用于面粉改良，也称面粉处理剂。还原漂白剂使用最多的是亚硫酸及其盐类如亚硫酸钠，使用亚硫酸盐漂白可因二氧化硫消失而复色，因此食品中常需要二氧化硫的残留，但残留过高对人体不利。

食品添加剂在食品的美观、风味及保鲜上为人类带来“口福”，如果严格限制食品添加剂,那么现代超级市场里的食品货架上就剩不下什么了。但不可否认的是,食品添加剂对于我们的身体健康有各种各样的可能危害,特别是难以预料的积累效应、长期后果。19 世纪市场上光彩夺目的糖果大多是用对人体十分有害的铜盐、铅盐等着色结果,而给黄油和人造黄油上色的“奶油黄”(二甲氨基偶氮苯)后来才发现是一种活性很强的致癌物。国人熟知的苏丹红、给酱油着色的氨法生产的酱色、曾广泛用作无酒精饮料和啤酒的黄樟素香料以及糖精等很多食品添加剂都有诱发癌症的可能。1955 年轰动世界的日本森永奶粉事件中,有 12344 名婴儿食用森永奶粉中毒,死亡 130 人,原因是奶粉中加有砷污染高达 3%—9%的稳定剂磷酸二氢钠。

作为消费者一般不会关注现代化养猪场、养鸡场、养牛场的饲养,但是这里生产的猪肉、鸡肉、牛肉、牛奶及奶制品等终归要进入厨房端上餐桌,成为我们重要的食品来源。对生病的动物使用抗生素治疗是很正常的,但作为预防手段,整个养殖场的动物都要接受定期的疫苗注射或者食用添加了抗生素的饲料。抗生素可能杀死动物体内绝大部分细菌,但是也遗留或者说筛选出极少数具有一定抗药性的菌株。如果这种细菌感染了人类使人患病,那么将无药可医。20 世纪 70 年代,研究人员发现家畜和饲养人员体内携带的耐药菌数量在增加,并且发现这种能够耐受多种抗生素的致病菌可以通过动物传给人类。2001 年《新英格兰药物学报》(*New England Journal of Medicine*)报告说当地超市中 80%的猪肉、鸡肉和牛肉被耐药菌污染。这些细菌进入人体可以在人的肠道内生存 1—2 周,如果人们因此而生病,抗生素将无效。①

食品添加剂虽然自古有之,但真正大规模使用则是在食品工业中。食品工业主要集中于制作和销售加工食品而非分配新鲜食物,而我们已经习惯于

① [美]玛丽恩·内斯特尔:《食品安全》,程池、黄宇彤译,社会科学文献出版社 2004 年版,第 16—17 页。

到超市采购加工过的食品或半成品。[①] 加工食品并非一无是处，而“天然食品”也不一定就有益健康。天然香料对人体的潜在危害直到近年才被发现，茴香、胡椒、丁香、生姜等天然香料中都含有一定量的黄樟素，而黄樟素可能引发癌症。苹果中的丁酰肼、葡萄中的氰化物、马铃薯中的龙葵碱等都是致癌物或致病物。大多数蔬菜中含有亚硝酸盐类化合物、若干生物碱，还不同程度地含有尼古丁。几乎所有植物都能自行合成抗虫毒素，这些天然毒素的积累同样可以引发癌症。加利福尼亚大学伯克利分校和芬伦斯·伯克利实验室的专家测试了 80 多种天然食物，发现所含的天然化学物比人造化学物危险得多。甚至我们通常认为是抗癌佳品的莴苣、芒果等也含有一种以上的致癌物。[②] 美国食品和药物管理局毒理学办公室的罗伯特·肖伯莱思透露，患癌危险 98%以上来自日常饮食如苹果、葡萄、牛奶、马铃薯，天然食品的致癌概率不比食品添加剂以及农药残留的致癌概率低。

食品添加剂有利有弊，是非共在，关键是我们怎样正确认识和规范使用它。现在各国的食品卫生法在肯定食品添加剂“合法地位”同时，还对其使用做出了种种严格规定。凡国家认可的食品添加剂均经过安全评价，若按照国家规范正确使用，食品添加剂的安全是有保障的，可以放心食用。我国出现的一些影响较大的食品事件，即使涉及食品添加剂也是个别食品企业利欲熏心、违背规范所为，无关食品添加剂本身的是非问题，而是食品卫生、食品质量问题。

（三）转基因食品的技术、文化、利益之争

转基因食品（Transgenic Food）是指利用基因工程技术改变基因组构成的

---

① ［英］克莱夫·庞廷：《绿色世界史》，王毅、张学广译，上海人民出版社 2002 年版，第 266 页。

② 刘德明、蔡菊英：《天然食物也未必无害于人体》，《生物学教学》1995 年第 10 期，第 42 页。

动物、植物和微生物生产的食品和食品添加剂(2002 年卫生部第 28 号令《转基因食品卫生管理办法》)。自 1983 年美国研究出世界上第一例转基因作物(抗病毒的转基因烟草),1994 年美国将世界上第一例转基因食品(延迟成熟的转基因番茄)推向市场,转基因作物及其食品迅速发展。但是,伴随转基因食品技术的迅速发展,关于转基因食品的技术、文化利益之争就从未中断。

以人类现有的科学技术水平,我们不能预测转基因食品可能出现的所有表现性状和遗传变异效应,无法断定转基因食品对人类健康的影响。20 世纪 90 年代中期,一家比利时公司——"植物基因工程系统公司"——开发了一种注册为"星联"商标的玉米,这种玉米含有一种新型的苏云金芽孢杆菌毒素——Cry9C(晶体蛋白#9C),这种成分对蚌虫、玉米钻虫、螟蛉、毛虫以及其他害虫的幼虫有显著效果。2001 年 6 月,63 人向食品和药品管理局(FDA, Food and Drug Administration)投诉"星联"玉米致人过敏,具有致命危险。环境保护局经过调查,认为不能排除"星联"玉米致人过敏的可能性。英国的权威科学期刊《自然》刊登美国康乃尔大学教授约翰·罗西的论文指出,蝴蝶幼虫等田间益虫吃了撒有 Bt(苏云金芽孢杆菌, Bacillus thuringiensis)转基因玉米花粉的菜叶后发育不良,而且死亡率极高。丹麦科学家的研究表明,把耐除草剂的转基因油菜籽和杂草一起培育,结果产生了耐除草剂的杂草,这预示通过转基因技术产生的基因可以扩散到自然界中去。美国亚利桑那大学等机构发表的报告指出,一些昆虫吃了抗害虫的转基因农作物不会死亡,因为他们已经从转基因作物那里获得了免疫力。[①] 对于具有特定性状(抗病毒、高产、高质等)转基因农作物的培育以及全世界推广势必威胁生物多样性,破坏生态平衡,也必将影响人类的健康生存。

对于转基因食品的社会评价和接受不仅牵涉科学、技术问题,在其背后还

① 费多益:《转基因:人类能否扮演上帝?》,《自然辩证法研究》2004 年第 1 期,第 13 页。

有深层的社会文化传统影响,受文化信念影响。对于食品的“自然”偏好,是不可能用科学、技术理性分析的。转基因食品与传统食品的最大区别是它打破自然界的物种界限,使得以往自然基因转移或者人工良种培育不可能实现的动物、植物、微生物间的基因转移嫁接成为可能。例如,传统西红柿品种里不会有鱼的基因,但是对于转基因食品来说这不难做到。传统的杂交、育种技术是在同一物种或亲缘种之间的基因转移,经过了几千年的安全考验,人们习惯以“自然”名义接受。转基因食品技术对于基因片段的功能认识更为精确,基因转移的目的更为明确,操作也更为严格、规范,但是技术的先进性不能确保技术的安全性,正是技术风险的不确定性使得转基因食品难以被人们以“自然”的名义接受。而对于某些教徒以及素食主义者来说,一些含有动物基因的蔬菜、水果都是禁忌,是对于宗教信仰和文化信念的挑战。

对于转基因食品,食品产业、政府、消费者团体以及普通民众都是利益相关方,他们之间具有不同的立场、观点是容易理解的。美国联邦政府管理部门希望促进生物技术产业的发展,环境保护局假设动物饲料用的玉米能够与人食用的玉米完全分开,批准“星联”玉米作为动物饲料进入市场。显然,允许饲料用“星联”玉米种植的决定表明环境保护局在一定程度上已经偏向了公司利益。被称为生物技术领域微软公司的孟山都(Monsanto)公司在农业生物技术工业中扮演着不同寻常的积极(或说是攻击性)角色,公司的旗舰产品是除草剂“农达”(Roundup),孟山都公司的科学家们将玉米和大豆进行基因改造以使其能够抗“农达”。如此,购买孟山都公司玉米种子的农民也购买“农达”除草剂,“农达”的年销售额超过位列孟山都公司后 6 家除草剂公司的销售额总和。20 世纪末,孟山都公司看中了一家种子公司的“终结者”技术,企图收购这家公司以全面控制、垄断这项居心叵测的“终结者”技术。所谓“终结者”技术,就是将特定的基因和抗生素抗性基因插入植物基因组中使植物不能繁殖复制,这意味着农民不能收集种子继续种植,他们必须年年购买公司的种子。生物技术公司的研究和作为使我们相信,公司的研究常常是本着公司的自身利益而非社会利益。①

如何面对转基因作物、转基因食品、转基因食品技术,需要我们权衡利弊,考量风险。人类历史上的任何技术都不可能尽善尽美,都给我们带来一定的风险,我们是在承付着各种风险发展、前进的。2000 年《时代周刊》将各国对基因改造食品的态度分为以下几种:允许基因改造成分(阿根廷、中国),谨慎利用基因改造成分(加拿大、美国、印度),十分谨慎利用基因改造成分(巴西、日本),强烈反对使用基因改造成分(英国、法国)。当然,这些国家政策也会随新研究成果出现和国际情势变化而变化。"中国在出台转基因食品管理法规方面已经走在了美国前面,特别是在标签方面。"②通过对转基因食品的标签管理办法,保护消费者的知情权和自由选择权,这是良好的初衷。但是用作配料、饲料的转基因食品将会随着生产链的迁移而扩散,这又使得转基因食品的标签管理难以真正落实、贯彻。转基因食品的评价和管理方法还有这样那样的漏洞和缺陷,还有待进一步研究和完善。但是我们只要想到中国是一个发展中的人口大国,想到世界上还有无数人遭受饥饿的折磨,我们就不能不关注食品技术的发展。同时,食品技术关系人类安全、健康,我们必须唤起公众的关注和参与,对现代食品技术保持必要的警惕和审慎,使食品技术在相对安全的基础上稳步发展。

---

① [美]玛丽恩·内斯特尔:《食品安全》,程池、黄宇彤译,社会科学文献出版社 2004 年版,第 184 页。

② [美]玛丽恩·内斯特尔:《食品安全》,程池、黄宇彤译,社会科学文献出版社 2004 年版,第 2 页。

第三章　技术实践真理的历史发展

实践的社会历史性注定了技术实践真理不再是形而上学的僵死不变，而是直面社会实践现实问题的不断探索，是肯定、否定、否定之否定的不断辩证发展过程。技术实践真理的辩证发展不止于黑格尔意义上的精神发展，更重要的是人们在社会现实问题面前变革自然、社会的技术实践发展。从原始巫术"信以为真"到工业文明、生态文明建设，人类技术实践真理走出了从观念信仰、自然改造到和谐发展的历史进步轨迹。

一、真理研究的历史线索

真理具有不同的历史形式，从古至今差异明显。古代文化中，神谕、卦辞、天启都是不容怀疑的真理。有好事者问"谁是雅典最聪明的人"，德尔斐神谕处（Delphi Oracle）给出答案"苏格拉底是雅典最聪明的人"。苏格拉底不怀疑此说的真实性，只是困惑于神谕为什么这样说，自己因为什么而成为雅典最聪明的人。古希腊时代，虽然已经开启哲学的理性思考，但是神的旨意仍然并行不悖，具有某种真理性。

（一）原始巫术的"信以为真"

原始社会没有"真理"概念，但是原始人信以为真的事情并不少，其信念比我们当今要笃定、坚信得多。原始人的信念不同于哲学视阈下的真理观念,但是可视其为前哲学、前科学阶段的认识沃土,对于拓展真理研究维度和视阈具有启发。

原始人在睡梦中梦到了死人、他人与自己,他在睡梦中厮杀搏斗、喜怒哀乐,他在睡梦中远游打猎,等等,睡梦中的这一切感受确实存在,而自己确实又一直睡在那里,灵魂的意识由此生发。一方面,人有一个肉身,原始人看到了自己的肉身存在,并且每天要艰难地维持肉身存在。另一方面,人有一个可以思考身体存在的不可见灵魂,灵魂虽然不可见但可以感知、推知,它也是我们用以解释世界的方便法门。原始人把自己对于梦境和幻觉的解释加以推广,他们在一切生物身上,在一切自然现象中感知精灵、灵魂和意向。灵与肉、精神与物质的分离与对立,并非始自哲学的思考,而首先是人类的生存状态引发。

享有"人类学之父"之称的英国人类学家爱德华·泰勒在《原始文化》一书中大篇幅阐述"万物有灵观",强调万物有灵观不仅是蒙昧人的哲学基础,同样也是文明民族的哲学基础。"神灵被认为影响或控制着物质世界的现象和人的今生和来世的生活,并且认为神灵和人是相通的,人的一举一动都可以引起神灵高兴或不悦;于是对它们存在的信仰就或早或晚自然地甚至可以说必不可免地导致对它们的实际崇拜或希望得到它们的怜悯。"①这种观念既反映在民间百姓的阴曹地府想象中,也在毕达哥拉斯和柏拉图的哲学中遗存,还一直延续影响现代心灵哲学的争论。

原始文化一方面承认神灵的干预和作用,另一方面肯定事物遵从一定的秩序,通过某些人为的程序和法则可以影响神灵意志,改变自然事物进程。古人信赖、运用巫术影响、改变世界,就如同我们今天倚仗科学技术一样。巫术在今天看来当然不够科学,但是原始哲学、原始科学技术全都涵括其中。英国

---

① [英]爱德华·泰勒:《原始文化》,连树生译,广西师范大学出版社 2005 年版,第 350 页。

人类学家詹姆斯·乔治·弗雷泽分析巫术思想，归纳出贯穿其中的两个原则——相似律和接触律。① 根据相似律，人模仿自然事物，就可以控制自然事物；根据接触律，曾经相互接触物体，即使分开之后也可以相互作用，人与自然事物的相互作用不受时空限制。相似律是对于“联想”的恣意滥用，接触律解决的是事物之间不可见的神秘作用机制。对于这种相互作用机制的强调，弗雷泽把顺势巫术（或称模仿巫术）和接触巫术统称为“交感巫术”。“交感”犹如近代科学中的“以太”假定一样，说明的是事物之间跨越空间的超距作用。

按照模仿巫术原理，制作一个仇人模样的人偶，或者人偶上写上仇人名字，对人偶扎针、迫害就能报复他人甚至取其性命。《红楼梦》中贾宝玉曾为人所害，施行者运用的就是模仿巫术。按照接触巫术原理，对人或者动物的脚印等遗留痕迹施法，就可以作用到人或者动物本身。这也就不难理解，为什么毕达哥拉斯教派信徒恪守信条：睡醒之后一定要抚平床单、去除痕迹。在今天看来，巫术原理的以上运用在理论上是荒谬的，在行动上是无效的。但是，巫术原理背后隐藏的思想基础，即自然事物不仅遵从神意，也是按照一定秩序展开，这是一切科学的共同思想基础，也确定了巫术与科学、技术的近亲关系。

原始社会的每一个人，都或多或少地运用巫术。对于一般百姓来说，巫术是他应付生活的需要；而对于巫师来说，巫术是他的职业责任和权力所在。巫师或者部落首领被认为是具有法力的人神，他们具有超出常人的通神、预知能力，能够施行法术改变、控制事物的实际进程。他们被赋予的超常能力，是他们担当巫师或者部落首领所必需。知识就是力量，或者知识就是权力，在原始社会就已经是社会的通行准则。当然我们可以认为这种巫术不属于知识和能力，但是只要是人们信以为真的东西就会在社会生活中施加影响、发挥作用。巫师就是原始社会的哲学家、科学家，“他们不断提出并检验各种假设，吸收那些当时似乎符合实际的理论而摒弃其他的，就这样，他们进行着缓慢但不断

---

① ［英］詹姆斯·乔治·弗雷泽：《金枝》上册，赵昍译，安徽人民出版社 2012 年版，第 16 页。

接近真理的探索”。①

一方面，原始人信奉巫师、酋长的超常能力，也愿意为此割让权力、供奉牺牲；另一方面，当巫师预言失灵、求雨失败、天灾人祸时，人们也迁怒于巫师、酋长的能力缺失、玩忽职守，巫师、酋长也要为此承担丢失职务乃至性命风险。不能说巫师、酋长缺少追求知识、探索真理的动力，但是在无计可施的利益、风险权衡中，隐瞒和欺诈的存在也是可以想见的。“如果他是诚实的，他可能没有脱身的说辞、辩解的理由，会被那些失望又愤怒的雇主敲碎脑袋；如果他是无赖，那他就会事先准备好一套为失败辩解的理由，用花言巧语为自己脱罪。”②也不能说所有的巫师、酋长都是骗子，巫师本人常常相信自己有超常能力，巫师本人的自信也影响到他周围人的笃信。

原始人看到的世界不同于我们今天看到的世界，今天看来怪诞、荒谬的事件以及鬼神存在，在原始信仰作用下都具有无可怀疑的真实性。“即使对于第一个创造者来说，这种思想只不过是一种生动的幻想，可是当它体现为语言并且家家户户地传播开去之后，它就会迫使听众真诚地相信，能够看到它的形体，任何人都看见过它，他们自己都看见过它。”③带状疱疹是一种癣样的皮肤病，被幻想成缠住腰部的一条蛇，当最终蛇头衔住蛇尾把人死死缠住，人就要失去性命。信仰的力量如此强大，病人不仅能感知有一条蛇紧紧缠住了他，而且能够看到那条蛇甚至用手摸到蛇身上的坚硬鳞片。

每个人对于他们所见鬼神的样子描述大致相同，符合当地通行的地方文化和信仰。在这里我们也用到了“符合”，但显然有别于当今主流真理观的主观与客观相符合。法国社会学家列维-布留尔认为，原始风俗并非是理性的

---

① ［英］詹姆斯·乔治·弗雷泽：《金枝》上册，赵昀译，安徽人民出版社 2012 年版，第 68 页。

② ［英］詹姆斯·乔治·弗雷泽：《金枝》上册，赵昀译，安徽人民出版社 2012 年版，第 50—51 页。

③ ［英］爱德华·泰勒：《原始文化》，连树生译，广西师范大学出版社 2005 年版，第 251 页。

求知产物，而是一种集体情感的诉求和表达。集体表象不是推理的产物，而是信仰的产物，强加到每一个人身上。“这些表象在该集体中是世代相传；它们在集体中的每个成员身上留下深刻的烙印，同时根据不同情况，引起该集体中每个成员对有关客体产生尊敬、恐惧、崇拜等等感情。”①集体表象犹如语言，它先于个体，强加给个体。原始的集体表象难以概述，但是有关“图腾”、“巫术”、“宗教”等诸如此类神秘特征充斥其中。就是在这种原始表象的神秘气氛下，原始人属意我们看不到的东西，确立不相关事物间的相互联系。“原始人的知觉根本上是神秘的，这是因为构成原始人的任何知觉的必不可缺的因素的集体表象具有神秘的性质”。“原始人用与我们相同的眼睛来看，但是用与我们不同的意识来感知。”②

列维-布留尔提出“互渗律”，确立为原始思维的支配性原则。所谓互渗律，即“在原始人的思维的集体表象中，客体、存在物、现象能够以我们不可思议的方式同时是它们自身，又是其他什么东西。它们也以差不多同样不可思议的方式发出和接受那些在它们之外被感觉的、继续留在它们里面的神秘的力量、能力、性质、作用”。③ 原始思维的互渗律，注定了原始思维的逻辑缺失，它还算不得“非逻辑”、“反逻辑”，布留尔称其为“原逻辑”。原逻辑既不规避逻辑矛盾，也不排斥逻辑存在，逻辑与非逻辑可以共存而各显其能。原逻辑思维本质上是综合的思维，但原逻辑的综合思维不同于我们当今的综合思维，它不需要以概念分析、命题判断的逻辑融洽为前提。

以互渗律支配下的集体表象为基础的原始风俗和制度，自有一套自我解释和应对方法。疾病与死亡从不被视作自然现象，而是被理解为来自神秘邪恶力量的妖术作用。治病或者驱妖的方法只能是借助于神秘力量，借助于拥有这种神秘力量的巫医、术士。即使施行饮食、药物、洗浴、放血等疗法，也是

---

① ［法］列维-布留尔：《原始思维》，丁由译，商务印书馆2007年版，第5页。
② ［法］列维-布留尔：《原始思维》，丁由译，商务印书馆2007年版，第35页。
③ ［法］列维-布留尔：《原始思维》，丁由译，商务印书馆2007年版，第69—70页。

因为其神秘力量所在,而非其自然原因和效力。既然所有事情都归结为神秘原因,寻求神秘解答和应对也是合情合理。占卜揭露罪犯,裁判听从神意。罪人有时候是立即执行死刑,有时候是服用一定量的毒药,以接受神意的裁判。服药没死或者服药而亡都被看作神意,殊不知那些准备毒药的人决定了生死存亡。

(二)超世上帝的神圣真理

亚里士多德把宇宙划分为天界(月上世界)和地界(月下世界),天界和地界遵循不同的运动法则。近地的月下世界发生的是自然运动和被迫运动,月亮之上行星保持理想的匀速圆周运动。天界和地界的差异不仅是运动学的,同样也体现在美学、伦理学。天体的运动简洁、完美、永恒,地界的运动则是生灭、受迫、多变;天界更高贵,地界更卑贱。教会承继了亚里士多德的宇宙观,地球虽然居于宇宙中央,但处于宇宙等级系统的最低端。上天完美映衬出地界卑微,"尘世"一词透射出带着高傲神情俯视地球的蔑视。只有天国才配得上真理的高贵,理念的真理只能居住在天上。

此岸世界及其居住其上的人的认识能力、实践水平是有限的、不完满的,所以人们构想出彼岸世界的美好以及上帝的无限万能和圆满。我们缺少什么,我们就幻想什么,用幻想弥补现实的缺陷,不论是地界的缺陷还是人的自身缺陷。相对于地界的缺陷,我们幻想天界的美好;相对于人的自身缺陷,我们幻想上帝的存在。"属神的本质不是别的,正就是属人的本质,或者,说的更好一些,正就是人的本质,而这个本质,突破了个体的、现实的、属肉体的人的局限,被对象化为一个另外的、不同于它的、独自的本质,并作为这样的本质而受到仰望和敬拜。"①

我们常常把理智或者理性与宗教、上帝截然对立起来,惊诧于它们之间的

① [德]费尔巴哈:《基督教的本质》,荣振华译,商务印书馆1984年版,第44页。

差异和不同，忽略了它们之间的内在关联和统一。按照柏拉图所说理念高居于天上，神学、宗教认为神、上帝居住在天堂或者天国，理念、真理和神、上帝享有共同的圣地。“理智由上帝——作为第一原因——之中导引出一切事物，它觉得，如果没有了理智式的原因，那世界就会听任无意义的和无目的的偶然性摆布；换句话说，它只在自身之中，只在自己的本质之中，才找到了世界之根据和目的；只有当它由它自己——一切明白而清晰的概念之源泉——来解释世界之存在时，世界之存在才是明白而显然的。”①上帝是人的本质外化，它应和理智的要求，是最高理性的化身，体现为全知全能的上帝规定。

从现代科学观看来，宗教、上帝学说充斥着太多的非理性，与经验证据、科学实验有太多不相符合地方。“对上帝——至少是宗教之上帝——的信仰，只有当像在怀疑论、泛神论、唯物主义中那样丧失了对人——至少是宗教意义上的人——的信仰时，才会消失。”②理性有多种形态、多种理解，自然理性与宗教理性可以分属不同领域，并行不悖。自然理性可以处置日常生活，通行科学领地；宗教理性归属价值信仰，补充科学不足。日常生活依靠习惯足以应付，我们并不求助于神灵；风险难断、重大抉择之时，理性难以奏效，占卜预测、神灵迷信才会出场。

（三）社会规训的知识强权

传统认识论中，理性与非理性、清醒与疯癫都是截然对立的，我们在理性的清醒中确立、认识非理性的疯癫。如果说尼采在疯癫中道出真理的话，福柯则是在继承尼采主题基础上，追索疯癫的历史起源和社会塑造。疯癫并非天然的疯癫，它是历史与文化的产物，特别是理性和统治的结果。疯癫不是哲学的固有主题，也不能依循病理学的科学成果，因为如此不过是理性的再一次确

① ［德］费尔巴哈：《基督教的本质》，荣振华译，商务印书馆 1984 年版，第 72 页。
② ［德］费尔巴哈：《基督教的本质》，荣振华译，商务印书馆 1984 年版，第 80 页。

认而已。福柯的研究不是正统学术的文献引证,而是知识考古和领地发现。“建构性因素应该是那种将疯癫区分出来的行动,而不是在已经完成区分并恢复了平静后精心阐述的科学。作为起点的应该是造成理性与非理性相互疏离的断裂,由此导致理性对非理性的征服,即理性强行使非理性成为疯癫、犯罪或疾病的真理。”①福柯以历史文化和哲学理性拒斥、遗弃的内容材料为武器,批判西方文化的“求真意志”,揭示知识与权力运作的紧密关系,反思我们知识信念的客观性与真理性。

我们从理性反观非理性和疯癫,非理性和疯癫的荒诞、怪异凸显。我们追索疯癫的历史演变,理性的面貌也在非理性面前映射出来。可以说,不认识非理性和疯癫,就不能正确认识理性和科学。疯癫一直都有,但是古代疯癫并不被认作疾病而被排斥在社会之外,疯癫和社会的某种对话形式一直敞开。疯癫在某种社会文化中,甚至可能成为一种超人的通灵表现和能力,成为受人崇拜和敬仰的对象,正像尼采对于酒神的崇拜一样。“18 世纪末,疯癫被确立为一种精神疾病。这表明了一种对话的破裂,确立了早已存在的分离,并最终抛弃了疯癫与理性用以交流的一切没有固定句法、期期艾艾、支离破碎的语词。精神病学的语言是关于疯癫的理性独白。它仅仅是基于这种沉默才建立起来的。”②当疯癫病人被关进精神病院,以往赋予疯癫的特有神秘和神圣意义荡然无存。疯癫被纳入科学研究对象,成为科学研究的对象客体,科学在对象客体的沉默和被动中得以确保和确立。“自中世纪初以来,欧洲人与他们不加区分地称之为疯癫、痴呆或精神错乱的东西有某种关系。也许,正是由于这种模糊不清的存在,西方的理性才达到了一定的深度。正如‘张狂’的威胁在某种程度上促成了苏格拉底式理性者的‘明智’。总之,理性—疯癫关系构成了

① [法]米歇尔·福柯:《疯癫与文明》,刘北成、杨远婴译,生活·读书·新知三联书店 2012 年版,第 2 页。

② [法]米歇尔·福柯:《疯癫与文明》,刘北成、杨远婴译,生活·读书·新知三联书店 2012 年版,第 2—3 页。

西方文化的一个独特向度。”①福柯不但看到了理智对于疯癫的排斥和压制，也看到了疯癫反哺西方理性的作用，疯癫和理性、文明具有矛盾冲突、相互纠结、互动共生关系。

不仅疯癫是理性知识的权力产物，理性知识也无法逃脱权力的操控。但是理性知识毕竟不同于疯癫，理性知识可以充当权力的同谋和帮佣，疯癫只能被权力排斥和否定。福柯在《主体和权力》一文中，开篇标题提出的问题就是“为什么研究权力：主体问题”，明确把主体问题作为他研究的最根本核心问题。主体问题就是苏格拉底所谓“认识你自己”问题，就是康德在《什么是启蒙》中所言“我们是什么”问题，就是我们如何使我们成为我们自己、成为主体的问题。主体问题不仅是哲学理论问题，也是需要我们直面的最重要现实问题。“权力形式一旦在日常生活中直接运作，就会对个体进行归类。在他身上添加身份，施加一套真理法则，这样，他本人和其他人都能借此认出自己。正是权力形式，使得个体成为主体。‘主体’一词在此有双重意义：凭借控制和依顺而屈从于他人；通过良心和自我认知而束缚于他自身的认同。两个意义都表明权力形式的征服性。”②福柯基于主体问题的权力研究，不是着眼于国家权力、阶级压迫这样的宏大叙事，而是通过具体、细微的社会机制梳理和解剖，展示出福柯研究不同常人的独到之处。

福柯的研究不是某种理论原则的自我规划，而是对于具体历史进程的原始追踪，对于权力运作进行发生学式的探究。在《词与物》一书中，他考察了人的知识视野获得，人如何成为知识主体和客体；在《疯癫与文明》一书中，他考察了权力制造出疯癫的知识，疯癫知识反过来强化权力统治。在《规训与惩罚》(*Discipline and Punish*)书名中，discipline 一词有纪律、训诫、矫正、训练、

---

① ［法］米歇尔·福柯：《疯癫与文明》，刘北成、杨远婴译，生活·读书·新知三联书店2012年版，第3页。

② ［法］米歇尔·福柯：《福柯文选》第3卷，张凯等译，北京大学出版社2016年版，第114页。

教育多种含义,标示出权力不仅是规训肉体的技术手段,也是知识产生、制造的手段和机制。《规训与惩罚》还有一个副标题——监狱的诞生,好像研究针对罪犯以及全景敞视监狱,但实质上福柯所指要广泛得多,包括军营、学校、医院、工厂等社会机构组织。规训与惩罚不仅针对罪犯,它是主体塑造的广泛主题,牵涉每一个人。在主体塑造这个目标上,军营、医院、学校、工厂同监狱一样承担同样的使命和任务。福柯提升边沁的全景敞视建筑到全景敞视主义,赋予其多重功能和意义。"它可以用于改造犯人,但也可以用于医治病人、教育学生、禁闭疯人、监督工人、强制乞丐和游惰者劳动。它是一种在空间中安置肉体、根据相互关系分布人员、按等级体系组织人员、安排权力的中心点和渠道、确定权力干预的手段与方式的榜样。"①

边沁(Bentham,1748—1832)是英国功利主义思想家,提倡监狱改良,首创全景式敞式监狱(panopticon)构想。但边沁认为这种建筑不仅适用于监狱,可广泛推广应用于监视、安置、控制的各种场合。这种建筑构想的基本格局就是四周环形建筑,中心是一座瞭望塔。环形建筑是一圈环形排列囚室,囚室的两个相对窗户使光线贯穿囚室,从瞭望塔可以看到囚室内的一切活动。瞭望塔的观察窗都装上软百叶窗,方便瞭望塔的对外观察,而囚犯却无法看到瞭望塔内的活动。在此,监视与被监视分割设置,我观察你而你却不能观察我。边沁的全景式敞式建筑改变以往黑暗牢房为光线通亮,它既提升了犯人的囚室环境也更有效地管控犯人,可说是更为功利也更为科学。此处所说的"科学"不是说公平、正义,而是说更为"合理",更容易在改良、进步指向下为社会所接受、认可。"应该说,个人被按照一种完整的关于力量与肉体的技术而小心地编织在社会秩序中。我们远不是我们自认为的那种希腊人。我们不是置身于圆形竞技场中,也不是在舞台上,而是处于全景敞式机器中,受到其权利效

---

① [法]米歇尔·福柯:《规训与惩罚》,刘北成、杨远婴译,生活·读书·新知三联书店2003年版,第231页。

应的干预。这是我们自己造成的,因为我们是其机制的一部分。”①以往用于社会边缘人群的隔离、封闭规训,到 17—18 世纪逐渐走向全景敞式主义规训机制,后者不是取代而是渗透各种规训方式,借助社会微观权力运作和实施,普遍化的规训社会形成。

《规训与惩罚》的主旨就是从对于犯罪的肉体惩罚走向主体规训,从事后的肉体摧残与剥夺走向全面的预防性教育劝导、制度强制。犯罪惩罚已经不是主要目的,预防、震慑、防范犯罪更有社会意义,司法也将更人性、更文明。“由于有了这种新的限制,刽子手这种痛苦的直接制造者被一个技术人员大军所取代。他们包括监狱看守、医生、牧师、精神病专家、心理学家、教育学家等。他们接近犯人,高唱法律所需要的赞歌。他们反复断言,肉体和痛苦不是法律惩罚行动的最终目标。今天,医生会照顾死刑犯,直至最后一刻。他们作为慈善事业的代表和痛苦的抚慰者与那些执行死刑的人共同工作。”②惩罚的着力点不再固执于肉体,而是转向精神和灵魂。这既不是社会的人性唤醒,也不是社会的良心发现,而是从惩罚到规训的社会技术开启。“在分析惩罚方式时不只是将它们视为立法的后果或社会结构的表征,而是视为在其他行使权力方式的更普遍领域里具有自身特色的技术。这样也就是把惩罚视为一种政治策略。”③惩罚对象、惩罚策略的变革需要科学技术和法律政治的联体运作,是政治与科学、权力与技术的合谋结果。“一整套知识、技术和‘科学’话语已经形成,并且与惩罚权力的实践愈益纠缠在一起。”④

---

① ［法］米歇尔·福柯:《规训与惩罚》,刘北成、杨远婴译,生活·读书·新知三联书店 2003 年版,第 243 页。

② ［法］米歇尔·福柯:《规训与惩罚》,刘北成、杨远婴译,生活·读书·新知三联书店 2003 年版,第 12 页。

③ ［法］米歇尔·福柯:《规训与惩罚》,刘北成、杨远婴译,生活·读书·新知三联书店 2003 年版,第 25 页。

④ ［法］米歇尔·福柯:《规训与惩罚》,刘北成、杨远婴译,生活·读书·新知三联书店 2003 年版,第 24 页。

二、理论异化的实证反叛

对于某一正确的认识,我们一般不用“真理”称呼,“真理”常常是在真理理论语境下的称谓。真理探讨起源于古代哲人的“理性”思考,当认识、观念成为人们思考、反思对象,正确认识成为人们有意的努力追求,真理脱离生活世界的理论探讨及其异化进程就开始了。实证主义可以看作是对于理论异化的某种反叛,但是它最终未能完成这一任务,不过是走上了理论“科学化”的严格限定道路。

(一)前苏格拉底的本源真理

亚里士多德说“所有人在本性上都愿求知”,但是求知与“知”的反思还是有所不同。原始人有丰富的狩猎经验和知识,但是很难说有明确的真理观念。古希腊哲学第一人泰勒斯摆脱世界的神话解释,提出世界的“水”本源说,从自然本身来寻求世界、事物起源解释,这可说是对于世界秩序、规则的遵循和追求,但还不足以构成知识反思和真理发生。“在伊奥尼亚,不存在那种特别闲暇的人(祭司和贵族)。即使是泰勒斯,也从事过多种工作,从技术者到政治家。他的认识,总是‘实践性’的。例如,伊奥尼亚人从亚细亚那里接受了天文学,但却没有接受占星术;接受了诸神,但没有接受超越性的神的观念。”①在伊奥尼亚,没有专制统治和官僚制度,也不承认神官、祭司的超越性地位。

不同于伊奥尼亚的肯定劳动、看重技术,雅典人蔑视手工劳动,开辟奴隶制社会的不同知识道路。毕达哥拉斯无论他是否把“数”作为世界本源,仅就他把“数”作为核心概念提出,就具有不同于泰勒斯“水”本源说的重要哲学意

① [日]柄谷行人:《哲学的起源》,潘世圣译,中央编译出版社 2015 年版,第 81 页。

义。不再把世界本源归结为有形事物而是无形抽象的“数”，说明世界解释方式开始转向自然世界背后的抽象原因。毕达哥拉斯“数”的思想提出，与其说是他对于琴弦长度与音调高低之间相关联的发现，不如说实质上是古代哲人的思维抽象化发展表现。

把思想观念与现实世界相对照，在现实世界的超脱中构建思想观念的世界，这可说是形而上学真理观念的起点。“第欧根尼·拉尔修说，第一个使用哲学（对智慧的爱）这一用语，并称自己为哲学家（热爱智慧的人），就是毕达哥拉斯。”①基于泰勒斯的“水本原说”，人们常说泰勒斯是哲学第一人；毕达哥拉斯首次使用“哲学家”称呼自己，乃是基于他的数学发现、“和谐”信念。“在伊奥尼亚，由泰勒斯等人的推动和努力而发展起来的数学，没有那些神秘要素，是一门实用性学问……可是，对于离开伊奥尼亚以后的毕达哥拉斯来说，数学渐渐失去具体实践性，并被神秘化。”②毕达哥拉斯不同于以往那些主张轮回转生、灵魂不灭的二重世界观，他主张的是感性、理性二分的二重世界。这既是对伊奥尼亚自然哲学的沿袭，也是对伊奥尼亚自然哲学的根本否定，因为他把理性的数视为实在，主张数是万物的本源。摒弃伊奥尼亚自然哲学的运动物质本源，追寻世界的数学关系实在，由此产生了不同于感性世界的静止不变的知识观念。“数是一种‘关系’，它的存在不同于个别物体的存在。然而，视关系为实在，把关系看作为万物的原始物质，也就是把观念论的实在当作真实的实在。在毕达哥拉斯那里，伊奥尼亚的自然哲学实际上已经转化为观念论哲学。”③观念具有超脱现实变化发展的确定性，对于观念的把握相较于现实的掌控更容易，但也具有观念原则的保守和僵死。毕达哥拉斯从琴弦、音节中窥见比例，从和弦、和声中发现“和谐”，和谐比例成为他固守的信仰、信念。毕达哥拉斯拘泥于整数，阻断了代数学的发展路径。“因为数目 10 被

---

① ［日］柄谷行人：《哲学的起源》，潘世圣译，中央编译出版社 2015 年版，第 106—107 页。
② ［日］柄谷行人：《哲学的起源》，潘世圣译，中央编译出版社 2015 年版，第 117 页。
③ ［日］柄谷行人：《哲学的起源》，潘世圣译，中央编译出版社 2015 年版，第 120 页。

认为是完善的并包含着数的全部本性,所以他们说在天空运行的天体也是十个;但是可见到的天体只有九个,为了弥合这一点,他们发明了第十个——即'对地'。"①

赫拉克利特以"火"为世界本源,象征无物常在、一切皆变,最为人们所熟知的就是他"人不能两次踏进同一条河流"的名言。"变化"是自然世界的普遍、明显现象,在赫拉克利特之前其他智者持有同样的"变化"观点也在情理之中。"但是,对他来说,正是内在于变化之中的尺度,持存于变化始终并且控制变化的稳定性这个补充性的观念,才是具有根本意义的。"②"λ όγος"是赫拉克利特提出的重要概念,可音译为"逻各斯"(logos),其原义是言说、话语,转义为逻辑、理性、规律。依照赫拉克利特所言,智慧在于理解世界如何运行——这不管怎样都意味着理解神圣的逻各斯。③ 赫拉克利特区分直观世界与潜藏规则的不同,强调事物的统一性隐藏于表面之下,"自然喜欢隐藏"。但是赫拉克利特坚持世界与人的统一性,逻各斯对于世界和人同样有效;人是世界的一部分,因而也能认识和理解逻各斯。逻各斯在赫拉克利特的残篇中没有详尽论述,不可能形成理论,但确是开启真理研究的重要概念,对于后世认识论、真理理论乃至整个哲学发展都具有重要影响作用。

对于巴门尼德哲学,人们的看法不尽相同。常见观点就是,巴门尼德坚持存在是一,其弟子芝诺为其老师辩护,论证飞矢不动、阿基里斯追不上乌龟,给人们留下强烈印象就是巴门尼德学派否定变化和运动。但是,日本学者柄谷行人却持有相反意见:"巴门尼德所否定的,是毕达哥拉斯所鼓吹的事后观点。持事后观点,可以把运动看成是数和点的合成,换言之,连续的线可以分割为数和点,数和点也可以构成连续的东西。而巴门尼德则主张运动不可分

① [古希腊]亚里士多德:《形而上学》,李真译,上海世纪出版集团2005年版,第28页。

② [英]G. S. 基尔克等:《前苏格拉底哲学家》,聂敏里译,华东师范大学出版社2014年版,第276页。

③ [英]G. S. 基尔克等:《前苏格拉底哲学家》,聂敏里译,华东师范大学出版社2014年版,第302页。

割,运动即'一'。他试图用间接证明的方法来显示这一点,他的弟子芝诺也使用了相同的方法。"[①]针对毕达哥拉斯的静止世界,如果说赫拉克利特是直截了当以"万物皆变"加以反驳的话,那么巴门尼德就是用反证的间接证明方法宣告毕达格拉斯的荒谬。

在此不再考证巴门尼德哲学的本义,仅就其留给后世哲学的深远影响而论。哲学史的主流观点认为,"巴门尼德的形而上学和认识论没有为诸如他的伊奥尼亚前辈所曾经构造过的宇宙论留有任何余地,也确实没有为任何根本的对我们的感官向我们揭示的世界的信仰留有空间"。[②] 我们不好揣测巴门尼德,只能依据其著作残篇。在《论自然》中巴门尼德告诫:"要使你的思想远离这种研究途径,别让习惯用经验的力量把你逼上这条路,只是以茫然的眼睛、轰鸣的耳朵或舌头为准绳,而要用你的理智来解决纷争的辩论。"[③]巴门尼德的论证简要如下:若"存在"变化,它将变成"非存在";非存在不存在,故存在不变。巴门尼德给后人留下印象的不是他对于外界世界的言说,而是其对于"存在是一"的强力证明,严格演绎推理的逻辑力量深入人心。

思维与存在的同一性,被归结为巴门尼德思想。思维与存在的同一性这不是问题的关键,关键在于思维与存在哪一个才是更为基本的,思维与存在的同一、统一最终是归结到思维还是存在。巴门尼德著作残篇语焉不详,多有歧义,但是根据其对于理性的看重和逻辑论证方法的推崇运用,一般认为巴门尼德看重思维的优越性,持有思维决定存在的观念论。巴门尼德区分真理之路与意见之路,宣讲"可以言说、可以思议者存在,因为它存在是可能的,而不存在者存在是不可能的。这就是我教你牢记在心的。这就是我吩咐你注意的第

---

① [日]柄谷行人:《哲学的起源》,潘世圣译,中央编译出版社 2015 年版,第 142 页。

② [英]G. S. 基尔克等:《前苏格拉底哲学家》,聂敏里译,华东师范大学出版社 2014 年版,第 368 页。

③ 北京大学哲学系外国哲学史教研室编译:《西方哲学原著选读》上卷,商务印书馆 1999 年版,第 31 页。

一条研究途径”。[1] 巴门尼德推崇可以言说、表达的不变存在之真理路径，否弃无物常驻、万物皆流感官现象世界的意见之路，

（二）雅典时期的形而上学真理

苏格拉底述而不作，他的思想大多经由其弟子柏拉图著作流传，但是其中有多少是苏格拉底本人观点也难以确定。但是，苏格拉底喜欢在集市、广场与人探讨、论辩应该是可信的，这就是我们常说的苏格拉底“问答法”。苏格拉底善于对于人们习以为常、津津乐道的惯常知识发起挑战，在他的一再追问之下人们发现自己并不清楚他们讨论话题的含义。苏格拉底不问“什么东西是美的”，而是追问“美本身是什么”。苏格拉底追问事物“是什么”的本质规定，他要厘清“定义”或“概念”。“对于苏格拉底来说试图寻求一个事物是什么，这是很自然的。因为他寻求逻辑的推论，而所有逻辑推论的出发点就是一个事物是什么。”[2]

苏格拉底发现、运用归纳论证和一般定义方法，但是他并没有把个别和一般、个体与共相分离、对立起来。普遍定义可能激发了后来的理念论，但是分离问题只是在理念论中才成为问题，苏格拉底的普遍定义还是扎根在此岸现实世界而非彼岸天国世界之中。苏格拉底追求真理，但是真理也不一定要经由论证得到。“尼采大胆地批评被誉为哲学的守护神和烈士的苏格拉底，批评苏格拉底对定义和证明的爱不成比例，让他对推理的爱超过了其他一切，没有考虑到还有一些东西不需要定义，也不能被理性地证明。我们用其他方式‘指导’它们。”[3]

海德格尔认为形而上学自柏拉图始，怀特海讲西方哲学都是为柏拉图哲

① 北京大学哲学系外国哲学史教研室编译:《西方哲学原著选读》上卷，商务印书馆 1999 年版，第 31—32 页。

② [古希腊]亚里士多德:《形而上学》，李真译，上海世纪出版集团 2005 年版，第 398 页。

③ [美]约翰·D.卡普托:《真理》，贝小戎译，上海文艺出版社 2016 年版，第 26 页。

学作注脚，可以说柏拉图开创并决定了西方哲学史路向。柏拉图以前的各种哲学思想流派都没有建立起完整、深入的思想体系，柏拉图综合前人思想，构建起他自己的哲学思想体系。“柏拉图同意智者的意见，认为不可能有（关于现象的）知识，同意苏格拉底的意见，认为真知永远是关于概念的知识；同意赫拉克利特的意见，认为（现象）世界经常变化；同意埃利亚学派的意见，认为（理念）世界是不变的……同意几乎所有的希腊思想家的意见，认为归根到底，宇宙是有理性的……”①当然，柏拉图思想中最重要的还是他的“理念”论和“模仿”说，他否弃感觉经验认识基础，把真知识、真理确立在彼岸的理念世界王国。

柏拉图继承前人哲学思想这不是主要的，重要的是他把前人的观念论推向极端。柏拉图继承了毕达格拉斯学派的数本源思想，这可以从柏拉图学院门楣上镌刻的“不懂数学者莫入”看得清楚。“数”不存在于自然世界，是一个超越现实的抽象思维结果，在柏拉图看来这种抽象思维是哲学学习、研究的必要前提、基础。毕达哥拉斯基于“数”对现实世界思考，感觉经验世界与理智抽象世界还是结合在一起的；但是，对于柏拉图而言，意识（理念）脱离感性世界而存在，二者是分离的。苏格拉底是柏拉图的老师，批判柏拉图者多攻击苏格拉底，但苏格拉底和其弟子柏拉图还是有很大不同。苏格拉底“心目中的目标不是建立一个哲学体系，而是激发人们爱真理和德性，帮助他们做正确的思维，以便他们过正当的生活。他的目的是实际的而不是玄想的。他对取得知识的正确方法，比对这种方法的理论或方法论更感兴趣。他根本没有提出一种理论，而是实践一种方法，在生活中体现它，而且以身作则教诲别人来遵循它”。②

亚里士多德所言“我爱我师，我更爱真理”，让人们更多地记住了他们之间哲学思想的不同，疏忽了他们之间在根本原则上的一致。“亚里士多德保

① ［美］梯利：《西方哲学史》，葛力译，商务印书馆2000年版，第67页。
② ［美］梯利：《西方哲学史》，葛力译，商务印书馆2000年版，第51—52页。

留了那些不变的永恒的形式、他老师的唯心主义原则，但他排除了它们的超验性。可以说他把那些原则由上天降到人间。形式不脱离事物，而在事物以内；不是超验的，而是内在的。”①亚里士多德不是要捣毁柏拉图的唯心主义哲学大厦，而是要解决它理念与现实相分离、个别与一般的对立问题，亚里士多德与柏拉图之间的相同点要远大于他们之间的不同点。“亚里士多德接受了他老师的唯心主义和目的论的前提，宇宙是一个理想的世界，一个相互关联的有机的整体，一个永恒不变的理念或形式的体系。这是事物终极的本质和原因，是使事物所以成为现在那种样子的指导力量或目的。”②亚里士多德的形式、目的、实现或者至善等，每一个都投射出柏拉图的理念影子。可以说，苏格拉底、柏拉图、亚里士多德三人思想各有不同，但是共同框定了后世形而上学的基本原则和样貌，真理被高置于彼岸的理念世界王国，走上了理论构架的论证道路。

（三）实证主义的理论反叛

中世纪宽泛地讲从公元200年到公元1700年，严格地讲从公元5世纪到15世纪，至少有1000年的历史。讲到中世纪，一般冠以“黑暗的”限定；哲学史讲到中世纪，常常是略过或者匆匆带过，从古希腊直奔文艺复兴。但是历史不容割断和抹杀，中世纪并不像我们想象的那样黑暗，至少带给我们大学和议会制度，近代科学也是从中世纪的土壤上萌生。

中世纪的自由七艺包括语词技艺（语法、修辞和逻辑）和数学技艺（算术、音乐、几何学和天文学），自由七艺深远地影响了整个中世纪的教育与学术。中世纪教育中最重要的是修辞和理性主义影响，理性主义是贯穿古希腊和中世纪的不变信念。中世纪早期，自由技艺本身的教育还占有一定地位，而后越发沦落成为预备教育，作为研习哲学、神学特别是《圣经》的工具。怀特海在

① ［美］梯利：《西方哲学史》，葛力译，商务印书馆2000年版，第78页。
② ［美］梯利：《西方哲学史》，葛力译，商务印书馆2000年版，第82页。

《科学的起源》一书中讲,“我们只要稍微提一句,就能说明经院逻辑与经院神学长期统治的结果如何把严格肯定的思想习惯深深地种在欧洲人的心中了。这种习惯在经院哲学被否定以后仍然一直流传下来。这就是寻求严格的论点,并在找到之后坚持这种论点的可贵习惯”。[①]

中世纪讲求信仰,但是信仰追求也不能无视理性;特别是到了经院哲学时期,理性与信仰的调和愈加明显。阿奎那是亚里士多德的崇拜者,在他职业生涯晚年没有任何教学要求前提下,他还决定为亚里士多德主要作品撰写详尽的逐句讲解。但是,除了哲学真理之外还需要有神学真理,“阿奎那的贡献明显区分了知识和信念。他比以往任何一位先贤都更加强调地指出,基督徒理解三位一体的神秘性不是知识或理解的问题,而是信仰的问题”。[②] 阿奎那是一个擅长平衡的哲学家,他使基督教义与亚里士多德主义得以综合,用理性论证方法给出上帝存在的五种证明。阿奎那一方面承认理性的认识作用,另一方面确立上帝启示的优先性、指导性。阿奎那强调:“神学可能凭借哲学来发挥,但不是非要它不可,而是借它来把自己的义理讲得更清楚些。因为神学的原理不是从其他科学来的,而是凭启示直接从上帝来的。所以,它不是把其他科学作为它的上级长官而依赖,而是把它们看成它的下级和奴仆来使用……”[③]

13 世纪基督教达到了它的顶峰,神学、形而上学的空虚论证走向成熟,也走向了没落。在其内部,一种实证主义的思想根苗正在孕育。“‘实证的哲学’一词是由奥古斯丁·孔德创造的,并以更简短的形式——‘实证主义’一直沿用到现在。”[④]实证主义难以界定,但其最大特征就是反对形而上学绝对

---

① [英]怀特海:《科学与近代世界》,何钦译,商务印书馆 1989 年版,第 12 页。

② [英]安东尼·肯尼:《牛津西方哲学史》第二卷,袁宪军译,吉林出版集团有限责任公司 2010 年版,第 191—192 页。

③ 北京大学哲学系外国哲学史教研室编译:《西方哲学原著选读》上卷,商务印书馆 1999 年版,第 261 页。

④ [波兰]莱泽克·科拉科夫斯基:《理性的异化——实证主义思想史》,张彤译,黑龙江大学出版社 2011 年版,第 1 页。

本质和超验规律的玄虚和空洞，这可以通过对各种各样反形而上学思想把握。

11世纪末唯名论思想首度出现，随后成为批判神学的重要工具，但还没有与未来科学规划相联系。13世纪的牛津方济会的修道士罗吉尔·培根常常被看作是17世纪与他同姓的弗朗西斯·培根倡导实验意义的先驱；正像弗朗西斯·培根揭露“四假象说”，罗吉尔·培根批判盲从权威、盲目习惯、普遍偏见以及自命不凡四种错误根源。罗吉尔·培根分析亚里士多德方法时指出：“亚里士多德关于证明乃是使我们得以认识的推理一说，要加上一个但书才能理解，即证明总得伴有与它相应的经验，单纯的证明是不可能理解的。”①当然，作为一名修道士，罗吉尔·培根的“经验”不仅有科学实验的经验，也包含宗教的神秘体验。

威廉·奥卡姆，他的姓取自他的出生地萨里郡的奥卡姆(Ockham in Surrey)，所以也有奥卡姆的威廉或者奥康的威廉称呼。威廉·奥卡姆抨击以阿奎那和司各脱为代表的经院哲学传统，作为中世纪最后一位重要哲学家终结了中世纪哲学。奥卡姆因其彻底的唯名论获得哲学声誉，“如无必要，勿增实体”的“奥卡姆剃刀”享誉后世。“奥卡姆的思想旨在将所有在实际经验中没有对应物的概念驱逐出哲学之外，并且进而支持一种作为能被经验所证实的全部事实的总和的知识概念。”②奥卡姆认为宗教真理它既不能证实也不必证实，因为它只是作为信仰对象而存在。奥卡姆的唯名论有助于世俗知识与宗教生活的相互分离原则，对于科学知识以及世俗生活摆脱教会统治，乃至脱离教会控制的民族国家形成具有重要意义。

中世纪哲学家在传统设定界限内传播知识文献，其中可能会作出自己的某些思想改进。笛卡尔是一位彻底革新的哲学家，从古代哲学的本体论探究

① 北京大学哲学系外国哲学史教研室编译：《西方哲学原著选读》上卷，商务印书馆1999年版，第288页。

② ［波兰］莱泽克·科拉科夫斯基：《理性的异化——实证主义思想史》，张彤译，黑龙江大学出版社2011年版，第13页。

转向近代哲学的认识论传统。笛卡尔相信实验不相信传统知识，与这两者相比他更相信自己的哲学反思。尽管笛卡尔仍然保留实体概念，但是他的实体褪去了神秘形式描述特征，物质实体不过是广延，心灵实体不外是思维。笛卡尔注重事物外在的观察性质，还要克服感官经验的不确定性，他追求并非纯粹分析的绝对必然性真理。笛卡尔相信，我们能够借助非经验的分析，达到事实上发生什么而且必然发生什么的知识。笛卡尔的哲学兴趣与实证主义知识方案相对立，上帝、创造物、灵魂不朽等形而上学问题在他的哲学中占据重要地位，不是被看作纯粹信仰的对象而是最重要的"理性"论证对象。笛卡尔把形而上学比作知识这棵大树的树根，这是其严格确定性知识要求为自己设定的陷阱。

一般的常识理解中，喜欢把唯理论归结到唯心论，把经验论归结到唯物论，但这是经不起推敲的。经验强调的不一定是外界物质经验，可能是内在的感觉经验，如经验论者贝克莱就是一个观念论者。贝克莱认同的是现象世界而非现实世界，他的现象世界是一个感知的观念世界，从现象世界不能推定外在物质现实世界存在。不承认现象背后的潜存实在，一切皆为现象，这就是"现象学"的主张，而这个词直到19世纪才被创造出来。在某种意义上来说，贝克莱也可被称为现象主义者，现象主义者对于神学、形而上学来说是个异类。贝克莱的哲学目的在于清除认知中难以确证东西，我们可以承认感觉观念的存在，但不需要隐藏在现象背后的物质基质假定。但是，贝克莱的经验主义和实证主义并没有贯彻到底，对于上帝的盲信和物质的否定难以立论。

实证主义在中世纪的唯名论中就有其思想萌芽，但休谟是严格意义上的实证主义哲学家，不愧实证主义之父称呼。休谟将经验主义原则贯彻到底，不仅摧毁了形而上学的信念、方法，也断送了确定性知识的可能性。知性活动或涉及观念关系或涉及事实问题，分别对应数学命题与事实判断。数学命题因其从不证自明的公理推论而出，具有数学确定性但与事实的关联成为问题。事实判断基于个别的具体事例观察，但是事实如此发生的普遍必然性、确定性成为问题。因果关系原理试图把实在性与必然性相结合,但是我们能够观察到的只是一件一件具体事例,永远不会观察到各种事件之间的相互关系,所谓因果关系不过是我们对于前后相继事件的习惯性联想而已。事物之间的因果必然关系只存在于我们的头脑,并不存在于事物本身。

我们观察到某些事物特性或者说具有某种观念,常常把其归结为某种"基质"或者"本体",而对此又无所说明。休谟不但反对"本体",也反对个别感知背后的"自我"。"修谟的著作中包含了对宗教信仰的非常广泛的批判,在这里,指出其不仅反对关于上帝存在的所有先验证明,而且反对以因果关系或自然界理性秩序的存在为基础的所有论证就足够了。"①宗教的"上帝"、知识的"归纳方法"以及科学的"因果关系",都在休谟的怀疑、批判、否定之列。对于知识的确定性追求,得到的是一个否定性答案。彻底的经验主义没有导向彻底的怀疑主义,这是因为休谟认识到比推理原则更强的是习俗或习惯自然法则,正是习俗而非理性成为人类生活的伟大向导。在休谟的批判下,知识的认知价值荡然无存,剩下的只是知识的实用意义,这一点在后续实证主义中不断被提起。

孔德发明了"实证主义"这个词,而且自认为是一位实证主义者。孔德的知识论、科学观,要放在其人生观、社会观、历史观大背景下理解。孔德持有历史进步观,进步的关键在于人类思维方式的转变。第一阶段可称为神学阶段,自然过程经由人们自己头脑中构想出来的"神"的掌管得到解释;第二阶段可称为形而上学阶段,在这一阶段仍然追问事物的本质,凭借创造某些形而上学概念取代超自然解释;第三阶段为实证阶段,在这一阶段不再追问事物现象背后的隐藏本质,而是利用观察、实验和计算把握事物的现象和过程。正像牛顿给出了万有引力定律,但对于引力的本质原因以及传播机制,牛顿"不作假设"解释。孔德把他的科学概念体系限定在现象规律解释,而非事物本质原

① [波兰]莱泽克·科拉科夫斯基:《理性的异化——实证主义思想史》,张彤译,黑龙江大学出版社2011年版,第34页。

因的追问,理性开始为自己划界。孔德提出,我们的实证研究应该“放弃探求其最早来源和终极目的,不仅如此,而且还应该领会到,这种对现象的研究,不能成为任何绝对的东西,而应该始终与我们的身体结构、我们的状况息息相关”。① 孔德对于人类思维方式、认识阶段的划分未必完美,但毕竟人类理性的自我反省和批判已经开启,人类认识与自身存在的身体结构联系开始关注。

康德的知识观反对唯理论,主张经验提供知识材料;反对经验论,主张经验材料必须经由先天认识形式整理。康德调和唯理论和经验论,知识内容是经验的,形式是先天的。像哥白尼天文学革命,康德变“知识符合对象”为“对象符合知识”,人为自然立法。事物被划分为我们所认识的“表现”,以及认识之外的“事物自身”、“物自体”、“自在之物”。通过对知识的消极限制,为道德信仰留下地盘,因为实践理性或道德意志乃是以自由为前提的。康德的革命在于,一方面通过主体先天认识形式来确立科学知识的普遍必然性,另一方面通过对科学认识能力的限制为自由、道德开辟道路。康德认识到,是道德而非知识体现人的价值和尊严,形而上学的意义不在科学知识而在道德自由。康德对于理论理性和科学知识有效使用范围的限制,不但是对于科学理性的限制也为其合理运用提供启示。

(四)真理探求的科学与哲学关系

“真理”这一称谓可以在科学与哲学两种语境使用,科学真理与哲学真理虽然“家族相似”但也不尽相同。以哲学取代科学显然过时,把哲学作为严格科学建设也未必可行。科学与哲学原本一家,它们的共同基础就是面对外界自然挑战的人类生存实践。科学与哲学彼此互动携手共进,可望在历史实践发展中达成马克思一门“人的科学”愿景。

古希腊的自然哲学不仅是古代希腊哲学的发端,也是整个西方哲学的根

① [法]奥古斯丁·孔德:《论实证精神》,黄建华译,商务印书馆2011年版,第11页。

基。自然哲学在西方哲学史上之所以被冠以“自然哲学”，是因为古希腊的哲学家们一开始就以自我生生不息的自然、世界、宇宙为思考对象。如哲学第一人泰勒斯提出世界的“水本原说”，阿那克西美尼提出“气本原说”，赫拉克利特提出“火本原说”。但是，自然哲学家的自然思考限于当时的生产实践和认识能力限制，他们提出的自然解释充满了主观的臆想、猜测。当“水”、“火”不容的矛盾观点先后出现，对于自然哲学家的哲学质疑就不可避免了。巴门尼德抛弃了以往自然哲学家感性直观的本原探索，转向理性思辨和逻辑论辩把握的“是者”。苏格拉底明确提出“认识你自己”，开创伦理学道路，标志着古代自然哲学转向。

自然哲学的思辨特征，以臆想的联系代替科学的分析，相较于 17—18 世纪的形而上学而言，这既是它的优点也是它的缺点。“在希腊人那里——正是因为他们还没有进步到对自然界进行解剖、分析——自然界还被当作整体，从总体上来进行观察。自然现象的总的联系还没有在细节上得到证明，这种联系在希腊人那里是直接观察的结果。这是希腊哲学的缺陷所在，由于这种缺陷，它后来不得不向其他的观点让步。然而这也正是希腊哲学要比它以后的所有形而上学对手更高明之处。如果说，形而上学同希腊人相比在细节上是正确的，那么，希腊人同形而上学相比则在总体上是正确的。”①

自然哲学面对自然的哲学思考，当然不能代替自然的科学探索，当自然科学日益从哲学中独立出来，任何复兴古代自然哲学的努力皆是枉然。“由于这三大发现和自然科学的其他巨大进步，我们现在不仅能够说明自然界中各个领域内的过程之间的联系，而且总的说来也能说明各个领域之间的联系了，这样，我们就能够依靠经验自然科学本身所提供的事实，以近乎系统的形式描绘出一幅自然界联系的清晰图画。描绘这样一幅总的图画，在以前是所谓自然哲学的任务。”②在这里，我们能够清楚地看到一种自然观的历史转变，由于

① 恩格斯：《自然辩证法》，人民出版社 2015 年版，第 45 页。

② 《马克思恩格斯选集》第 4 卷，人民出版社 2012 年版，第 252 页。

自然科学的自身成长和进步,科学取代自然哲学已是不可避免的了。“而自然哲学只能这样来描绘:用观念的、幻想的联系来代替尚未知道的现实的联系,用想象来补充缺少的事实,用纯粹的臆想来填补现实的空白。它在这样做的时候提出了一些天才的思想,预测到一些后来的发现,但是也发表了十分荒唐的见解,这在当时是不可能不这样的。今天……任何使它复活的企图不仅是多余的,而且是倒退。”①

自然哲学的历史是漫长的,从古希腊哲学开端直到黑格尔。牛顿的万有引力伟大发现也是以《自然哲学的数学原理》名义发表的,自然哲学的历史地位不容全盘否定。马克思和恩格斯在《神圣家族》指出:“17 世纪的形而上学(想想笛卡尔,莱布尼茨等人)还是有积极的、世俗的内容的。它在数学、物理学以及与它有密切联系的其他精密科学方面都有所发现。但是在 18 世纪初这种表面现象就已经消失了。实证科学脱离了形而上学,给自己划定了单独的活动范围。现在,正当实在的本质和尘世的事物开始把人们的全部注意力集中到自己身上的时候,形而上学的全部财富只剩下想象的本质和神灵的事物了。形而上学变得枯燥乏味了。”②

与形而上学变得枯燥无味相比,则是自然科学成就的巨大进展和普遍丰富。牛顿由于发现了万有引力定律而创立了科学的天文学,由于光的分解而创立了科学的光学,由于创立了二项式定理和无限理论而创立了科学的数学;布莱克、拉瓦锡、普利斯特列则使化学脱离燃素说走向真正的科学;自然历史也被布丰和林耐提高到了科学水平。之所以断定直到 18 世纪(某些学科、部门或者早一些)人类对自然的认识才最终取得科学的形式,是因为“18 世纪综合了过去历史上一直是零散地、偶然地出现的成果,并且揭示了它们的必然性和它们的内在联系。无数杂乱的认识资料经过整理、筛选,彼此有了因

---

① 《马克思恩格斯选集》第 4 卷,人民出版社 2012 年版,第 252—253 页。

② 《马克思恩格斯全集》第 2 卷,人民出版社 2005 年版,第 161—162 页。

果联系”。①

构建解释世界的“科学之科学”哲学体系，是从亚里士多德到黑格尔一代代哲学家的哲学迷梦。亚里士多德认为，所有具体科学都是割取“存在”的某一方面和某一性质加以研究，却对这些“方面”和“性质”的基础和存在前提——存在本身——不闻不问，因此，应当建立一门专门研究“存在”本身的“第一哲学”，即存在论或形而上学。正如存在是存在的各个方面和各种性质的基础和根据一样，第一哲学、存在论或形而上学是所有科学知识的基础和根据，是科学的科学。亚里士多德“科学之科学”的提出，引出了科学与哲学关系，我们应当怎样研究具体科学的问题。在黑格尔的唯心主义哲学体系中，事物及其发展只是在世界出现以前已经在某个地方存在着的“观念”、“精神”的现实化反映。由此，一切自然过程都被头足倒置，自然世界的研究成为一个削足适履的过程。黑格尔哲学的内在矛盾表现在一方面它承认自然世界的历史发展过程，另一方面又宣称哲学发展到黑格尔就完成了绝对真理的全部内容。“黑格尔的体系作为体系来说，是一次巨大的流产，但也是这类流产中的最后一次。”②

第一哲学、形而上学、自然哲学、科学之科学的流产，自然科学从自然哲学中独立出来，那么，哲学还留下什么遗产，哲学发展的未来之路又在哪里呢？“一旦对每一门科学都提出要求，要它们弄清它们自己在事物以及关于事物的知识的总联系中的地位，关于总联系的任何特殊科学就是多余的了。于是，在以往的全部哲学中仍然独立存在的，就只有关于思维及其规律的学说——形式逻辑和辩证法。其他一切都归到关于自然和历史的实证科学中去了。”③自然哲学、形而上学的流产并不意味着哲学的终结和死亡，它预示着哲学危机中的机会和新生，新的哲学转向和新的哲学将要诞生。恩格斯在《反杜林论》

① 《马克思恩格斯文集》第1卷，人民出版社2009年版，第87—88页。
② 《马克思恩格斯选集》第3卷，人民出版社2012年版，第399页。
③ 《马克思恩格斯选集》第3卷，人民出版社2012年版，第400页。

中指出，“马克思和我，可以说是唯一把自觉的辩证法从德国唯心主义哲学中拯救出来并运用于唯物主义的自然观和历史观的人”。[①]

以唯心主义和形而上学为代表的旧哲学没有给成长、发展中的自然科学带来有益帮助，却带来了思维的羁绊和思想的混乱。“自然科学家们自己就感觉得到，这种杂乱无章多么严重地左右着他们，并且现今流行的所谓哲学又决不可能使他们找到出路。”[②]“自然科学家相信，他们只要不理睬哲学或辱骂哲学，就能从哲学中解放出来。”[③]牛顿甚至喊出了，物理学，当心形而上学啊！对于此，恩格斯评价“这是完全正确的，不过，是在另一种意义上。”“物理学当心形而上学”的正确在于物理学需要摆脱自然哲学、宗教神学、唯心主义、形而上学等一切旧哲学的羁绊，需要自主思考和实证研究；但是，牛顿抛弃的“形而上学”并非孤立、静止、片面地观察、理解事物的狭义形而上学，而是泛指哲学。如果牛顿的物理学研究要抛弃一切哲学思考和理论思维，那是行不通的，也是做不到的。

休谟对于传统神学、经院哲学等玄学空想给予尖刻的批判，休谟指出：“当我们巡视图书馆时，我们可以拿起一本书，例如神学或经院哲学的书，我们就可以问：其中包含着量或数方面的任何抽象论证么？其中包含着有关事实与存在的任何经验论证么？没有，那我们就可以将它投到烈火中去，因为它所包含的，没有别的东西，只有诡辩和幻想。”[④]人们对于传统神学、经院哲学的激烈批判无可非议，但是由否定传统神学和经院哲学进而全面否定哲学和理论思维，则是混淆是非。“实际上，蔑视辩证法是不能不受惩罚的。对一切理论思维尽可以表示那么多的轻视，可是没有理论思维，的确无法使自然界中

① 《马克思恩格斯选集》第3卷：人民出版社2012年版，第385页。

② 恩格斯：《自然辩证法》，人民出版社2015年版，第44页。

③ 恩格斯：《自然辩证法》，人民出版社2015年版，第68页。

④ 北京大学外国哲学史教研室编：《十六——十八世纪西欧各国哲学》，商务印书馆1975年版，第670页。

的两件事实联系起来，或者洞察二者之间的既有的联系。”①

自然知识、自然科学是在哲学中孕育、成长的，在这个意义上说，哲学是科学之母。正像人类要挣脱自然之母怀抱走向独立一样，自然科学也试图断绝它的哲学根基。自然科学以哲学为耻，妄想抹掉自身的哲学影响、哲学印记。“但是，因为他们离开思维便不能前进，而且要思维就得有思维规定……他们同样做了哲学的奴隶，而且遗憾的是大多做了最蹩脚的哲学的奴隶……”②这就是蔑视哲学的必然惩罚，摆脱哲学就像一个人扯着自己的头发，要脱离地球吸引而走向太空一样不可想象。“自然科学家尽管可以采取他们所愿意采取的态度，他们还得受哲学的支配。问题只在于：他们是愿意受某种蹩脚的时髦哲学的支配，还是愿意受某种建立在通晓思维历史及其成就的基础上的理论思维形式的支配。”③

马克思主义哲学即辩证唯物主义与历史唯物主义既是自然科学发展的理论结晶、哲学概括，也是自然科学发展的内在要求、时代产物。“经验的自然研究已经积累了庞大数量的实证的知识材料，因而迫切需要在每一研究领域中系统地和依据其内在联系来整理这些材料。同样也迫切需要在各个知识领域之间确立正确的关系。于是，自然科学便进入理论领域，而在这里经验的方法不中用了，在这里只有理论思维才管用。”④新科学与新哲学的互鉴与结合不是某个人的主观想象，而是基于科学与哲学的内在联系，在马克思主义看来，这本来就是一门学科。“正是由于自然科学正在学会掌握2500年来哲学发展的成果，它才一方面可以摆脱任何单独的、处在它之外和凌驾于它之上的自然哲学，另一方面也可以摆脱它本身的、从英国经验主义沿袭下来的、狭隘

---

① 恩格斯：《自然辩证法》，人民出版社2015年版，第59页。
② 恩格斯：《自然辩证法》，人民出版社2015年版，第68—69页。
③ 恩格斯：《自然辩证法》，人民出版社2015年版，第69页。
④ 恩格斯：《自然辩证法》，人民出版社2015年版，第41—42页。

的思维方法。”①

古希腊的哲学是天然纯朴的辩证思维,17—18 世纪的形而上学分析阻挡了普遍联系的整体视野,到了黑格尔则是辩证法的复归。黑格尔的辩证法虽然是从完全错误的出发点出发,以倒立的形式出现,但它和古希腊的辩证思维一道,是自然科学家学习、研究、复归到马克思主义辩证思维的有效途径。“这种复归可以通过不同的道路来实现。它可以仅仅通过自然科学的发现本身所具有的力量自然而然地实现,这些发现不会甘心于再被束缚在旧的形而上学的普罗克拉斯提斯的床上。但这是一个旷日持久的、步履艰难的过程,在这一过程中要克服大量额外的阻碍。……如果理论自然科学家愿意较为仔细地研究一下辩证哲学在历史上有过的各种形态,那么上述过程可以大大缩短。在这些形态中,有两种形态对现代的自然科学可以格外有益。”②恩格斯在这里所说的辩证法两种形态,即希腊哲学和黑格尔哲学。对于这两种形态的辩证法的学习和研究,有助于自然科学家尽快地实现从经验主义、形而上学向辩证思维的复归。

19 世纪的三大发现为唯物辩证法的建立提供了自然科学基础,自然科学的发展在唯物辩证法确立过程中具有重要意义。首先是焦耳的能量守恒与转化定律,将自然界的一切运动形式统一起来;其次是施旺的细胞学说,将一切生命形式在细胞基础上统一起来;最后是达尔文的生物进化论,将自然界无限差异的生命形式经由“进化”联系起来。特别是达尔文的生物进化论,颠覆了“物种不变”特别是人的神创说,马克思给予高度评价。马克思在 1861 年 1 月 16 日致斐·拉萨尔的信中说:“达尔文的著作非常有意义,这本书我可以用来当作历史上的阶级斗争的自然科学根据。”③

恩格斯在《反杜林论》指出:“理论自然科学的进步也许会使我的劳动

---

① 《马克思恩格斯选集》第 3 卷,人民出版社 2012 年版,第 389 页。
② 恩格斯:《自然辩证法》,人民出版社 2015 年版,第 44 页。
③ 《马克思恩格斯全集》第 30 卷,人民出版社 2005 年版,第 574 页。

绝大部分或全部成为多余的。因为单是把大量积累的、纯经验的发现加以系统化的必要性，就会迫使理论自然科学发生革命，这场革命必然使最顽固的经验主义者也日益意识到自然过程的辩证性质。"①承认自然科学自身发展对于新的哲学变革意义，同时强调哲学对于自然科学的理论指导作用。"认识人的思维的历史发展过程，认识不同时代所出现的关于外部世界的普遍联系的各种见解，对理论自然科学来说也是必要的，因为这种认识可以为理论自然科学本身所要提出的理论提供一种尺度。"②在僵化自然观上打开第一个缺口的，不是自然科学家而是哲学家——康德，这是耐人寻味的。

哲学对于自然科学的理论指导，当然不能代替自然科学的实证研究，传统神学和形而上学对于科学的迫害给我们警示。一方面，自然科学家可以从康德"星云假说"的天才结论指引下，免除无穷无尽的弯路。"因为在康德的发现中包含着一切继续进步的起点。如果地球是某种生成的东西，那么它现在的地质的、地理的和气候的状况，它的植物和动物，也一定是某种生成的东西……如果当时立即沿着这个方向坚决地继续研究下去，那么自然科学现在就会大大超过它目前的水平。"③恩格斯虽然算不得自然科学家，但是对于康德"星云假说"的哲学意义和科学内涵理解非常敏锐、深刻，非一般科学家所能比。同时，对于康德"星云假说"的科学局限性，恩格斯也有非常清醒的认识，表现出哲学的自我批判能力。恩格斯指出："但是哲学能够产生什么成果呢？康德的著作没有产生直接的成果，直到很多年以后拉普拉斯和赫歇尔才充实了这部著作的内容，并且作了更详细的论证，因此才使'星云假说'逐渐受人重视。进一步的一些发现使它终于获得了胜利……"④

① 《马克思恩格斯选集》第3卷，人民出版社2012年版，第387—388页。
② 恩格斯：《自然辩证法》，人民出版社2015年版，第42页。
③ 恩格斯：《自然辩证法》，人民出版社2015年版，第15页。
④ 恩格斯：《自然辩证法》，人民出版社2015年版，第15页。

（五）技术时代需要哲学思考

学哲学有什么用？当今，似乎任何事物，不仅是哲学甚至人，都要面临“有什么用”的生死追问，都要举证自己的实际用途，辩护自己的存在价值。仿佛说不出几个实际用途，事物就失去了存在根基，就被宣判走向死亡。为什么会是这样？这难道是正当的吗？这问题本身就是一个值得思考的哲学问题。

亚里士多德讲，哲学始于惊奇。人有求知本性，人们是为了免除无知而非追求实用而热爱哲学，这正是哲学的“爱智”本意。哲学出于“爱智”的自身缘故，没有外在目的导引和羁绊，成为自由和真理的追求。亚里士多德并没有因为哲学“无用”而小看，他承认所有科学都比哲学更有用，但是没有任何科学比哲学更好。哲学，无用之大用。

当然，哲学不仅仅是纯粹的“理念”，哲学家也不是不食人间烟火。即使是柏拉图，也在其“哲学王”理想中寄托了哲学的政治抱负。马克思说，真正的哲学，是时代精神的精华，是人类文明的活的灵魂。马克思主义传入中国后，我们党运用马克思主义基本原理不断解决中国革命、建设和改革中的重大现实问题，马克思主义哲学及其后继发展改变中国历史与现实。“哲学无用论”缺少历史与现实的根据，如果不是对历史的漠视，就是对哲学的无知。

哲学不仅关涉宇宙论、世界观，也关涉个人理想、生活态度。即使你没有学过哲学，即使你不懂哲学理论，但是为人处世就是一种人生态度，选择这样做而不那样做就是一种价值选择。不论你是否喜欢，也不论你是否清醒，就像我们每天呼吸空气一样，我们每天的生活实践都要面对和回答哲学问题。老人病倒在大街上，我们应不应当救助？假若我们的社会还在讨论、争议如此问题，我只能说我为社会良心和哲学精神的失落而痛心。

老人病倒在大街上，“帮不帮”和“怎样帮”是两个层面的不同问题。“怎样帮”是工具理性、技术问题，不属于哲学问题；“帮不帮”相对于“怎样帮”是一个更为前提、基础问题,是对于"应当"做出的道德实践选择,这属于哲学问题。"怎样帮"解决的是技术理性的程序、方法问题,"帮不帮"解决的是价值理性"什么是正当行为"的价值判断问题。这里所说的价值理性不是我们惯常所说的市场价值估算,而是道德实践价值判断,解决道德实践的"应当做什么"问题,高于技术理性的"怎样做"问题。相较于科学、技术来说,哲学回答的是更为前提、基础问题,解决的是人生方向和意义问题。

哲学较为抽象、原则,看上去不够具体,而这也正是哲学的普遍性价值所在。哲学探讨公平正义、自由和谐、科学发展,并非限定在专业人士、专业话题,而是为我们每个人的社会生活确定方向和原则。在康德看来,诚实做人是"汝当如此"的内在道德戒令,是不容置疑的人之为人的原则、底线。

哲学作为一种批判性反思方式,启发人们对事物作多层次、多角度和种种可能性的思考,对创新型思维培养具有积极意义。爱因斯坦、希尔伯特、波恩、普朗克等德国科学家都深受康德哲学思想影响,德国科学的兴旺与德国哲学思想的广泛影响确有深刻联系。胡塞尔应邀于 1935 年 5 月 7 日在维也纳作了一次题为"欧洲人危机中的哲学"演讲,5 月 10 日应普遍要求又作了重复演讲。这对于我们国人来说真是难以理解,我们哲学专业学生都难以读懂的《欧洲科学的危机与超越论的现象学》,何以在欧洲演讲却挤破头。不可否认,国人读书的质量及其哲学素养与发达国家相比还有很大的差距,我国创新性国家的建设对国民的文化和哲学素养提出更高要求。

哲学是一个有着两千六百多年历史的古老学科,也是引领时代精神、反思社会现实的创新学科。文艺复兴、启蒙运动开启西方工业革命,真理问题大讨论引领我国改革开放。人才的市场需求变幻不定,但哲学学科的千年发展、人才教育的百年大计不能随经济起伏。在科技进步、经济富足时代,面对各种各样复杂多变社会现象,我们必须学会读书思考、冷静沉思、清醒判断,由此保持一份内心的安静和富足。培根告诫我们说,"先去寻找心灵的宝藏,其余的要么应有尽有,要么失去了也无关痛痒"。真理不会使我们发财,却会使我们自由。

改革开放，中国经济高速发展，中国制造贸易顺差，但我们的精神文化产品还缺少足够的国际影响力。中国稳定发展的国际和平环境获得，需要中华文化的传播和交流，需要输出我们的核心价值观。中国要想成为国际社会普遍接受和尊重的大国、强国，不仅需要强大的产品制造、创新能力，更要占领哲学人文社会科学的精神高地。正像恩格斯所说，“一个民族想要站上科学的各个高峰，就一刻也不能没有理论思维”。中华民族的伟大复兴，中国梦的理想实现，中国的和平发展，我们每个人的幸福追求，都是哲学需要面对的重大现实问题，时代需要哲学思考。

三、实用主义的真理观念

实用主义是源自美国本土的哲学运动，从其创始人皮尔士、詹姆斯到后继者杜威、罗蒂等，很难说有一个思想一贯的明确学派。皮尔士倡导一种改良的、科学的哲学，尽管与实证主义有各种近似，但有别于孔德的狭隘实证主义。到了理查德·罗蒂的新实用主义，形而上学基本问题被放弃，哲学解脱了与科学联系而投身文学，服务于民主政治。虽然没有一个明确的实用主义学派，但从实在论主张到真理观立场还是具有某种相似主张。

（一）对于传统真理观的质疑

真理研究一般设定真理的某一基础前提，比如以存在、实在、实体、本体等等称之，真理要从此起步并获得其独立性、客观性、真理性。可见，某种形而上学的实体假设，对于真理乃至形而上学研究具有重要意义。什么是实体呢？举例说来我们有物质实体、精神实体，物质实体就是广延、硬度、体积、颜色等等属性背后的承载者，精神实体就是我们感觉、思想等功能属性背后的承载者。但是，不论物质实体还是精神实体，假若没有了广延与思维等属性，实体还剩下什么呢？无非是一概念的空壳。“而如果上帝不断地将这些属性以不变的顺序传给我们，又神奇地在某一瞬间使承载它们的实体消失，那我们也永远不会察觉到这一瞬间，因为我们的经验本身不会变化。唯名论者才会因此说实体是一个欺骗性的观念，这就是由于我们人类有着将名称变为实物的积习。”①普特南把实在论者比喻成心怀叵测的少女引诱者，他允诺少女各种各样美好的馈赠却无法兑现。“实际上，所有实在存在的——这位科学实在论者在进早餐时告诉她——是‘完成了的科学’会认为存在的东西——无论那可能是什么。”②到此为止，引诱者还在许诺，即使我们所见的珍珠宝石汽车别墅不存在，但是“物自体”仍然存在。你说，少女是不是上当了？

实在论当然不能仅仅说成是引诱者的虚伪欺瞒，也不是理论体系构架所需的人为设定，它不仅有其一定的历史与现实根据，更有对于未来的重要指导意义。实在论作为世界的理论解释，会有各种各样的实在论理论，当然也有不同的社会接受与认可。实用主义抹杀唯物论与唯心论的差别，把它们一视同仁地归结为荒谬与虚妄，显然是对于唯物论的历史文化根据与社会文化基础缺少认识和理解。詹姆斯说，“在过去的世界里，不管我们认为世界是物质的杰作，还是认为它是由精神主宰的，这二者间不会有一丁点的差别”。③ 但是，正像马克思所说的那样，理论的意义不仅是解释世界，而且问题在于改变世界。有怎样的世界观，就有怎样的方法论，就有怎样的人类努力方向和社会变革。马克思主义的辩证唯物主义和历史唯物主义，既是世界观又是方法论，是我们认识世界和改造世界的最有力指导思想和理论武器。实用主义看重理论的实用价值而非真理价值，限于自身的狭隘性只是从实用立场理解不同理论的差别。詹姆斯说：“可见，唯物论与唯灵论的真正意义，就在于这些不同的

① ［美］詹姆斯：《实用主义》，陈小珍编译，北京出版社 2012 年版，第 42—43 页。

② ［美］H. 普特南：《关于实在和真理：还有什么话要说吗?》，刘叶涛译，载［美］苏珊·哈克主编：《意义、真理与行动》，东方出版社 2007 年版，第 580 页。

③ ［美］詹姆斯：《实用主义》，陈小珍编译，北京出版社 2012 年版，第 47 页。

精神及实际上的诉求,在于对我们希望与期待的具体态度的调节上,在它们的差别所导致的微妙结果上……”[①]马克思主义的辩证唯物主义、历史唯物主义与各种唯心主义的神创论不同,首先表现在它们具有不同的真理性,其次也会导致历史认识与发展的不同方向,这是不同理论的微妙结果差别所不能概括的。

(二)实用主义真理观主旨思想

传统真理观的“符合”问题,因其空洞、虚妄的不可操作性,一直以来受到各种各样质疑。“确切地说,皮尔士并不认为‘真理是与实在的符合’这种说法是假的,但是他认为这只是名义上的定义,没有对该概念给出任何实用的洞见。”[②]理智主义者看重的是真理的认识结果,某人宣告大家认同“某某与某某相符合”,作出一个众所公认的命题判断,这就可以宣告真理完成了,认识结束了。实用主义真理观不局限于理论认识范围,而是追问假若一个理论是真的,它会带来怎样的实际变化和后果呢?一个真的理论和假的理论,在现实生活中有怎样不同的作用呢?詹姆斯指出:“一个观念的‘真实性’不是它所固有的、静止的性质。真理是对观念而发生的。它所以成为真,是被许多事件造成的。它的真实性实际上是一个事件或过程:就是它证实自身的过程,就是它的证实过程,它的有效性就是使之生效的过程。”[③]真理是一个过程,这显然具有辩证法思想。但真理不仅是具体的、特殊的,在这种具体、特殊之中,又具有原则性、普遍性。只要是真理性认识,就不会是单纯的具体和特殊,单纯的具体和特殊还不足以成为真理认识。但是,超脱时间、地点、条件的“放之四海而皆准”的普遍、永恒真理,也不是我们追求的真理目标。

---

① [美]詹姆斯:《实用主义》,陈小珍编译,北京出版社2012年版,第52页。

② [美]苏珊·哈克:《导论:新老实用主义》,陈波译,载苏珊·哈克主编:《意义、真理与行动》,东方出版社2007年版,第12页。

③ [美]W. 詹姆斯:《实用主义的真理概念》,陈羽纶、孙瑞禾译,载[美]苏珊·哈克主编:《意义、真理与行动》,东方出版社2007年版,第315页。

真理既不是高高在上的神圣光环,放之四海,包治百病;真理也不是细微具体,一事一议,全无经验借鉴意义。唯名论者把“真理”这类概念看作是无用名词,但是全然无用名词、概念不会贸然提出,每一个名词、概念的提出必有其功用,不论是理论目的还是实际目的。詹姆斯指出:“贮存若干的额外真理,即仅仅适应可能形势的真观念,作为一般的储藏品,其好处是明显的……这种额外真理一旦对我们任何临时的紧急事件在实践上变得适用时,它就离开了那冷藏库,跑到世界上来起作用,而我们对它的信念也就变得活跃起来了。”①真理的意义就在于其现实指导作用,如果不是眼下的现实指导,那就是将来某种可能情形下的未来指导。理论指导失灵或者说失败,那可能是实践的问题,也可能是理论的问题。但是,如果理论指导从来不成功,也没有未来的可能希望情形下,理论的真理性就丧失了,真理就要被修正,真理是一个不断修正的历史过程。如果等待一个绝对真理的最终获得,那就如同让猎人放下手里不够精良的长矛,猎人在等待完美武器出现前一切游戏已经结束。詹姆斯说:“事实上,真理大部分是靠一种信用制度存在下去的。我们的思想和信念只要没有什么东西反对它们,就可以让它们成立;正好像银行钞票一样,只要没有谁拒绝接受它们,它们就可以流通。”②我们相信历史与文化,信赖他人的间接知识,这同样符合生活的“经济原理”,真理植根于生活智慧之中。

我们接受了太多的前人认识成果或者说现成真理,有取之不尽用之不竭的现成人类知识宝库,有太多的现成真理准备我们的随时取用。这给我们造成一种错觉,真理成为静止的、现成的、永恒的,成为脱离现实生活高高在上的神圣真理准则。詹姆斯指出:“的确,摹写实在是与实在相符合的一个重要方面,但绝不是实质。实质的东西是被引导的过程。任何观念,只要有助于我们

---

① [美]苏珊·哈克主编:《意义、真理与行动》,陈波等译,东方出版社2007年版,第316页。

② [美]苏珊·哈克主编:《意义、真理与行动》,陈波等译,东方出版社2007年版,第318页。

在理智上或在实践中处理实在或附属于实在的事物，不使我们的前进受挫，使我们的生活在实际上配合并适应实在的整个过程，这种观念也就足够符合而满足我们的要求了。这种观念也对那个实在有效。”[①]与皮尔士一样，詹姆斯并不反对“真理是与实在的符合”这种说法，只是这种说法并没有把“符合”问题讲清楚，没有给出“符合”的确切意义。詹姆斯给出答案：“简言之，‘真’不过是我们思维的一种便利方法，正如‘对’不过是我们行为的一种便利方法一样。几乎有各种各样的便利方法；当然，便利是从长远和总体而言；因为对眼前的一切经验是便利的，未必能够满足后来的一切经验。我们知道，经验是会越界的，促使我们改正现有的公式。”[②]学者们常常强调詹姆斯与皮尔士之间的不同和差别，强调皮尔士倡导一种改良的科学的哲学，秉持真理发现的科学态度与科学方法，认可皮尔士对于传统形而上学的探索是科学的而非科学主义的。皮尔士最早引入“实用主义”一词，是詹姆斯使它成为哲学和文化的“流行语”，在其社会流传过程中，大众又为这个概念注入了许多它们自己的通俗理解。从詹姆斯本人的观点来看，它对实用主义的“实用”表达更为明确和强调，但绝对不是无原则的权宜之计，不是眼下的苟且，而是长远的发展对策。

（三）《确定性寻求》的知行关系

中国哲学现代化进程早期，杜威、罗素、柏格森是三位最具广泛影响的哲学家，而其中杜威无疑又是影响最大的一位。1919 年五四运动爆发前，杜威应其学生胡适的盛情邀请来到中国，讲学游历两年之久。当时中国哲学教授多是欧洲留学，承继的是德法哲学潮流，杜威在中国大学的哲学学者中间很少

---

① ［美］苏珊·哈克主编：《意义、真理与行动》，陈波等译，东方出版社 2007 年版，第 320—321 页。

② ［美］苏珊·哈克主编：《意义、真理与行动》，陈波等译，东方出版社 2007 年版，第 325 页。

拥趸。但是,杜威的思想反对玄思、易于理解、切近现实,对于当时中国社会和政治变革具有感召力,在社会思想文化领域取得巨大社会反响。“杜威主要的兴趣在于文化、教育和政治改革,而不是专业性的哲学问题(他认为这些问题通常需要消解掉,而不是获得解决),他将实用主义对伦理学和社会哲学的意义发挥出来了。”①皮尔士、詹姆斯和杜威共同反对符合论真理观和知识的“复制论”,常常被称为“经典实用主义者”;而到了理查德·罗蒂的新实用主义哲学,传统的认识论和形而上学问题完全抛弃了,哲学不再模仿自然科学而是称为一种新的文学类型写作。杜威自称其实用主义风格可以描述为“工具论”、“工具主义”、“实验主义”,最后干脆称其为“技术”。杜威的技术概念可以追溯到古希腊的技艺(techne)和“逻各斯”(logos),超出我们一般理解的“工具”、“技术”范畴,不仅包括工具和机器,逻辑、语言、科学乃至共同体和国家都是技术。

《确定性的寻求》是杜威 1929 年在爱丁堡大学所作系列演讲的稿子,它有一个副标题——关于知行关系的研究,表明了“理论与实践关系”的研究主题。在杜威的工具论实用主义视野下,理论的发生不外是工具的发明。人们把理论、真理捧到天上膜拜,不肯把理论、真理与锤子、镰刀等同视之,有理论自身原因也有社会文化原因。理论工具把万千变幻的世界静止固定下来,满足了人们“确定性寻求”的心理预期。“失败和挫折是属于一个外在的、顽强的和低下的生存境界中的偶然事故。思想的外部后果产生于思想以外的世界,但这一点无损于思想与知识在它们的本性方面仍然是至上的和完满的。”②从神话、宗教、哲学的起源处,闲暇的思考、理论的争论从来就是少数祭司、僧侣、智者的专利,奴隶每日里从事的只能是沉重的体力劳动。“由于实践活动是不愉快的,人们便尽量把劳动放在奴隶和农奴身上,社会鄙视这个阶级,因而也鄙视这个阶级所做的工作……在对于物质事物的思想和非物质的

---

① [美]理查德·罗蒂:《实用主义哲学》,林南译,上海译文出版社 2009 年版,第 2 页。
② [美]约翰·杜威:《确定性的寻求》,傅统先译,上海人民出版社 2004 年版,第 6 页。

思想的比较之下，人们鄙视对物质事物的这种思想，转而成为对一切与实践相联系的事物的鄙视。”[①]套用当下的话来说就是存在着一条“鄙视链”，凡是远离具体劳动、实际操作的形上理论就是高尚的，凡是具体劳动、实际操作以及密切相关的经验、技能、常识、认识都是低下卑贱的。

杜威的知行关系研究，就是要把被传统哲学认识论颠倒了的知行关系再颠倒过来，重新确立行动、实践对于理论的内在基础与优先地位。“大概是由于轻视实践的结果，所以很少有人把价值在人类经验中的安全地位的问题和关于知识与实践关系的问题联系着提出来。”[②]如果我们看一看人类认识发展史，不难看出人类最初“求知”并不是出于闲暇的无聊和好奇，而是生理需求和内心抚慰的生活所迫，观星是春种秋收的季节制定和人世间行动选择的占卜需要。知与行的关系不仅是外在的，实践、操作对于知识、理论具有内在的构建意义。“单纯物理上的交互作用，产生观察，形成探究的材料；这只是有问题的材料。只有有意地进行的并注意地把它们和它们的结果联系起来的这些操作才使得观察的材料具有一种积极的理智上的价值，而只有思想才能满足这个条件：观念即对于这种联系的知觉。”[③]科学概念并非对不以人的意志为转移的客观实在揭示，而是在各种行动、操作、实验中建构、确立概念间联系，由此形成“确切”验证的“科学”假设体系，达到与外部世界在理智和实践上的积极有效的沟通、相处。

20 世纪 30 年代，杜威成为美国实用主义领军人物，实用主义影响达到顶峰状态。实用主义在 40 年代陷入低潮，50 年代稍有复兴，直到 70 年代出现以罗蒂为典型代表的新实用主义，与解释学、解构主义、分析哲学、后现代主义联合成为新的文化潮流，罗蒂成为美国最具影响力的当代哲学家。“罗蒂对认识论的抛弃，比杜威对旁观者理论的批评更为激进得多；因为与罗蒂不同，

---

① ［美］约翰·杜威：《确定性的寻求》，傅统先译，上海人民出版社 2004 年版，第 3 页。
② ［美］约翰·杜威：《确定性的寻求》，傅统先译，上海人民出版社 2004 年版，第 28 页。
③ ［美］约翰·杜威：《确定性的寻求》，傅统先译，上海人民出版社 2004 年版，第 176 页。

杜威远不是要抛弃探究理论，而是要以他自己特有的工具主义方式去从事它。”[①]罗蒂1998年在《真理和进步》论文集导言开篇第一句话就是“不存在真理”，罗蒂的这一宣言几乎断绝了我们与他对话的勇气，因为我们从来没想过要抛弃真理，也没想过要抛弃哲学。罗蒂指出：“我认为‘现实’（实在）和‘真理’仅只是人们认为应予敬畏的一种权利之俗世称谓而已。而按照我现在提出的观点，除了人类相像的产物，我们什么也无须敬畏。实际上，不应把思想和道德的进步视作尽可能精确地去再现这类可敬畏的存在，而应将其视作为了增进人类幸福而去发现更富想象力的方式方法。”[②]我们可能反对罗蒂对于哲学、认识论基本问题的放弃，反对哲学努力从实在性问题探究转向治疗性话语方案，但是学科交叉、文化对话对于我们的真理观研究无疑具有正面或反面启示意义。

四、技术审美的时代变迁

不同时代的社会文化、技术水平孕育了不同时代的技术审美价值取向，每一时代都有自己时代的独特技术审美追求。从农业社会的“技艺美”追求、工业社会的“工业美”追求，到生态社会的“生态美”追求，体现出人类技术审美取向的时代内涵演变，表达着人类技术审美观念的不断扬弃与超越，带给我们打破现代技术“座架”统治的希望。审美作为人类的自我意识和自我观照方式，反映出人与世界关系的和谐和丰富性。技术审美是以技术作为审美对象的一种美感产生和体验，是对于世界的技术理性理解和解释的必要补充和丰富，是对于人的技术理性存在方式的人文关怀和现实超越。这也正是芒福德、

① ［美］苏珊·哈克：《导论：新老实用主义》，陈波译，载苏珊·哈克主编：《意义、真理与行动》，东方出版社2007年版，第41页。

② ［美］理查德·罗蒂：《哲学和自然之境》，李幼蒸译，商务印书馆2003年版，中译本作者再版序第4页。

马尔库塞、海德格尔面对现代技术理性的“座架”统治而极力倡导美感、诗歌、艺术的本意所在。[1] 从技术审美角度考察技术实践真理的历史发展，为我们破除从技术理性和效率考察真理局限提供新启示。

（一）农业社会的“技艺美”追求

原始的巫术、图腾、神话等原始文化是人类理性萌芽的深厚土壤。追溯到山顶洞人的“装饰品”许多都用赤铁矿染过、尸体旁撒红粉，“红”色对于山顶洞人已具有了某种符号象征的观念意义，具有某种巫术礼仪的象征意义。[2] 巫术标志着原始人开始意识到自身与自然界的区别和对立，在巫术的整个实施过程中，通过特定的舞蹈、咒语、仪式等严格程序而对外界实施影响。例如，巫术的实践就利用了相似性的规律。巫婆用布娃娃来代表人，并给布娃娃插上许多针或用污秽的东西涂满布娃娃，以便给它所代表的某个人带来痛苦或灾难。[3] 这也许能使我们联想到现代科学技术研究中的模型试验方法。巫术、法术都是原始先民试图控制自然进程的欲望表达，具有原始的技术意义。在这种原始技术中，充满了信仰和心灵感应，伴随着祈祷、歌唱和舞蹈，原始技术与原始艺术浑然一体。

一般认为庄子是反技术的，其主要论据就是《庄子》的一则“机械与机心”论断。子贡见一丈人方将为圃畦，凿隧而入进，抱瓮而出灌，搰搰然用力甚多而见功寡。子贡曰：“有械于此，一日浸百畦，用力甚寡而见功多，夫子不欲乎？”为圃者仰而视之曰：“奈何？”曰：“凿木为机，后重前轻，挈水若抽，数如泆汤，其名曰槔。”为圃者忿然作色而笑曰：“吾闻之吾师，有机械者必有机事，有机事者必有机心。机心存于胸中，则纯白不备。纯白不备，则神生不定。神生

---

① 李宏伟：《技术审美取向的时代变迁》，《科学技术与辩证法》2007 年第 2 期，第 75—78 页。

② 李泽厚：《美的历程》，中国社会科学出版社 1984 年版，第 4 页。

③ ［美］N. 施皮尔伯格、B. D. 安德森：《震撼宇宙的七大思想》，张祖林、辛凌译，科学出版社 1992 年版，第 13 页。

不定者,道之所不载也。吾非不知,羞而不为也。”子贡瞒然惭,俯而不对。以当今的流行观点看来,庄子拒绝机械技术,违背效益最大化技术经济原则,列为最早的反技术者当之无愧。然而,当我们看到庄子对于庖丁解牛精彩表演的不尽赞美之时,庄子恰又似一个技术至上主义者。庖丁为文惠君解牛,手之所触,肩之所倚,足之所履,膝之所踦,砉然响然,奏然騞然,莫不中音,合于桑林之舞,乃中经首之会。文惠君曰:“嘻,善哉!技何至此乎?”庖丁释刀对曰:“臣之所好者道也,进乎技矣。……方今之时,臣以神遇而不以目视,官知止而神欲行。依乎天理,批大郤,道大窾,因其固然,技经肯綮之未尝微碍,而况大軱乎!……”

深入比较子贡的技术与庖丁的技术,我们可以看出它们分属不同类型的技术。如果说子贡的技术是一种机械技术的话,那么庖丁的技术则是一种身体的技术。机械技术是一种假借外力的普适技术,可以表达原理和技术程序,为人所共享;而身体的技术则是一种纯熟于心的内在技艺,是一种只可意会不可言传的体悟,具有某种私密性和神秘性。而庄子批判的是机械技术,赞美的是身体技术,强调个人技艺的习得。这在《庄子》的“恒公和轮扁”寓言中可以看到。桓公读书于堂上,轮扁斫轮于堂下,释椎凿而上,问桓公曰:“敢问,公所读为何耶?”公曰:“圣人之言也。”曰:“圣人在乎?”公曰:“已死矣。”曰:“然则君之所读者,故人之糟粕已夫!”桓公曰:“寡人读书,轮人安得议乎!有说则可,无说则死。”轮扁曰:“臣也以臣之事观之。斫轮,徐则甘而不固,疾则苦而不入。不徐不疾,得之于手而应于心,口不能言,有数存焉于其间。臣不能以喻臣之子,臣之子亦不能受之于臣,是以行年七十而老斫轮。古之人与其不可传也死矣。然则君之所读者,古人之糟粕已夫!”这则寓言有后现代的意味,它指出语言在知识传达中的局限性,强调知识以及技能个人习得和体悟的重要性。老子《道德经》中“道可道,非常道;名可名,非常名”,同样表达出“道”、“名”的难以言说性。中国古代技术思想中,强调“道技一体”、“以道驭术”的技术审美追求,感悟技术“技艺美”、“神秘美”的内在魅力。

这种“无名论”的认识理论和整体把握思维方式，突破了概念的僵化思维，把人们的思考引向一个“杳冥而深远”的世界。因而，它不仅启示了技术实在的秘密，还启示了艺术与美的秘密，技术与美找到了共同的始源。在《齐物论》中庄子说：“古之人，其知有所至矣。恶乎至。有以为未始有物者，至矣尽矣，不可以加矣。其次以为有物矣；而未始有封也。其次以为有封矣，而未始有是非也。是非之彰，道之所以亏也。”庄子在此把认识分成几种境界：“以为未始有物者”，为大智者所达到的一种与物浑然一体的境界，“外不察乎宇宙，内不觉其一身”；“其次以为有物矣，而未始有封也”。这个阶段，越过了物我不分的混沌状态，但自然界还是作为一个整体出现。这是知识的第二种境界；以后“有封”（概念、类分），并有了“是非”之分（判断、批评），各“是其所是，非其所非”，整体的世界和“大道”便开始分化破碎为许多片段。正如庖丁对文惠君所讲：“始臣之解牛时，所见无非全牛者。三年之后，未尝见全牛也。方今之时，臣以神遇而不以目视，官知止而神欲行。”在这里我们可以清楚地看到庖丁技术境界的不断提升，表达出庖丁技术审美的理想追求。

古希腊时期用“techne”表达技艺，它具有“art”艺术的内涵。亚里士多德把这种技艺分为培植性技艺和建造性或支配性技艺。培植性技艺如医疗、教育、农业等，建造性或支配性技艺如驾船、建房等。芒福德认为，古代技术主要是一种多元技术或生物技术，“大体上是以生活发展为方向，而不是以工作或权力为中心的”。① 这种古代技术因为与生活实践直接相连，就获得了生活意义和实践美感。如在庄子“机械与机心”寓言中的老人就不是在劳作（labor），而是一位园艺者的休闲和享受。古代技术不以技术效益为前提，而主要是一种实用生活艺术追求，如家居艺术、生活用品艺术、园林艺术，等等。水磨和蒸汽在用于矿井抽水之前，主要是用来带动管风琴。到16世纪，虽然已经部分地机械化，但多元技术还具有其轻松快乐的一面。水磨就着溪流，风车和着

① ［美］卡尔·米切姆：《技术哲学概论》，殷登祥、曹南燕译，天津科学技术出版社1999年版，第21页。

风，技术仍然具有很强的地域性并表达社会风情。“机械发明和美感表现为这种多元技术中不可分割的两个方面，而直到文艺复兴时为止，艺术本身仍为主要的发明领域”。[①]“这种对‘机械技术’和‘自由艺术’双重的关心，实际上是中世纪末和文艺复兴时期几代工程师——艺术家的共同特点。达·芬奇，如同阿尔伯蒡、杜雷或吉奥尔吉奥，也认为不可能把艺术和技术这两个近似的东西分开。”[②]

古代技术技艺美的身体性、个体性、私密性、不可言说性，在显示其个体内在神秘魅力之时，但也同时妨碍了技术的广泛交流和传播。“传男不传女”、“不传外姓人”等技术家规、行规，常常使某些技术诀窍失传、流失，技术积累缓慢，延缓了技术进步。古代技术的审美文化追求，同时也有可能成为技术创新的束缚。我国自 11 世纪开始活字印刷的试验，起初为陶土字、后来为木活字。到 1403 年，朝鲜开始用金属字模印刷。但一直到 19 世纪，在我国一直流行的是木板印刷。为什么活字印刷技术在我国迟迟不被接受？这主要受我国文化审美趣味的影响。作为一种艺术形式，活字版书籍从未达到木版类书的精致程度。这在把书法视为艺术的人民来说，活字印刷的实用价值被看低了。[③] 1543 年，欧洲的枪炮被引入日本，起初受到了欢迎，后来又遭到抵制，限制使用。这是因为随着好奇心的满足，文化的力量开始发生作用。“日本的贵族和有影响的武士阶层都偏爱用剑作战。日本剑作为武器的角色，在其历史传承中具有其象征意义和文化教育价值。它是武士的英雄主义、荣誉和地位的体现，因为它是与强调身体优美运动的美学理论相联系的。”[④]古代技术不以单纯的技术效益、功利取向为目的，而是“以人为本”，显示人文关怀。这

① [美]刘易斯·芒福德：《机械的神话》，钮先钟译，黎明文化事业股份有限公司 1972 年版，第 139 页。

② [法]布鲁诺·雅科米：《技术史》，蔓莙译，北京大学出版社 2000 年版，第 180 页。

③ 李宏伟：《技术进化的社会选择》，《自然辩证法研究》2002 年第 8 期，第 48 页。

④ [美]乔治·巴萨拉：《技术发展简史》，周光发译，复旦大学出版社 2000 年版，第 205 页。

种技术文化价值取向对于技术发展路径有重要影响，使得技术发展体现出地域性风土人情，展现技术文化的多姿多彩。

（二）工业社会的“工业美”技术追求

文艺复兴、启蒙运动是工业革命的观念启迪、思想前奏，为工业革命奠定了思想观念基础。文艺复兴唤醒了人的主体意识，农业社会“天人合一”、“物我两忘”的审美情趣被笛卡尔“主客二分”哲学原则所取代。培根喊出“知识就是力量”的口号，表达出人类对于改造、控制自然的“力量”崇拜。力量是人的自我显示，是人的存在确证，对于力量的崇拜实质上就是人的自我崇拜。工业社会的技术不同于农业社会的“技艺”形态，它更多地表现为一种“工业技术”，以标准化大规模机器生产的最大资本利润为技术追求。资本利润、经济利益的功利追求诚然是工业技术的首要追求，但由此并不能完全排除工业技术的“工业美”追求。工业美具有不同与技艺美的技术审美情趣，它是人们对于工业设计、工艺过程、产品形态的外在的“对象”审美，并要自觉寻求与效益第一、市场需求的协调、一致。

在工业社会，烟囱取代风车、水车成为一种工业象征，体现社会的活力和繁荣。帆船被汽船所取代，喷吐着黑烟的烟囱替代鼓满了风的船帆而具有工业社会的审美意义。泰坦尼克号的建造表达着当时人们的技术审美追求，折射出当时工业社会人们的一种自信和乐观精神，但泰坦尼克号后来的沉没则具有深刻寓意。巴黎的埃菲尔铁塔以钢铁为材料，高大挺拔直刺青天，没有更多的修饰，只是表达人类的力量。当我们看着几百吨的火箭在发射架上点火之时，它喷吐着巨大无比的火龙，整个大地都在为之颤动，我们就不得不惊叹、赞美人类力量的伟大。工业社会的技术追求贯彻培根“知识就是力量”的口号，热衷于人类的力量表达。

工业社会不再强调人的自身身体技术，而是追求技术工艺、技术产品的精巧和技术效益最大化。不论是精湛技艺的追求还是技术效益最大化的实现，都是一种技术可能性的逼近，是人的好奇心的满足和创造价值的实现，具有强烈的审美效果。技术发明犹如奥林匹克运动会追求"更快、更高、更强"，又像摘取歌德巴赫猜想"1+1"桂冠一样，给发明家、工程师带来巨大荣誉和社会尊重，体现着人生价值的实现，也成为技术不断进步的动力。精湛技术追求的具体表现可能是创造某种新的功能（从计算机文字处理、数学演算到电脑网络）、完善已有性能（从黑白电视机到彩色电视机）、扩展容量和提高速度（扩大计算机内存和提高运行速度）、逼近技术极限（如超导、纳米材料研制）等。弗罗姆认为现存技术发展有两条坏的指导原则：一是凡技术上能够做的事都应该做，二是最大效率与产出原则。这两条原则可以归纳为技术进步的精湛技艺追求原则，它作为技术发展的内在动力具有重要意义，但它必须与社会发展相协调，要从属于技术发展的人本原则。

工业生产的集中化、大型化、批量化和标准化，适应经济效益要求，同时也对文明生产和劳动组织管理提出新的要求。技术美学研究的第一个重点便是如何充分发挥劳动生产过程中各种美的因素对劳动者产生的积极影响，使他们能自觉地、主动地"按照美的规律"（马克思语）进行生产。从技术美学的角度来看，影响环境美的因素是多方面的，如光线、色彩、声音、景观、室内布置、空气质量、劳动安全等因素都在考虑之列。技术美学的另一个重要研究内容，就是与劳动生产过程及其产品美化直接关联的"现代艺术设计"或"迪扎因"（design）问题。"迪扎因"是在大规模现代化工业生产基础上产生的，它要使设计产品的美的功能和实用功能统一、融合成为一个完美的整体，从而既满足人们物质上的需要，又尽可能地提供给人们精神上美的享受。现代艺术设计要解决的任务决不仅仅是外观的悦目和好看，更重要的是产品要符合人的全面要求，要在人体工程学（Ergonomics）的研究基础上来进行设计、创造。只有掌握了人体各部位的基本尺寸以及人的生理、心理适应能力情况，才有可能设计、制造出真正的宜人产品。

现代工业设计遵循适用、经济、美观原则，一般注意以下几个方面：1. 符合产品的功能要求，体现现代大工业生产方式；2. 确保使用者和消费者的安全、方便、舒适，使产品的使用、操作和控制等与人的生理和心理条件（如人体的标准尺寸、动作范围、运动量的极限以及视觉、听觉、触觉等）相符合；3. 符合生产者和消费者的利益，节约材料，降低成本，耐用并便于维修；4. 设计的不仅是产品，同时也要满足人们的审美需要，是科学技术、社会关系、文化艺术、道德伦理、生活方式和美感的反映；5. 不仅考虑单件、单项产品设计，而是从"人—产品（机械）—环境"的观点出发，注重产品的使用条件及其环境因素，使设计成为促进人们美好生活环境的社会活动。一般来说，新的技术产品最初问世时，主要在于满足与使用目的有直接关系的性能上，而当这种最初的技术目的达到后，技术的发展就会脱离产品的原有使用目的，而转移到满足使用者附加的消费愿望和审美趣向。当今的家庭电器、数码产品、通信工具消费更多的是一种心理消费和时尚消费，追随的是广告宣传和市场潮流，成为现代消费主义的牺牲品。

技术美学发展的初期常常被称为"工业美学"、"生产美学"或"劳动美学"，主要就是因为当时需要解决和研究的问题主要是属于工业劳动生产中的美学问题。[①] 我们把工业社会的技术美归结为工业美也是出于这种考虑。技术美的追求自古有之，而工业社会技术美的追求具有它鲜明的工业时代特色，这就是对于工业设计、工业生产过程和工业技术产品的审美追求。工业美技术追求不同于古代社会"天人合一"、"物我两忘"的身体技术、技艺美追求，而是对于外在的生产、产品的自觉对象化审美，为工业社会大规模生产服务，常常要屈从于经济效益和市场潮流。工业美相对于古代社会的身体技术、技艺美追求，毋宁说是一种技术美的异化形式。

（三）生态社会的"生态美"技术追求

人类发展经历了传统的农业文明与工业文明。农业文明是在农耕牧渔生

① 涂途：《现代科学技术之花——技术美学》，辽宁人民出版社 1986 年版，第 24 页。

产力较为低下的情况下发展起来的,它与自然的关系是“天人合一”的。工业文明是在以蒸汽机为标志的工业革命基础上发展起来的,它强调征服自然、改造自然。工业革命200年以来,人类凭借着强大的技术力量将整个自然界肢解,自然界原有的循环、发展流程被打断,“自然之死”已经是迫在眉睫。对工业文明的反思,使人们清醒地认识到,如果继续按工业文明的传统发展道路走下去,人类文明将全面崩溃,人类将面临灭顶之灾。工业社会的片面自然观现在已经遭到了历史的否定,人们开始接受一种生态价值观,生态社会的“生态美”技术追求已经开启。

生态美是充沛的生命与其生存环境的协调所展现出来的美的形式。生态美包括自然生态美和人工生态美两种形态,统而言之就是地球生态美。生态美的首要表现就是它充满着蓬勃旺盛、永恒不息的生命力。生态美技术追求就是在技术创新和应用中自觉地接受生态化的价值观,主动调试人与自然的关系,在开发和利用大自然的同时注意建设和养护它,而不是只专注于经济利益而对自然进行无情的掠夺。生态美的再一个突出表现是它的和谐性,技术人工物、人工生态景观必须与自然环境相协调。海德格尔比较了山谷里连接河流两岸的旧木桥和水电厂的不同意义,水电厂不像旧木桥那样建造于莱茵河中,宁可说水流被误建到发电厂中。在这一意义说,河流已经不再是原来的河流,它现在只是一个“水压提供者”。水磨或者说风车,它们都借助了自然之力,受到了自然的帮助,但它们不同于水电厂那样对自然强求、逼迫。水磨、风车作为聚焦物,并不是要绝对地压倒和排斥自然,而是标志自然的存在,让人们从中体会自然的恩施。①

工业社会的技术特点是:首先,产品的开发不计环境和资源代价,只以满足人的经济利益、个人贪欲为唯一目标。其次,技术的设计机理是机械论的,而非生物学的。第三,产品的生产过程是以消耗自然资源为起点,向环境排放

① [德]冈特·绍伊博尔德:《海德格尔分析新时代的技术》,宋祖良译,中国社会科学出版社1993年版,第37页。

废料为终点的线性、非循环生产过程。第四，工业技术生产常常是高消耗、低产出和高污染。可以说，这是一种“浪费型”的技术，是“反自然”的技术。我们现在所需要的技术，应充分吸收工业技术的合理因素，尽可能地消除其负面效应，培育、发展一种与自然、人性相适宜的技术。

生态美的技术追求，是建立在现代生物学基础之上，它重视生命过程的复杂性，要求把握生命整体与其环境的复杂关系网络，使技术具有一种有机的、能与生物圈进化过程相协调的和谐性质。生态技术的发明不仅是遵照科学规律，它也尊重自然秩序，遵循自然规律；技术发明不再是征服自然、改造自然、对自然肆意巧取豪夺的技术统治手段，而是体现生态与人文价值的艺术创造。如果说，追求单一技术的低能耗、低排放还只是“生态技术”的较低层次要求的话，那么，“技术生态”则是“生态技术”的较高层次追求。所谓技术生态，不仅关注单一技术与自然环境之间的一种生态化和谐，更强调技术之间的一种生态化和谐。在技术生态中，某一技术的废料成为另一技术的原料，废物在技术系统内消化而不是排放到自然环境之中，实现整个技术系统的低能耗、低排放。技术生态比追求单一技术的低能耗、低排放更为经济合理，技术可行，实效更好。

中国传统生态文化中人与自然和谐共生的思想是奠基在古人对流变的自然节律和生物共同体的有机秩序的直接生存体验，天地万物不仅是可资利用的生活资源，更是生命根源，人与自然的和谐共生是完全内在于自然环境的生机论的“场内观”，而不是一种人与自然两分的“对象观”。人和自然的有机联系，不仅是一种实存关系，同时也具有对于自然的膜拜之心、亲情关系，还具有田园牧歌式的审美情趣。庄子说：“天地与我并生，万物与我为一”（《庄子·齐物论》）。魏晋玄学把对自然山水的亲近观赏看作实现自由超脱的重要手段，纵情山水成为当时的名士风尚。东晋孙绰《游天台山赋》写道：“浑万象于冥观，兀同体与自然”，“释域中之常恋，畅超然之高情”。禅宗崇尚自然，往往用自然山水喻示佛法，有“青青翠竹，总是法身；郁郁黄花，无非般若”（《景德传灯录》卷二十八)。魏晋以后,特别是唐朝禅宗盛行之后,禅学与庄学合流,皈依自然,寄情山水,成了隐逸者及失意文人士大夫的精神寄托。在此,自然就具有了一种特殊的意义——精神的安顿。可以说,中国古代文化走的是不同于西方的人文之路,而非科学之路。西方科学文化的哲学基础是主客二分、天人对峙,而中国古代人文文化的哲学基础是"天人合一",以人文的眼光看待自然,主要是在伦理、政治、审美超越等方面开拓自然的价值和意义。

现代西方生态文化建立在以生态学等现代科学理论对人与自然的生态关系的冷峻的理性分析基础之上,它过分偏重西方科学分析的理性传统,缺乏人与自然和谐共生的历史渊源和思想传统,思维基础仍然是一种"对象"观。但就是在这种对象观基础上,西方文明创造出光辉灿烂的科学技术文化,发展出强大技术能力,而这正是中国传统文化的缺失。以"天人合一"为基调的中国传统生态文化对于人与自然关系的把握有它独特的现代生态文化意义,但它必须在与现代西方生态文化的对话、交流中汲取现代生态科学、环境科学、环境伦理学、生态哲学的基本成就,借鉴系统理论、自组织理论等科学方法,补充自身理性思维、逻辑论证的不足,对传统生态文化进行创造性的诠释,进行理性的批判性重建。生态社会的生态美技术追求,是在汲取中国传统生态文化启示意义和合理思想内涵基础上的现代技术改造和转向,也是东方传统生态文化与现代西方技术文化的对话、交流与共建。

五、生态危机与文明创生

广义生态危机不仅指涉气候、环境、资源,也包括瘟疫、人口及社会政治、经济、文化等关系的彼此不适应、不协调而处于一种矛盾、冲突、危机状态。一般而言,人类文明经历了农业文明、工业文明,而今则出现了向生态文明转向的新契机。生态文明正像农业文明、工业文明的创生过程一样,与其说是一种人类自觉、自愿的结果,毋宁说是一种人类面对生态危机、生存危机而应对挑战、谋求生存的新的生存策略、方式。历史发展不是人类的主观意志，也不是天国理念先验知识的指引，而是人类的生存实践道路探索。

（一）古代人口增长与农业文明互动的棘齿轮效应

人们一直在争论是什么促使人类开始耕作，从采集、狩猎的原始文明生活方式走向最初刀耕火种的农业文明生产方式。原始文明并非如我们直觉想象的那样悲苦，对现存的采集和狩猎部族的新的考古学研究表明，原始人“能够很轻松地从以前那些生态系统中获取足够的食物，那些生态系统比起这些部族今天所拥有的生态系统来出产要丰富得多”。① 原始人并非生活在饥饿中，相反他们有丰富的多种多样的食物。食物和生存完全依赖于自然的赐福，原始文明的自然崇拜也就是可以理解的了。每天用于劳作的时间很少，有大量时间用于休闲和祭祀活动。祭祀活动不像现在要在宗庙和祠堂，原始人简单到只是围着火堆跳舞，但是绝对出于真诚的信仰。原始人很少需要，多余的物品只能是他们流动生活的负担和累赘。打猎工具或者炊具等完全取自自然环境，他们可以方便地在新环境下重新制作。“农业的产生并非自然而然或不可避免，因为与采集和狩猎相比，农业需要投入更多的劳动。我们有理由认为，石器时代的人们是在不情愿中逐渐放弃了他们先前的生活方式。”②

农业文明的产生可以追寻气候、环境变化的原因。约从公元前 1.2 万年开始的最后一次冰川期的后期冰川退却，气候的变化使许多大型动物灭绝或者迁徙到北方的高原地区，使中东地区的可狩猎动物减少，于是在这些地区首先兴起了农业和饲养业。“在欧洲西北部，由于苔原被温带森林所取代，就完

① ［英］克莱夫·庞廷：《绿色世界史》，王毅、张学广译，上海人民出版社 2002 年版，第 23 页。

② ［美］皮特·N. 斯特恩斯等：《全球文明史》上册，赵轶峰等译，中华书局 2006 年版，第 11 页。

全摧毁了驯鹿牧养者们的生活资料基础,迫使他们不得不转向极不相同的获取食物的新方式。”①有两条路径可以选择:一是从采集到谷物园艺(屋旁种植),进而到农耕;二是从狩猎到畜养动物,进而到游牧。在气候适宜,有充沛降水或地表水的地方,出现园艺和定居村落;在贫瘠得不宜于耕种的草原,牧人和畜群保留了漂泊的生活方式。除少数民族如蒙古人、贝都因人,世界上大多数民族进入了既耕作同时又驯养动物的情形,发展为伟大的农业文明。

对于农业文明的产生,最吻合现代知识的解说是以逐渐增长的人口压力为依据的。只要人口数量维持在一个较低水平,住地附近的资源能够满足他们的适度开发利用,那么原始生活方式就不可能发生改变。“虽然旧石器时代的人类已经知道种子能够发芽生长,也许还会种植(偶尔还有实践),但是他们缺乏变革自己已有生活方式的迫切动机。”②原始社会绝少技术发明、创新,却相对安稳地度过了漫长的 200 万年。尽管原始社会采取了一系列的措施限制人口过快增长,如杀死战俘和溺婴,但这并不能总是成功。只有当人口增长到密度相当大,需求和资源之间的平衡被打破,漂泊流浪实在解决不了问题时,原始人在生态退化的压力下不得已放弃了原始生活方式而走向农业文明。与采集和狩猎相比,平整土地、播种、除草、收割都是更为繁重和无聊的劳动方式,受制于自然灾害还要经常面临绝收的风险。但是农业的优势在于:作为更多努力的回报,农业可以在同样的土地面积上出产更多的食物,供养更多的人口。一旦人类别无选择而采用了农业技术生产方式,他们就进入了一种不可逆转的棘齿轮效应:粮食产量会增长,可以养活更多的人口,而由于缺乏人口的控制,更多的人口就会形成更大的压力,要求强度更大的种植。一代接一代的变化可能很小,但其累积效应却是巨大的,农业文明进入了不可逆转的

---

① [英]克莱夫·庞廷:《绿色世界史》,王毅、张学广译,上海人民出版社 2002 年版,第 47 页。

② [美]詹姆斯·E. 麦克莱伦第三、哈罗德·多恩:《世界史上的科学技术》,王鸣阳译,上海科技教育出版社 2003 年版,第 17 页。

发展壮大过程。迫于人口的压力，远东地区特别是中国古代农业采用精耕细作的生产方式，不遗余力地提高单位面积的粮食产量。按照费尔南·步罗代尔的说法，中国人不是不喜欢吃肉，而是有限的土地无力喂养更多的牲畜以供食用，中国人只能素食。“这种饮食制度的首要后果是使人口有可能实现更大程度的增长，而不是使人们有可能转向肉食结构……正是这使得‘亚洲密集的人口’成为可能。”①中国和印度的人口数量好像是为这种说法提供了佐证，但是任何的单一因素决定论都是有其自身局限的。

农业的采用是人类历史上最为基础性的变化，它不仅导向定居社会，也转变了人类原始价值观念和社会组织方式。采集和狩猎群体不是把植物和动物视为个人“拥有”，而是所有人都可以取自自然，应当为全体成员所共享，大家本质上是平等的。农业文明的种植和放牧生产方式，由于投入了更多的时间、精力、劳动，把使用的资源和收获的食物视为个人和家庭“财产”的观念被强化。农业灌溉和防洪的水利工程需要一定地区的民众协力配合才能建造、维护，而且水利和剩余农产品都需要威权看护、分配。按照魏特夫的理论，稻米文明隐含的是一种“人工”灌溉的制度，这种制度反过来又要求实行严格的民事、社会和政治纪律。水稻种植在远东导致建立起专制的官僚政权，并出现了众多的国家官员。单一的环境决定论对于农业文明的出现不可能作出全面合理解释，但生态平衡对于生产方式、上层建筑的基础作用无可置疑，农业文明是原始人类应对早期生态危机的伟大创造。

（二）近代能源短缺与工业文明兴起

欧洲封建制度的基本体系是土地由地主拥有，地主有义务保护他们土地上的农民和农奴。农民或农奴提供劳役，必要时还要服兵役，他们听命于地主，被束缚于地主的土地之上。14 世纪中叶，黑死病夺取了欧洲大陆将近一

---

① ［法］费尔南·步罗代尔：《文明史纲》，肖昶等译，广西师范大学出版社 2003 年版，第 168—169 页。

半人口的生命。很多城镇被废弃，大片农田荒芜。“劳动供应是如此短缺，以至于过去被束缚在土地上的农民现在能够向出价最高的人出卖自己的劳动了。”①正是由于这样的原因，封建土地上的农民在历史上第一次有了流动性。虽然政府颁布法令试图维护农民对于土地的封建依附制度，但劳动力短缺的现实状况致使这种法令难以真正贯彻、奏效。以前监督雇工在领主地里干活的监工成了农庄向领主的佃户收租的管家，需要服劳役的雇工或农奴发展成为租地的农户。农奴提供劳动赢得地主对他们福利保护的封建贡赋制逐渐被货币工资制取代，现金体系将取代许多封建义务，这为一种没有农奴或依附民的社会的产生准备了条件。

在欧洲流行了300年的大瘟疫消失了，这可以归结为公共卫生条件改善和生活、医疗水平的提高，也可以归结为人类对于这种瘟疫已经具备了某种免疫力，重新建立起生态平衡。“只是到了18世纪，生命才战胜死亡，出生率从此稳定地超过死亡率。”②“西欧在大约1730年以后经历了一次巨大的人口增长。在半个世纪间，法国的人口增加了50%，英国和普鲁士增加了100%……有了更多子女的企业家庭常常会决定扩大经营，有时需要采用新的设备，这种变化导致了冒险精神的增强。”③同时人口压力驱使大批的人进入劳工阶级，他们构成了农业和制造业中新的工人阶级。人口数目的上升打破了过去由行会把持的行业垄断，促使英国寻求国外市场，也激化了新的资源、能源需求。“然而，正像常见的那样，当人口的增长速度超过经济发展速度时，曾经是有利条件的因素就变成了不利条件。……18世纪十分兴旺发达的中华帝国具有非凡的智慧和高超的技术，然而，它也遭遇了这种局面：它的人口太多了。

---

① 英国布朗参考书出版集团：《经济史》，刘德中译，中国财政经济出版社2004年版，第23页。

② ［法］费尔南·布罗代尔：《15至18世纪的物质文明、经济和资本主义》第一卷，顾良、施康强译，生活·读书·新知三联书店2002年版，第81页。

③ ［美］皮特·N. 斯特恩斯等：《全球文明史》上册，赵轶峰等译，中华书局2006年版，第641页。

这些人力成本很低,几乎能够承担缺乏畜力的经济所需要的全部工作。结果,尽管中国在科学方面长期在世界上享有领先地位,但它却未曾跨越过现代科学和技术的门槛。"①

18 世纪前,木材是人类首要的材料和能源,广泛应用于建筑、机器、工具,也用于生活燃料和取暖。木材用于制作房屋、马车、帆船,用于冶金、酿造、炼糖、玻璃和砖瓦制造、干馏和煮盐行业。直到今天,我们还能在德意志博物馆看到那里陈列着的几架座钟,其全部齿轮均为木制。西欧的木材短缺可以追溯到 15 世纪的造船业,任何国家为建立一只船队必定要破坏大片森林,英国皇家海军最后从世界各地进口的也只能是次等的木材。到 17 世纪后期和 18 世纪初,英国海军部制定了官方资助的植树计划,尽管这些林木要等到一个世纪后才能提供新的供应。"到 1717 年,威尔士新修建的冶铁炉 4 年无法开始生产,直到收集了一定量的木炭,即使如此,所收集的燃料也只够使用 36 周,然后被迫停工。"②英国是遭受严重能源短缺的首批国家之一,从而也是转向新能源形式的首批国家之一。"十八世纪前的文明是木材和木炭的文明,正如十九世纪是煤的文明一样。"③应对木材危机的新的能源形式的探索、推广,促生了新的产业和新的文明形式。

随着木材价格的上涨,先是穷人,后来甚至富人,都不得不使用煤。煤烟的气味既令人作呕也有害健康,污染空气,败坏环境,伦敦成为著名的"雾都"。1306 年,英国政府颁布了禁止燃煤的法令,对燃煤者课以重罚并捣毁其熔炉。但是燃料的短缺又是人们不得不面对的问题,必须从技术上寻求祛除煤中杂质的办法。为了把煤用于炼铁,人们就要对煤加以提纯,就像把木柴放

---

① [法]费尔南·步罗代尔:《文明史纲》,肖昶等译,广西师范大学出版社 2003 年版,第 38—39 页。

② [英]克莱夫·庞廷:《绿色世界史》,王毅、张学广译,上海人民出版社 2002 年版,第 308 页。

③ [法]费尔南·布罗代尔:《15 至 18 世纪的物质文明、经济和资本主义》第一卷,顾良、施康强译,生活·读书·新知三联书店 2002 年版,第 427—428 页。

进土窑内烧成木炭一样。干馏可以清除煤所含的沥青和硫，在重量减轻而体积变化不大的情况下，焦炭仍是一种燃料，但不再像煤那样散发另人讨厌的黑烟。采煤需要解决矿井中的渗水问题，以往主要是靠马牵引抽水机工作，但这越来越不适应煤矿的大规模开发需求。1712 年第一台纽科门蒸汽机在煤矿投入使用，虽然这种机器工作起来要吃掉不少的煤，但这在煤矿不成为问题，煤炭工业为蒸汽机的兴起提供了最初的庇护。在使用蒸汽机之前，保证炼铁炉足够热度的气流是由水车提供的，而蒸汽机能够提供不受季节限制的强劲气流，这也确保了英国成为世界上最多产的制铁大国。

"煤在运输方面的困难，曾经是它作为燃料的一大缺陷，但是现在，通过火车机车，煤就可以自己运输自己了；同样，通过蒸汽机，煤也可以为出产它的煤矿抽水。"①"蒸汽机增加了人们对煤和铁的需求，并降低了生产煤和铁所需的成本。便宜些的煤和铁又降低了建造和运转蒸汽机所需的费用，这又吸引着更多的人使用蒸汽动力装置，于是进一步增加了人们对煤和铁的需求，如此循环往复。"②从中我们可以总结出这样一种模式：煤制造了一些难题，然后又推动了解决办法的产生，而由此带来的革命性的结果则远远超出了煤炭工业的范围。谈到工业革命、工业文明的兴起，人们首先想到的就是蒸汽机，但是我们一定要知道早在 2000 年前的希罗（Hero）就已经发明了最早的蒸汽机。人们记住的是 18 世纪的瓦特、纽科门，而不是最早的蒸汽机发明者希罗，这足以表明技术发明一定要与社会需要相契合，是始自 15 世纪的木材短缺、能源危机催生了蒸汽机和煤的使用，从而也带动了铁路交通的发展。"17 世纪早期的蒸汽机试验，是由于不列颠煤炭工业的初期扩张而引发的，它们既是在为发明蒸汽机作重要准备，也是在为煤在炼铁中的运用作重要准备……不列颠煤炭工业的兴起对于一些问题的提出起到了至关重要的作用，这些问题的解

① [美]巴巴拉·弗里兹：《煤的历史》，时娜译，中信出版社 2005 年版，第 78 页。
② [美]巴巴拉·弗里兹：《煤的历史》，时娜译，中信出版社 2005 年版，第 58—59 页。

决最终几乎不可避免地导致了工业革命的爆发。”①

埃吕尔反对将工业革命、技术革命简单归因于能源开发，强调技术革命产生的经济、社会、文化综合因素，但对于能源革命对于工业革命的刺激、诱导作用予以肯定。② 煤对于工业革命的重要意义，也可以从那些很少有煤炭资源的国家如意大利、奥地利和斯堪的纳维亚诸国都是一些工业化很晚的国家这一事实得到印证。有一种说法，中国烧煤的历史早在公元前几千年，烧制焦炭并用于炼铁也早为人们所知，“当时强盛的中国本来具有打开工业革命大门的条件，而它偏偏没有这样做！”③费尔南·布罗代尔不无偏颇的认为，历史上的大批中国商贩和高利贷者在南洋群岛这些海外市场谋利，这种剥削范围很广和过分容易，中国才在发展资本主义方面长期落后和缺少独创，尽管中国人头脑聪明，并有发明创造（纸币）。中国的取胜之道实在太容易了……④在此，我们不对费尔南·布罗代尔的偏见展开批判，但历史的实际发展状况远比我们的理论预设复杂得多。汤因比所说可能较为中肯，并非肥沃的土地滋养先进的技术文明，社会并不是因自然条件的优势，而是由于成功地经受了挑战而繁荣。当然，如果一个民族、社会经受难以承受的灾难，它也可能发展迟缓或者毁灭。

（三）现代生态危机与生态文明建设

人类发展经历了传统的农业文明与工业文明。农业文明是在农耕牧渔生产力较为低下的情况下发展起来的，它与自然的关系是“天人合一”的。工业

---

① ［英］查尔斯·辛格等：《技术史》第三卷，高亮华、戴吾三译，上海科技教育出版社 2004 年版，第 58—59 页。

② Jacques Ellul, *The Technological Society*, New York: Alfred A. Knopf, Inc. and Random House, Inc., 1964, pp.42-44.

③ ［法］费尔南·布罗代尔：《15 至 18 世纪的物质文明、经济和资本主义》第一卷，顾良、施康强译，生活·读书·新知三联书店 2002 年版，第 437 页。

④ ［法］费尔南·布罗代尔：《15 至 18 世纪的物质文明、经济和资本主义》第一卷，顾良、施康强译，生活·读书·新知三联书店 2002 年版，第 116 页。

文明是在以蒸汽机为标志的工业革命基础上发展起来的，它强调征服自然、改造自然。现代技术不再满足于对自然的浅表改造，而是要对自然实行“伤筋动骨”的根本性改造。现在地球上所存的核武器数量足以把地球摧毁几十次这一事实不仅表明了现代技术的威力，同样也是对于人类自身及其自然界存在的威胁。当人类陶醉于“胜利”的时候，接踵而至的却是自然界的种种“报复”与“惩罚”：温室效应加剧，酸雨污染，淡水短缺，林地草地锐减，废水废气废物泛滥，能源枯竭……这一切表明，现代技术条件下的人类生存正面临着严峻的环境考验。20 世纪 60 年代末以罗马俱乐部的一系列报告为标志，人们开始从工业文明及经济增长的陶醉中惊醒。当我们注意到清洁空气、淡水资源、气体排放成为国际政治讨价还价甚至武力征伐的起因时，也就明了当前人类危机不同以往的质变。对工业文明的反思，使人们清醒地认识到，如果继续按工业文明的传统发展道路走下去，人类面临灭顶之灾，人类文明将全面崩溃。

胡塞尔指出：“19 世纪与 20 世纪之交，对科学的总估价出现了转变”，“在 19 世纪后半叶，现代人让自己的整个世界观受实证科学支配，并迷惑于实证科学所造就的‘繁荣’。这种独特现象意味着，现代人漫不经心地抹去了那些对于真正的人来说至关重要的问题”。① “……通过伽利略对自然的数学化，自然本身在新的数学的指导下被理念化了；自然本身成为——用现代的方式来表达——一种数学的集”。② 由此，自然的实在内容及神秘性已经荡然无存，它成为科学推算和技术摆弄的对象。这正是科学逻辑得以贯彻、技术理性得以无限扩张的必要前提条件。科学统治、技术理性在自我循环的反复论证中不断地强化自身，自然则成为被鞭打、役使、索取的对象，生活的本真意义也

① ［德］埃德蒙德·胡塞尔：《欧洲科学危机和超验现象学》，张庆熊译，上海译文出版社 1988 年版，第 5 页。

② ［德］埃德蒙德·胡塞尔：《欧洲科学危机和超验现象学》，张庆熊译，上海译文出版社 1988 年版，第 27 页。

被扭曲。当人生失去了它内在意义,人类只有抓住科学、技术这一救命稻草,在对自然的挑战和征服中感受生命的存在,也获得一个继续生存下去的理由、动力。

在海德格尔看来,形而上学始自柏拉图,在柏拉图的哲学中实现了从存在本身的思想(在"前苏格拉底派"中)到存在者的存在的思想转变。"如果在形而上学开始时存在本身没有转变成作为存在状况的存在,那么,存在就决不会走向对象。"①对象化是为一定的目的而把事物功能化和与事物算计交往的前提条件,而后又确保了人的有意识的贯彻和统治。以这种方式,自然作为对象、资源和材料听任耗尽和替代。"当世界退化成空虚、浅薄的消费商品,人也就成为孤独、被动的消费者。"②对于现代人类危机,海德格尔只是从存在高度和技术层面探讨问题,却很少挖掘深层社会根源,没有看到资本主义制度在现代人类危机中所扮演的重要角色。正是基于这种认识,海德格尔所提供的拯救方案就是要人们通过"艺术"、"诗"的"沉思"去理解和体验人类"诗意的生存",踏上"重返家园"之路。这可能具有一定理论意义和启发思考作用,但也暴露出其虚幻和飘渺,在严酷的社会现实面前显得软弱无力。"对于自然的剥夺和人的剥夺不可区分,因为我们处置自然的方式只是我们人与人关系的表现而已。"③Albert A. Anderson 借用古希腊神话来阐发他的观点,指出:"普罗米修斯受难是因为他只偷了人类生存所需的一部分(技术),但缺少了最重要的部分——公民的智慧。缺少了公民智慧的人类对于自身、其他生命以及地球本身都是个威胁。当今的生态危机已经证明了这一点。"④

① [德]冈特·绍伊博尔德:《海德格尔分析新时代的技术》,宋祖良译,中国社会科学出版社 1993 年版,第 104 页。

② Albert Borgmann,"The Moral Assessment of Technology",in *Democracy in a Technological Society*,L. Winner(eds.),Netherlands:Kluwer Academic Publishers,1992,p.212.

③ Theodore John Rivers,*Contra technologiam:the crisis of value in a technological age*,Lanham:University Press of America,Inc.,1993,p.38.

④ Albert A. Anderson,"Why Prometheus Suffers:Technology and the Ecological Crisis",*Society for Philosophy & Technology*,1995(1-2).

传统经济学把经济视为无须资源、能源、环境、生态支持的永动机，经济增长只不过被理解为加速循环的流程，没有什么东西被耗尽，也不存在经济增长的限制。相对于当时的经济规模来说，环境显得广袤无边，它被当成取之不尽用之不竭的资源和垃圾场。赫尔曼·E. 达利指出："当我们把为了使我们免受增长所带来的意想不到的后果而需的费用也计算到 GNP 中去，并乐观地把它也看作经济进一步增长的标志时，我们就患了过度增长癖（hyper-growthmania）；而当我们耗尽地理资源和支持人类生命的生态系统，并把这种枯竭当作目前的纯收入时，我们就进入目前的这种晚期过度增长癖状态了。"①相对于简单商品生产起始并结束于商品的具体使用价值，资本主义生产开始于货币终止于货币，摆脱了商品使用价值的束缚和限制，走上了资本增值的无限追求过程。与实体经济相比，账面经济（paper economy）、虚拟经济、金融"创新"似乎为"增长"开辟了无限广阔的前景，但是脱离了资源、环境、生态、实体经济支持的虚拟经济"泡沫"终归要破灭的，人类生存最终还是要回归到现实世界而非虚拟世界。起源于美国次贷危机的全球经济危机，再次印证了马克思主义经济危机、生态危机理论。

生态学马克思主义的生态政治哲学虽然具有与环境主义、生态中心主义、生态自治主义相通的"绿色"特征，但它和"绿党"的观念、主张还是有明显区别的。首先，生态学马克思主义反对环境主义将当今生态危机根源简单归结为人口增长和资源匮乏，不相信资本主义制度框架下生态资源的市场化运作可以解决当今生态危机；其次，生态学马克思主义反对生态中心主义在现代性价值观念统治地位下对于"自然价值"、"自然权利"、"生态优先"等生态理想观念的过分奢望；最后，生态学马克思主义反对生态自治主义沉醉于社会责任、权力下放、基层民主、地方自治等脱离现实的后现代政治设想。"绿色绿党"（Green Green Party 或 Green Greens）的生态政治哲学表现出后现代主义的

---

① ［美］大卫·雷·格里芬：《后现代精神》，王成兵译，中央编译出版社 1998 年版，第 165 页。

总体性特征,高扬“生态中心主义”的旗帜,立足于人与自然关系层面的革命,主张通过消解现代性、否弃人类中心主义、强调自然内在价值、确立人与自然的平等意识和环境伦理、改良资本主义的社会关系等,试图以构建绿色资本主义来彻底解决、摆脱生态危机。生态社会主义是西方生态学马克思主义生态政治哲学的政治理想,它更多体现的是不同于“绿色绿党”的“红色绿党”(Red Green Party 或 Red Greens)理念。红色绿党高举的是“生态社会主义”的大旗,立足于人与人社会关系的改造和资本主义制度的革命,主张通过构建全新的人与人之间的和谐关系来消解人与自然间的紧张状态,以谋求生态危机的根本解决之道。① 首先,生态学马克思主义把资本主义制度及其生产方式看作是当代生态危机的根源,主张社会革命。其次,西方生态学马克思主义为人类整体利益和“以人为本”基础上的人类中心论辩护。最后,西方生态学马克思主义者不反对技术本身,更不反对发展生产力和追求经济增长,把机器和机器的资本主义应用区别开来。②

生态学马克思主义将生态问题与社会发展相联系,揭示当今全球生态危机的资本主义制度根源,认为社会主义是解决生态危机的唯一选择,生态文明是社会主义的重要内涵。虽然生态学马克思主义对于马克思主义理论同生态运动相结合的具体实现机制还不明确,但生态学马克思主义的某些理念、主张对于我国的生态文明建设具有启示意义。在马克思主义理论中,“自然主义—人道主义—共产主义”三者合一的理想早已明确提出,但是多年来我们一直重视的是社会主义的红色主题——社会主义革命和建设,却忽视了社会主义的绿色主题——社会主义生态文明建设。中国共产党十七大报告第一次提出“建设生态文明”,将其作为我们全面建设小康社会的重要目标。这一重大命题的提出,标志着我们党发展理念的升华,对发展与环境、生态关系认识

① 王建明:《“红”与“绿”:展现新全球化时代生态政治哲学新思维》,《自然辩证法研究》2008 年第 12 期,第 76 页。

② 王雨辰:《生态政治哲学何以可能》,《哲学研究》2007 年第 11 期,第 30 页。

的飞跃,具有划时代意义。我国的生态文明建设,首先就是要树立全民生态意识,培养生态公民;其次就是要调整产业结构,转变经济发展方式,将“绿色GDP”纳入政绩考核;最后就是要政治体制改革,重视民生、民主,加快和谐社会建设。应当说,和谐社会建设和科学发展观的提出,已经指明了我国生态文明建设方向和实现途径。

从农业文明的“天人合一”、工业社会的“人定胜天”到生态文明的“天人协调”,可以看出人类自然观的辩证发展过程。从农业文明人类对自然的崇拜、敬畏、屈服,工业社会人对自然的拷打、掠夺、改造到生态文明人对自然的尊重、协调、共进,可以看出这是人与自然关系的否定之否定的辩证发展过程,生态文明是当今人类唯一正确的选择。但是,任何文明都不是人们主观任意的选择过程,它是人类对环境、生态困境的应战,是人类对现实生存方式的尝试和探索。生态危机迫使人类不得不反思工业文明发展方式,“期望破灭的辩证法”就在于人类不得不反思伴随工业文明而来的实证主义科学观、“唯GDP 主义”经济增长观、狭隘的进步历史观,树立生态文明理念下的需求观、消费观、劳动观、幸福观,通过国家权利关系改造和个体价值观的重塑,创建社会主义生态文明。我们必须认识到我们面临着一个根本性抉择——是生存还是死亡,牢记生命对于人类来说是生物和精神不可分离的二重统一体。① “期望破灭的辩证法”应和了荷尔德林所言,哪里有危险,哪里就生长着拯救者。生态危机昭示了未来生态文明发展方向,但社会主义生态文明建设还有待于我们脚踏实地努力践行。危机带来的至多只是希望的种子,而不是成功的现实,无数古代文明的失落证明了这一点。

---

① Jacques Ellul,“Nature, Technique and Artificiality”, *Research in Philosophy & Technology*, Volume 3, by JAI Press Inc., 1980, p.279.

第四章　技术实践真理的内在结构

技术实践真理探究不能止步于空洞的概念符号,而是要揭示技术实践真理系统的内在结构要素,也就是我们常说的“打开黑箱”。技术实践真理的实践特质,决定了它不是超越时空的先验存在,而是体现在社会生活实践的具体时空中。除了技术实践真理的揭示者、对象物及其二者之间的实践关系要素之外,技术实践真理研究也要把地方性和时间性纳入其中。

一、技术实践真理的地方性

欧洲近代科学的诞生有各种各样的解释,我们着重追究的问题是西方近代科学何以迅速推及世界,成为全球性的唯一科学。“现代科学技术与资本主义的兴起有着紧密的历史联系,并发展成为一种渴望霸权的科学文化。这种文化将自己看作不仅是事物的绝对主宰,而且是同辈人的绝对主宰。不用说,在这种文化价值观体系中,有一种强烈的历史使命感,即科学技术威力将普遍地把‘进步’带给世界,如果必要的话使用武力也在所不惜。这就解释了工业革命为什么(尤其是在农村和传统社区生活中)带着如此多的残忍和破坏性而爆发的原因。”①欧洲近代科学走向世界伴随着帝国主义枪炮舰船的海

① ［斯里兰卡］C. G. 维斯曼特里编:《人权与科学技术发展》,张新宝等译,知识出版社1997年版,第53—54页。

外征战、殖民扩张，近代西方科学走向世界与帝国主义扩张携手而进。在欧洲中心主义科学观主导下，近代科学诞生成为欧洲科学理性的独特贡献，世界各地丰富多彩的地方性科学文化贡献和技术实践真理意义被抹杀。

（一）欧洲中心主义科学观批判

欧洲近代科学兴起并走向世界，不论是“内在主义”还是“外在主义”解释，都秉承了欧洲中心主义基本观点。[①] 内在主义科学认识论认为，现代科学的成功是由其内在禀赋特征决定的，包括实验与数学方法应用，对于客观性与合理性的不懈追求，以及本质与现象、主要性质与次要性质的区分，等等。内在主义坚持认为，欧洲的成功是由欧洲的内在文化传统决定的，一直可以追溯到古希腊的理性探索。在内在主义看来，古代中国、古代印度乃至整个伊斯兰文化之所以没有走向科学道路，就是因为其缺少像欧洲那样的科学理性传统。外在主义并没有否定内在主义的欧洲中心主义，只不过是强调科学的外在社会因素影响，还是把近代科学的发生归属于欧洲独立贡献。科学建构论，不论是强调社会的单向建构还是科学与社会的双向建构，基本都可以归结为外在主义观点，深陷欧洲中心主义的窠臼。

“在这种背景下，旧式的历史可以称之为‘孤立主义历史’，因为它把欧洲、非洲、中国、美洲和世界其他社会的历史描述为大致上彼此隔离、互不影响的编年史，除欧洲社会的成就向其他社会作单向传播外，世界各国或多或少‘老死不相往来’。”[②]在这种欧洲中心主义的历史“时间隧道”之中，欧洲成为世界所有重大历史事件的唯一主角，对其他地区的民族活动轻描淡写或者一笔勾销。“在内在主义研究中，必须创造出这三个关键概念来方可维持这种

① 李宏伟、刘杨：《基于“地方性知识”的科学文化反思》，《贵州社会科学》2018 年第 12 期，第 23—27 页。

② ［美］桑德拉·哈丁：《科学的文化多元性》，夏侯炳、谭兆民译，江西教育出版社 2002 年版，第 10 页。

内在主义的描述，即欧洲奇迹、愚昧黑暗时代和科学革命。”①在欧洲中心主义的孤立主义历史观中，从中国、印度到伊斯兰、欧洲的古代文明科学中心转移历史进程被抹杀，近代科学诞生成为“科学革命”的“欧洲奇迹”。启蒙运动者反对教会统治，视中世纪为“愚昧黑暗”，近代科学诞生不得不跨越千年到古希腊寻根。内在主义科学认识论夸大古希腊科学的理性层面，欧洲中心主义与内在主义科学认识论相互印证、强化。

中世纪的欧洲经济和文化要比中国、印度落后很多，欧洲后来居上的转折点在哪里呢？欧洲近代科学的确立伴随着欧洲的海外探险扩张，特别是以1492年哥伦布远航探险、美洲发现为开端标志。海外扩张强化了欧洲的经济与科学，破坏了美洲殖民地科学发展的经济、社会、文化基础。欧洲海外扩张攫取殖民地的金银贵金属、植物样本以及劳动力资源，汲取当地航海、制图、农业、制造业、医药等科学技术思想，打压当地的传统产业与贸易经济，毁灭当地人口以及传统文化价值，加大欧洲科学技术与当地传统文化发展的鸿沟。“拥有众多化学家、历史学家、生物学家、考古学者和文献收藏家的埃及研究院实际上成了拿破仑军队的‘学术部’。其攻击性并不比作战部小：将埃及转变为现代法国……”②海外殖民地成为欧洲科学的实验室，不论是殖民扩张所面对的科学问题还是调用当地科学技术文化资源。只要想一想英语是怎样伴随着英国海外扩张而成为世界通用语言，特别是成为世界学术研究的通用语言，欧洲科学文化的海外扩张进程也就一目了然了。近代科学崛起和欧洲殖民扩张，这是世界近代史的两个基本层面，是一体两面相互论证、强化的不可或缺的重要构成环节。

近代资本主义的成功被归因于西方科学技术，内在主义不仅标榜欧洲科

① ［美］桑德拉·哈丁：《科学的文化多元性》，夏侯炳、谭兆民译，江西教育出版社2002年版，第35页。

② ［美］爱德华·W. 萨义德：《东方学》，王宇根译，生活·读书·新知三联书店2007年版，第108—109页。

学的独特禀赋,也鼓吹资本主义制度优势。但是,英国纺织业的世界市场开拓,并非凭借自由经济的国际贸易商品竞争,而是依靠东印度公司的强制打压、巧取豪夺。非欧洲地区在成为帝国主义殖民地并入世界资本主义经济体系之后,殖民地国家的经济发展与人民生活陷入悲惨境地。"由于科学技术发生变化之时,总会发生关于谁应当从中获益、谁应当承受这些变化的代价以及谁对此做出决定的政治斗争,而世界上的大多数人将输掉这种斗争。在这种情况下,受世界上'富人'青睐的种种'更高程度的科学技术',必然进一步扩大'富人'与'穷人'之间的鸿沟。"①第二次世界大战特别是20世纪60年代之后,帝国主义的殖民体系分崩离析,殖民地国家纷纷独立,第三世界国家的发展道路选择是一个首要的直面问题。在内在主义认识论及欧洲中心主义视野下,发达资本主义国家主导的世界资本主义经济体系及其发展道路成为无法逃避的唯一选择。第三世界国家完全可以根据自己国家的实际情况,在尊重自己国家民族的历史文化下,走出一条适合自己国家的发展道路。打破资本主义主导的世界经济体系,走出一条不同于资本主义模式的新发展道路,是历史发展的必然趋势,也是可行的现实选择。

(二)地方性科学的多元科学文化贡献

最早的世界文明发源地是在古代埃及、古代中国、古代印度、古代巴比伦,古希腊以及后世欧洲科学无法否认其从东方各国以至世界各地汲取的科学资源,无法否认世界各国对于欧洲科学的实际贡献。中国古代四大发明深远地改变了世界进程,"火药、指南针、印刷术——这是预告资产阶级社会到来的三大发明。火药把骑士阶层炸得粉碎,指南针打开了世界市场并建立了殖民地,而印刷术则变成新教的工具,总的来说变成科学复兴的手段,变成对精神发展创造必要前提的最强大的杠杆"。李约瑟问题提出近代中国科学技术为

---

① [美]桑德拉·哈丁:《科学的文化多元性》,夏侯炳、谭兆民译,江西教育出版社2002年版,第29页。

什么落后了,或者说近代科学为什么诞生在西方而没有诞生在中国。李约瑟问题汇聚了大量学者的探讨,但主流观点基本认为欧洲文化具有古代中国所不具备的独特理性基因,中国文化由于缺少这一优质基因而衰败。

近代欧洲科学兴起自有其历史文化条件,但不可否认世界各国地方性科学的交流贡献。欧洲科学本是地方性科学,但是随其近代海外殖民扩张而推及世界,成为世界性、普遍性、"真理性"的唯一科学。"很明显,欧洲的科学技术成就也曾作为其不断增长的自信,并很快发展成为霸权主义概念的'白人至上'信条的推动力。接踵而至的是所有的扩张主义和殖民主义。随之而来的是苦难与流离失所——在工业化的欧洲社会里的人民被迫迁徙以及这个世界的其他非西方社会的民族被征服。"①在各种各样的文化中,欧洲科学取得了文化上无可比拟的优越性,而其他地方文化则在欧洲科学面前自惭形秽,要么走向科学"科学化",要么因其"非科学"而走向消亡。近代欧洲科学戴上了真理的桂冠,其原本的地方性、局域性、特殊性都被掩盖抹杀了。我们并不是要否定"理性"和"科学",理性和科学自有其长处和优势,但这并不因此而成为否定其他地方性科学的理由。

不同地区环境气候的不同造就各不相同的人种体质、地方物产,地方性科学要从地方自然、技术产出的搜集、整理、分类开始,博物学是现代实验科学的前提和基础。自四大文明古国、古希腊开始,苗圃、花园、植物园、药草园的植物搜集以及对于世界各地矿物、技术产品搜集、展示的自然博物馆建设成为人类文明展示、传承、教育的重要部分。"'博物志'像古典希腊语'historia'一样,包括各种事物,不管它们是人造的还是自然的,'正常的'还是'病理的'。"②在新教神学家看来,正像每个信徒都可以独自解读《圣经》一样,作为

① [斯里兰卡]C. G. 维斯曼特里编:《人权与科学技术发展》,张新宝等译,知识出版社1997年版,第52页。

② [英]约翰·V. 皮克斯通:《认识方式》,陈朝勇译,上海科技教育出版社2008年版,第10页。

上帝造物的自然界这部大书对所有人一样开放。自然展示上帝品质,阅读、理解自然就是接近、亲近上帝,新教精神有助于博物学和自然哲学研究。博物学借助于帝国扩张搜集、攫取各地自然植物、矿产资源,不仅伴随着亚历山大王的海外征讨,也有大英帝国政府组织的海外探险采集活动。其中最为著名的就是 19 世纪 30 年代初皇家海军“贝格尔号”的远航,达尔文在这次远航探险中搜集资料,逐渐形成他的生物进化论思想。

“即使当博物学被分析和实验的拥护者贬低时,它仍然是大众科学的一个主要部分,是专业生物学家可以扩展他们工作和影响力的一种重要方式,是公众理解‘自然’的一个关键部分——实际上它现在仍然是。”①博物学传统的优势不仅在于它是科学传播、公众教育的有效方式,更是面对自然事物本身的直观和发现,而非现成科学概念定律的固执套用。“培根的实验旨在提供给工艺,或者提供作为(广义上的)博物学一部分的‘实验志’。确实,我们可以在那种近代早期重新表述的博物学中看到培根式的实验,这种博物学‘扔出解释学’、‘扔进人类作用的自然志’。”②博物学刺激了海外探险,海外探险丰富了博物学,博物学与海外探险相互促进。探险不仅是新大陆的探险,对于身体的解剖、认知同样是寓意丰富的探险活动。“在整个近代早期,探险对解剖学很关键,身体的部分被‘视作’世界的其他部分——视作泉水、溪流,或者视作植物的分枝,等等。新的解剖学与航海探险平行发展……”③

明李时珍编著的《本草纲目》有 190 多万字,收录药物 1892 种、医方 11096 个、插图 1160 幅,是一部包含植物、动物、矿物等各方面知识的百科全书。“医学家从中明医理,药学家从中通本草,生物学家可得到先进的生

① [英]约翰·V. 皮克斯通:《认识方式》,陈朝勇译,上海科技教育出版社 2008 年版,第 72 页。

② [英]约翰·V. 皮克斯通:《认识方式》,陈朝勇译,上海科技教育出版社 2008 年版,第 132 页。

③ [英]约翰·V. 皮克斯通:《认识方式》,陈朝勇译,上海科技教育出版社 2008 年版,第 61 页。

物分类知识，农学家可获得农林技术经验。”①《本草纲目·水部》针对用水卫生指出：“凡井水有远从地脉来者为上；有从近处江湖渗来者次之；其城市近沟渠污水杂入者成碱。”“道”原本唐时地方行政区划的一种，用“道地”或者“地道”强调药材产地优良的地域性，后推及品种优良、炮制考究、疗效显著药材。《本草纲目》讲究因时因地、推崇道地药材，对比不同产地的药材药性。《草部》“黄连”条讲：“今虽吴、蜀皆有，惟以雅州、眉州者为良。”

地方性科学基于各地风土人情、生活实践，每一地方具有不同的物产物候、风俗文化，知识表达各有其不同的概念用语、叙述方式。这种表达不是基于西方的逻辑推理和概念语汇，而是基于各地民族自有的内在认识、语言方式。以当今西方科学的方法和概念标准衡量，地方性科学大异其趣、不够科学。但就是这种非西方化、非普遍化、非定量化、非科学化的地方性知识，其中也包含着各地生活实践的独有智慧和实践认识，真理性的种子包裹在迂回隐秘的叙事说理形式之下。“风水是从古代沿袭至今的一种文化现象，也是一种典型的地方性知识。作为一门研究人与自然环境所谓‘天人合一’关系的学问，风水是中国古代方术重要的组成部分，也是中国传统文化的重要内容，具有一定的科学道理。”②比如我们盖房子要看风水，其实质无非就是看地质生态、得风顺水，打造一个生态宜人的小环境。“负阴抱阳”无非是说要背阴向阳，抵御冬季的北风侵扰，享受阳光的日照温暖。

地方性科学可能不符合严格的科学标准，常常缺少理论体系而更多的是一种技术实践，或者说是一种科学与技术、理论与实践相结合的实践知识。“作为技术的创始者，富裕国家自然生产出适合于其自身需要和目的的而不是适合于贫穷国家的技术……这给富裕世界构成了一个新的权力源

① 唐明邦：《李时珍评传》，南京大学出版社1991年版，第1页。

② 蒙本曼：《知识地方性与地方性知识》，中国社会科学出版社2016年版，第204页。

泉。这些技术来自富裕世界,顺理成章这种权利受到那些对它发布指令的人的利益的操纵。”①种子公司从世界各地攫取生物资源,很少承认生物资源原产地国家的权利。技术一旦引进就成为一种技术构架或者技术平台,成为今后技术发展的基础平台,陷入一种难以摆脱的技术陷阱或者“路径依赖”。“当我们认识到财产权是受到西方法理传统的严格保护时,则人权原则的其他冲突就会发生,因为在发展中世界的传统中,对社会利益和人道的考虑在其价值等级制中占有更高的位置。”②这实质上是不同的文化与价值冲突,认识到文化与价值的多元性存在的话,我们就有可能达到文化的共存、共荣。“与传统技术有着共生关系的现代技术,不是要取代土生土长的技术,而是必须对其进行补充。简而言之,问题不在于是否应该利用西方科学技术,而在于如何利用以及在何种条件下为什么样的目的而利用。”③

(三)破除西方文化帝国主义的民族文化自信确立

欧洲科学自有其长处,但其走向世界不仅依靠的是理性、科学,更重要的是它是一种对于世界的改造和征服力量,是科学文化与武力征伐的携手进程。在萨义德看来,帝国主义的扩张不仅是经济与政治的扩张,欧洲中心主义的文化扩张起了非常重要的作用。“必须把这种文化过程看作处在帝国物质中心的经济与政治机器的重要、有教益、有活力的伙伴。这种欧洲中心的文化无情地整理和观察非欧洲的或边缘世界的每件事物,非常透彻、详细,几乎没有任何东西被它遗漏,也很少有文化没有被它研究,很少有人民和土地不被它占有。”④

---

① [斯里兰卡]C. G. 维斯曼特里编:《人权与科学技术发展》,张新宝等译,知识出版社1997年版,第208页。

② [斯里兰卡]C. G. 维斯曼特里编:《人权与科学技术发展》,张新宝等译,知识出版社1997年版,第254页。

③ [斯里兰卡]C. G. 维斯曼特里编:《人权与科学技术发展》,张新宝等译,知识出版社1997年版,第254页。

④ [美]爱德华·W. 萨义德:《文化与帝国主义》,李琨译,生活·读书·新知三联书店2003年版,第316页。

欧洲殖民主义者无论走到哪里，就要改变当地的种植、植被、物产、居所，以适应欧洲人生存习惯所需，给殖民地国家带来新的疾病、环境破坏、流离失所。生态环境破坏、传统文化丧失带来社会结构、政治制度变化，以往的社会平衡、和谐被打破，殖民地国家陷入混乱、内战、饥饿。

萨义德的名著《东方学》，从书名看上去好像是他要倡导、促进"东方学"研究，但其实质则是通过"东方学"的发生、演变分析，揭露和批判欧洲中心主义的文化霸权。萨义德说："我之所以要反对我所称的东方学，并非因为它是以古代文本为基础对东方语言、社会和民族所展开的研究，而是因为作为一种思想政治体系东方学是从一个毫无批评意识的本质主义立场出发来处理多元、动态而复杂的人类现实的；这既暗示着存在一个经久不变的东方本质，也暗示着存在一个尽管与其相对立但却同样经久不变的西方实质，后者从远处，并且可以说，从高处观察着东方。"①在西方的东方学研究中，东方、东方人被文本化、对象化、问题化，东方文化、生产方式以及东方人的思维、道德都成为不同于西方的问题所在，成为课堂、课本、法庭、监狱中被研究、审视、判断、约束、管制、改造的问题对象。"欧洲的东方观念本身也存在着霸权，这种观念不断重申欧洲比东方优越、比东方先进，这一霸权往往排除了更具独立意识和怀疑精神的思想家对此提出异议的可能性。"②

萨义德指出："我的意思是，在有关东方的讨论中，东方是完全缺席的，相反，人们总能感到东方学家及其观点的在场；然而，我们不可忘记，东方学家之所以在场其原因恰恰是东方的实际缺席。"③东方学家到场表述的不是东方和东方人，而是表述他们认定的有关东方认识和理论。东方被定位在神秘、愚

---

① ［美］爱德华·W. 萨义德：《东方学》，王宇根译，生活·读书·新知三联书店 2007 年版，第 428—429 页。

② ［美］爱德华·W. 萨义德：《东方学》，王宇根译，生活·读书·新知三联书店 2007 年版，第 10 页。

③ ［美］爱德华·W. 萨义德：《东方学》，王宇根译，生活·读书·新知三联书店 2007 年版，第 266 页。

昧、野蛮、落后，东方人被定位在懒散、幼稚、无知、迷信，与欧洲认知中的罪犯、疯子、穷人、女人联系一起。“模糊性被消除，代之以人为建构的实体；‘东方’（the Orient）是学者的一种话语，它代表着现代欧洲近来从仍属异质的东方（the East）所创造出来的东西。”①东方学虽然起源于英法两国，但自第二次世界大战之后美国占据了这一研究领域的主导权，采用的是与英法一脉相承的西方中心主义的研究方法和观点。“那些经验仅仅局限在华盛顿特区的好战、可悲而又无知的政策专家们，却费尽心机地炮制出了关于‘恐怖主义’和自由主义，或者伊斯兰原教旨主义和美国外交政策，或者历史终结论的书籍，所有这些书都只是极力想吸引人们的注意和扩大自己的影响，对诸如真实性、反思或真实的知识这一类问题默然不顾。他们在意的是这听起来是多么的有效和有谋略以及谁会拥护这样的主张。这种将一切本质化的废话的最龌龊之处就在于人类遭受的沉重苦难和痛苦就这样轻易地被消解而烟消云散了。”②

萨义德对于“东方学”的剖析和批判给我们启示，不仅是“东方学”包括各地知识文化都处在西方中心主义的对立面，都是西方科学理性要加以批判、清除的东西。“在五百年来欧洲人和‘其他人’之间的有规律的交流中，一个几乎没有一点改变的观念就是，有一个‘我们’和‘他们’，两个方面都是固定、清楚、无懈可击地不言自明的。”③在萨义德看来，“我们”与“他们”之间的这种区分，可以追溯到古希腊时期的“野蛮人”概念，由来已久，根深蒂固。在古希腊，只有公民、文明人才有资格参与政治，而奴隶、野蛮人没有政治参与的话语权。正像马克思在《路易·波拿巴的雾月十八日》所说，“他们无法表述自己，他们必须被别人表述”，这可能适用于地方性科学的当下境遇。如果我们不

① [美]爱德华·W. 萨义德：《东方学》，王宇根译，生活·读书·新知三联书店 2007 年版，第 119 页。

② [美]爱德华·W. 萨义德：《东方学》，王宇根译，生活·读书·新知三联书店 2007 年版，第 7—8 页。

③ [美]爱德华·W. 萨义德：《文化与帝国主义》，李琨译，生活·读书·新知三联书店 2003 年版，第 21 页。

挖掘、宣传、发扬我们中国地方科学文化的有益方面，那么它就只能成为欧洲科学的"他者"对立面，成为被讽刺、鄙夷、废弃的文化迷信。对于传统文化、地方性科学的全面批判和抛弃，不一定都是西方学者所为，可能还有部分中国学者的呐喊和助威，这是值得我们深思和反省的事情。

欧洲中心主义是西方自我标榜的神话，斯宾格勒《西方的没落》不过是打破这一迷梦的一曲挽歌。中华民族的伟大复兴不必沿袭西方走过的老路，完全可以走出一条具有中国特色的社会主义发展道路，对此我们必须要有道路自信、理论自信、制度自信、文化自信。没有道路自信、制度自信，我们沿袭西方的老路不可能实现中华民族的伟大复兴，也不可能建设成为现代化强国。没有理论自信、文化自信，我们就只能重复西方的学术话语、人云亦云，丧失我们自己的独立思考和价值判断。可悲之处就在于西方学者断言我们中华文化缺少西方所独有的理性和科学，我们不少学者于是就开始反省、检讨我们文化的内在缺陷和先天不足，看不到中华文明几千年光辉灿烂历史，忘记了我们曾经领先世界几千年。我们既不能狂妄自大，也不能妄自菲薄，我们主张学习借鉴、共享包容，尊重文化的地方性和多元性。正像费孝通先生所说："各美其美，美人之美，美美与共，天下大同。"

但是总有一些学者不满足于"美美与共"，他们就是要论证古希腊或者西方文化的独有优势。他们总是喜欢或者说习惯于戴着有色眼镜看世界，他们轻视、鄙夷中国的四大发明，认为技术不像科学那样更为知识化、理论化、体系化，在他们眼里科学理论要比技术实践更为形上、高级。正像柏拉图学院门楣上所镌刻的"不懂几何者莫入"，把数学、逻辑、理论看成是认识世界的前提和门槛。以中医和西医比较，论证西医的独有优势，更推及反省、检讨中国文化的思维缺陷，这种做法不能说全无道理，但也有明显不足。不可否认中医存在某些问题，但不能因此全盘否定，更不能废弃中医。这不仅是中国传统文化的传承和保护，也不仅仅是文化生态多元化所需，更是因为中医自有其独到优势。西医和中西是两种互不相同的医学理论，具有不同的医疗实践方法。西医擅长实证，讲求解剖分析，开刀动手术在西医看来犹如物理操作；在中医看来，人是有生命、情感的有机整体，讲究综合辨证施治，看重发挥生命的自身活力，注重养生、调理。中医注重“养”之过程，西医看重“医”之结果；中医养生“文火慢炖”意在减少病患，西医“大刀阔斧”追求立竿见影。中医、西医分属不同理论、方法，各有其不同优势所在，可以相互借鉴走中西医结合道路。

东晋道教学者、著名炼丹家葛洪(286—364)《肘后备急方》以及唐朝王焘(670—755)辑录的《外台秘要》中都有“青蒿”抗疟的记载，在我国福建、贵州、云南、广西、湖南、江西、江苏等地民间也一直广泛使用青蒿抗疟。屠呦呦在对中医古籍文献和各地实践经验的调查研究基础上，厘清了以往杂乱矛盾的各种经验记载，锁定只有后期(不是前期)采收的蒿属植物黄花蒿(不是青蒿)叶子(不是茎秆)中才含有抗疟有效成分。屠呦呦通过反复试验，突破性地提出了用乙醚代替乙醇的现代萃取方法，打通了青蒿(黄花蒿)高效抗疟药物制备的关键环节。[①] 青蒿抗疟这一原本的地方性知识，成为走向全世界的普遍性知识。屠呦呦的青蒿抗疟研究获得2015年诺贝尔科学奖，这是对于地方性知识当代科学价值的高度肯定。

当今全球化现代性语境下，西方科学的工具理性优势与主导地位不可否认，固守地方性知识传统，一味排斥、否定、拒绝现代科学技术，并非明智之举。挖掘地方性知识的科学文化思想资源，对地方性知识进行现代化、科学化阐释，是地方性知识融入世界全球化进程的现实选择，也是地方性知识当代价值发挥的可行路径。

其一，我们要充分认识地方性知识对于民族文化的重要传承作用，深刻理解地方性知识中所蕴含的世代沿袭的实践智慧教益。以信仰、禁忌或者乡规民约形式存在的地方性知识，通过威慑、警示或者规劝的方式培养人类对于自然的敬畏之心，这可能不够科学却能够深入人心。其二，地方性知识的科学化

① 周程：《屠呦呦与青蒿高效抗疟功效的发现》，《自然辩证法通讯》2016年第1期，第15页。

阐释,便于其教育、传播、交流为世界所接受,但也有可能侵蚀其文化内涵和生命之根。“中国传统生态文化中人与自然和谐共生的思想是奠基在古人对流变的自然节律和生物共同体的有机秩序的直接生存体验,天地万物不仅是可资利用的生活资源更是生命根源,人与自然的和谐共生是完全内在于自然环境中的生机论的‘场内观’,而不是一种人与自然两分的‘对象观’。”①地方性知识的数理化、科学化阐释不能仅存科学外表形式,也必须立足于地方文化的深刻理解。其三,科学技术发展不能一哄而上,要结合自身实际走特色发展道路。大数据、云计算、人工智能是当前科技热点,把这些研究结合到各个学科研究也是当前趋势,但这并不意味着所有地方的科研院所都要把科研力量集中在这些热点研究。各地科研院所可以根据自身实际情况,开展因地制宜的特色研究,如湖南的杂交水稻育种、昆明的热带植物研究等。中国的高铁技术起步落后于西方国家,但是中国有高铁发展的得天独厚国情,中国高铁技术的后来居上证明了科学技术的社会支持与特色发展的重要性。正像《恩格斯致符·博尔吉乌斯》信中所说:“社会一旦有技术上的需要,则这种需要就会比十所大学更能把科学推向前进。”自主创新不是关起门来搞创新,我们要用好国内、国际两种科技资源。我国科技赶超世界先进水平,要采取“非对称”“弯道超车”战略,探索适应中国国情的具有中国特色的科学技术发展道路。

中国是伟大文明古国,拥有光辉灿烂的历史文化,中国陷入悲惨境地就是自西方列强入侵,沦为西方列强任意宰割的半殖民地开始。但是中华民族是一个不屈不挠、勇于抗争的伟大民族,他们反抗帝国主义的欺凌压迫,争取民族独立国家富强,开启了中华民族伟大复兴征程。“欧洲文化的核心正是那种使这一文化在欧洲和欧洲外部都获得霸权地位的东西——认为欧洲民族和

① 李宏伟:《现代技术的陷阱——人文价值冲突及其整合》,科学出版社2008年版,第136页。

文化优越于所有非欧洲的民族和文化。"①中国稳定发展的国际和平环境获得,需要中华文化的对外传播和交流,需要输出我们的核心价值观。中国要想成为国际社会普遍接受和尊重的大国、强国,不仅需要强大的产品制造、创新能力,更要占领哲学人文社会科学以及文化建设高地。习近平总书记在党的十九大报告指出:"今天,我们比历史上任何时期都更接近、更有信心和能力实现中华民族伟大复兴的目标。"中国特色社会主义的伟大实践和辉煌成果是我们新时代文化自信的不竭动力源泉和精神支撑。

二、技术实践真理的时间视野

"……逝者如斯夫。不舍昼夜。"对于时间的理解和认识,孔子在《论语》中只是一声感叹。康德把时间认定为先验观念,时间成为"物自体"一样的不可探知"黑洞",实质上是否定了时间研究。② 正如奥古斯丁所言:"时间究竟是什么?没有人问我,我倒清楚,有人问我,我想说明,便茫然不解了。"③但是,如果我们不再执着于时间的抽象延绵,而是考察不同时代、不同文化背景下具体时间的社会实践内涵,就会发现时间并非如康德所设想的先验观念,而是一种社会技术实践的历史构建,也是技术实践真理的历史揭示过程。

(一)时间观念的社会历史形成

原始人有时间意识,但缺少明确的时间观念。原始人的时间意识,来自他们的生命知觉,来自原始人日常生活的梦、冲动、直觉和行动,而非来自于时间

---

① [美]爱德华·W. 萨义德:《东方学》,王宇根译,生活·读书·新知三联书店 2007 年版,第 10 页。

② 李宏伟:《时间观念的源始发生及其社会建构》,《自然辩证法通讯》2013 年第 5 期,第 96—101 页。

③ 圣·奥古斯丁:《忏悔录》第 11 卷,周士良译,商务印书馆 1963 年版,第 242 页。

的概念及其度量和测算。“史前时代先民生活在时间的不绝绵延中,变化难以察觉。进入人类历史,变化不断加速,永恒的静止时间远离我们而去。”①原始先民感知到日月星辰,但在历史的早期他们却难以通过日月星辰的运动把它们联系起来,勾画出相对稳定运行的完整世界图景。相对于名词性概念而言,原始人更多使用的是由身体动作阐发的动词性概念。相对于原始先民用以表达和交流的“具体”概念而言,时间概念还是过于抽象,超出了原始人的理解。

在神话思维中,神圣来自于过去的历史,时间就是一种原始的证明。当事物在历史中,在时间中得到了梳理,也就得到了其神圣的合法性,也就得到了解释和证明。“把某特定内容置于时间间隔之中,把它置于历史的深层之中,这样,它就不仅被确定为神圣的,具有神话和宗教意义的内容,而且也被证明的确如此。时间便是这种思想证明的最原始的形式。”②神话追溯过去,但神话中的过去只是一个模糊意识,只是不具有时间结构的“long,long ago”。在这种“long,long ago”的永恒和神圣之中,追问和怀疑显得多余。正如谢林在《神话哲学》中所说,神话中的“过去”并非是一时间的序列,它既是时间的起点同时也是终点;它不是客观的时间,只是相对于随之而起的时间的时间。神话中的时间观念不同于我们所言的宇宙时间,也不同于我们所说的历史时间,也正是在这一意义上可以说神话中没有时间观念。卢梭写道:“万物的秩序、时节的运转总是如一的……在他那什么都搅扰不了的心灵里,只有对自己目前生存的感觉,丝毫没有将来的观念,无论是多么近的将来。……现在加拉伊波人的预见程度,还是这样。他们早上卖掉棉褥,晚上为了再去买回而痛哭,全不能预见当天晚上还要用它。”③

---

① Alan Drengson, *The Practice of Technology*, Albany: State University of New York Press, 1995, p.193.

② [德]恩斯特·卡西尔:《神话思维》,黄龙保、周振选译,中国社会科学出版社1992年版,第119页。

③ [法]卢梭:《论人类不平等的起源和基础》,李常山译,商务印书馆1997年版,第86—87页。

时间和空间的不可分离,时间和空间的一体化理解不仅是爱因斯坦的现代科学发现,它首先是原始人类时空观念形成的简明事实。“时间关系的表达也只有通过空间关系的表达才能发展起来。两者之间起初没有鲜明的区别。所有时间取向都以空间定位为前提,只是随着后者发展起来,才产生明确的表达手段,时间的具体规定才能为情感和意识所分辨。”①日月星辰的运转既提示空间,也规定时间。如果缺少了运动的空间感知,那么时间的生命情感体验就只能在神秘中绵延而无从规定。“把空间划分为各个方向和区域,把时间划分为若干个阶段,两者是平行地进行的;在始于对光直观之基本物理现象的渐进的精神启蒙过程中,这两方面只是代表不同的因素。”②在海德格尔看来,日常交往的上手事物具有切近的性质,这个近由寻视“有所计较的”操作与使用得到调节,空间是在使用“用具”的“操劳”“寻视”中构建起来的。“例如,太阳的光和热是人们日常利用的东西,而太阳就因对它提供的东西的使用不断变化而有其位置:日出、日午、日落、午夜。这种变化着但又恒常上到手头的东西的位置变成了突出的‘指针’,提示出包含在这些位置中的场所。”③在海德格尔给出的这个例子中,不但讲明了空间是在人们日常的实践操劳中逐渐形成、确立的,同时也揭示出空间和时间的相互规定。

如果说空间是在人们生活实践的“操劳”中感知、确立,那么时间则是此在在世的“操心”;当然,此在在世的“操劳”与“操心”相互关联、不可分离。“如果了却因缘构成了操劳的生存论结构而操劳作为寓于…的存在属于操心的本质建构,如果操心却又奠基在时间性中,那么就必须在时间性的某种到时

---

① [德]恩斯特·卡西尔:《神话思维》,黄龙保、周振选译,中国社会科学出版社1992年版,第121页。

② [德]恩斯特·卡西尔:《神话思维》,黄龙保、周振选译,中国社会科学出版社1992年版,第122页。

③ [德]马丁·海德格尔:《存在与时间》,陈嘉映、王庆节译,生活·读书·新知三联书店2012年版,第120—121页。

样式中寻找了却因缘之所以可能的生存论条件。”①海德格尔的时间性与我们当今理解的客观时间、科学时间不同,它是关涉此在的生存论存在论意义的源始的时间,与“此在”、“在世”、“操心”、“了却因缘”的“绽出”、“视野”相关。“我们把此在的存在规定为操心。操心的存在论意义是时间性……世界之所以可能的生存论时间性条件在于时间性作为绽出的统一性具有一条视野这样的东西……世界随着诸绽出样式的‘出离自己’而‘在此’。如果没有此在生存,也就没有世界在‘此’。”②不难看出,海德格尔在这里强调此在时间性的“操心”、“视野”对于世界空间性的先在性。

空间、时间观念都是历史性观念,人们对于空间、时间的认识都有一个逐步形成的发展过程。一般认为,空间更为直观,时间更为抽象,人们借助空间感知而达致时间观念。“具有空间性的东西在表述含义与概念之际具有优先地位,其根据不在于空间特具权能,而在于此在的存在方式。时间性本质上沉沦着,于是失落在当前化之中。唯当上手事物在场,当前化才会与之相遇,所以它也总是遇到空间关系,结果,时间性不仅巡视着从操劳所及的上手事物来领会自己,而且从诸种空间关系中获取线索来表述在一般领会中领会了的和可以加以解释的东西。”③当我们寻求概念的含义和解释时,时间性隐而不显,空间性飘然而至。但是当我们追溯存在的源始意义时,就会窥见空间性背后的时间性基础。“因为此在作为时间性在它的存在中就是绽出视野的,所以它实际地持住地能携带它所占得的一个空间……只有根据绽出视野的时间性,此在才可能闯入空间。世界不现成存在在空间中;空间却只有在一个世界中才得以揭示。”④

---

① [德]马丁·海德格尔:《存在与时间》,陈嘉映、王庆节译,生活·读书·新知三联书店2012年版,第401—402页。

② [德]马丁·海德格尔:《存在与时间》,陈嘉映、王庆节译,生活·读书·新知三联书店2012年版,第414—415页。

③ [德]马丁·海德格尔:《存在与时间》,陈嘉映、王庆节译,生活·读书·新知三联书店2012年版,第419页。

④ [德]马丁·海德格尔:《存在与时间》,陈嘉映、王庆节译,生活·读书·新知三联书店2012年版,第418—419页。

(二)从农业社会时间到工业社会时间

农业的出现与环境变化及人口增长有密切关系,当单位土地面积不再能够维持原始人的采摘和狩猎生活方式时,需要付出更多劳作的农业生产方式出现了。农业的优势在于它可以在同样的土地面积上生产更多食物,供养更多人口。当然,农业需要更多有所"期备"的"操心",不仅要关注"切近"的"上手事物",更要对未来有更多"筹划",还需要有春种秋收等因果关系的认识。"当人们不仅仅依据日、月的自然存在和自然效力来考虑它们时,当人们不是出于发光、或带来光明和温暖,湿润和雨水的缘故而崇拜它们,而是把它们当作借以理解一切变化历程和法则的恒定时间尺度时——达到这一步,我们就站在根本不同的和更深刻的世界观的门槛上了。人类精神现在由可以在生命和存在中感受到的节律和周期性,上升到支配一切存在和变化。"①

农业生产的季节性和洪水的定期泛滥,凸显季节划分和时间度量的重要。对于封建时代的农业社会来说,农民还是生活在寄望风调雨顺靠天吃饭的农业时间。我国古代用农历(月亮历)记时,用阳历(太阳历)划分春夏秋冬二十四节气。起源于黄河流域的二十四节气划分充分考虑了季节、气候、物候等自然现象的变化,为农事、农作服务。远在春秋时代,我国就有了春夏秋冬四个节气,到秦汉时代二十四节气已经确立。公元前 104 年邓平等制定《太初历》,二十四节气定于历法,明确了二十四节气的天文位置。我国历朝历代封建统治者都十分重视历法的制定,一方面是为满足封建社会的农业生产需要,另一方面则是维护天子的威权和统治。封建宫廷如果无法预测天文活动以及地震、洪灾等自然灾害,都暗示着皇帝可能失去了上天的信任和无德。作为"天子"的皇帝肩负着制定准确的历法以号令帝国的重任,历法不但预测天象、昭示季节、指导农事,还用来理解天、地、神、人之间的对应关系。

① [德]恩斯特·卡西尔:《神话思维》,黄龙保、周振选译,中国社会科学出版社 1992 年版,第 127 页。

人们推测,散布于世界各地的巨石阵与夏至的日出方位有关,也许是最早的古代天文台。埃及的金字塔、古希腊的神庙也可能具有某些天文象征意义。记时最初还是直接依附于自然的日月运行、星辰变换,时间能够唤起人们对于宇宙、自然的遐想。日晷直接以太阳的光影为记时依据,天文钟借助天象的模拟、演示表征时间,这些都暗示着记时的自然根据。直到14世纪,时间的估量还是取决于人们生活的需求和活动,时间还是自然的、物性的、具体的。大约在14世纪末,时间被划分为小时、分钟和秒,时间走向抽象。到16世纪,私人的时钟出现,机械时间逐渐渗透人类生活。从此,时间脱离了生命、自然的传统节律,变得越来越抽象,成为单纯的数量。但是,既然生命与时间不可分离,生命只能被强力压制,屈从新的时间原则导引。由此,生命本身借由机械度量,生命的有机功能服从机械规制。吃饭、睡觉、工作都要听从机器的召唤,原本作为有机秩序度量的生命时间解体和分裂。①

记时技术化、机械化进程背后隐藏的是人类世界观的悄然转变,人们开始从数学、机械、机器的视野打量、理解、把握世界。正是以伽利略为标志的数学与实验相结合的近代科学方法出现,伽利略把自然界看成是一部用数学语言写成的书,才使得时间的数量化、定量化、度量化变得可能和必要。对于古希腊人来说,空间仅仅是物体的范围或边界,物体自身形状才是最重要的。但新一代科学家选定空间作为物体的本质规定,物体具有空间广延性并在空间中运动。时间像空间一样也被选定作为自然的基本概念和规定,因为物体不但在空间中同时也在时间中运动。最为关键的原因是,空间和时间都可以数学表示、数量化处理,能够计算、预测、操控,由此自然被筹划、剥夺。时间经由科学公式、科学定律的因果关系强化,逐渐确立了牛顿那种不涉及外物的自在自为绝对均匀流逝的"客观"时间、科学时间。

在芒福德看来,工业资本主义的缩影是时钟而非蒸汽机。时钟带来了生

---

① Jacques Ellul. *The Technological Society*, New York: Alfred A. Knopf, Inc. and Random House, Inc., 1964, p.329.

产的规范化和产品的标准化，也带来了一种新型的资本主义生产体系。“科学管理之父”泰勒给一般读者留下的印象就是，手拿秒表掐算着工人每一劳动动作的时间研究。为了最大限度地发掘工人劳动生产率潜力，泰勒首先进行的就是时间和动作研究。时间研究就是研究人们在工作期间各种活动的时间构成，动作研究就是研究工人干活时动作的合理性。泰勒认为工人消极怠工的重要原因之一是付酬制度不合理，计时工资不能体现按劳付酬，干多干少在时间上无法确切地体现出来；他认为，要在科学地制定劳动定额的前提下，采用差别计件工资制来鼓励工人完成或超额完成定额。福特把泰勒的理论创建付诸实践，福特制是对泰勒制改进和完善的生产组织方式。福特的流水生产线是典型的资本主义大工业生产组织形式，代表了传统机器大工业生产的最高水平。也就是在这流水生产线上，工人们不像农民在田间、工匠在家庭作坊或者手工工场那样随意走动，而是成为钉死在流水线上的螺钉。劳动的节奏完全控制在资本家的手里，工人们的时间在科学管理的名义下被肆意剥夺、榨取。“工作不再是精神、道德的培育和实践而是赚钱的劳作、任务，不再是感召、托付和服务他人，也不再意味献身神圣的自我提升。”①

农业社会的农民关注农时、节气，仰赖于风调雨顺的自然眷顾，更直接地感受自然季节的时间流逝和周转。但对于工业社会的大工厂生产来说，工人的作息不再是日出而作日落而息的自然生活，也不论是否刮风下雨，永远都是按照工厂规定的劳动时间，随着时钟表针的跳动和生产流水线节律来调整自己的劳动节奏。即使是资本主义的农业生产，也越来越多地采用了温室大棚、无土栽培等工厂化农业生产技术，他们的农业生产不再追求顺应农时，恰恰追求的是反季节的农作物生产。养殖业不再遵从动物的自然规律，而是借助人工育种人工孵化以及人工光源来制造出虚幻的昼夜交替，对动物实施强制性的刺激生长。安东尼·吉登斯指出：“与资本主义所有其他商品化过程一样，

① Alan Drengson, *The Practice of Technology*, Albany: State University of New York Press, 1995, p.189.

我的主要目的在于关注‘双重存在’时间的创立所具有的意义，这种‘双重存在’时间体现在：普遍、抽象、量化的时间形式支配了时间过程的定性组织形式，后者是所有非资本主义社会的典型特征。时钟是这一现象的物质表征，但重要的是必须探明它给资本主义社会的社会生活所造成的影响。”①

（三）抽象变异的科学时间对于源始生命时间的僭越

从农业时间到工业时间反映人类历史变迁以及文化观念和哲学思维方式转换，其深层根源在于科学时间对于源始生命时间的遗忘和僭越。海德格尔指出：“实际被抛的此在之所以能够‘获得’和丧失时间，仅只在于它作为绽出的、伸展了的时间性又被赋予了某种‘时间’，而这种赋予是随着植根于这种时间中的此在的展开而进行的。”②斯宾格勒强调时间概念形成出于一种人类征服的欲望，表达人类观念的一种语言力量。“用一个名称去命名任何东西，就是用力量去制服它。这便是原始人的巫术的本质——邪恶的力量经由对它们的命名而被制服了，敌人的力量经由对他的名字施以某些巫术程序而被削弱或消灭了。”③我们可以从巫术的咒语，也可以从《圣经・创世纪》中上帝说要有光立刻就有光中体会对于语言、概念的神秘力量崇拜。

古希腊哲学家为追求永恒真理否定世界在时间中的幻灭变化，巴门尼德的存在、柏拉图的理念以及德谟克利特的原子都是永恒的稳定存在，与时间无关。即使是被看成过程哲学家（philosopher of becoming）的赫拉克利特，透过纷纭变换的现象世界所追寻的依然是世界变化的不变尺度——逻各斯。赫拉克利特著作残篇中讲，智慧只在于一件事，就是认识那善于驾驭一切的思想。

① ［英］安东尼・吉登斯：《历史唯物主义的当代批判：权力、财产与国家》，郭忠华译，上海译文出版社2010年版，第136—137页。

② ［德］马丁・海德格尔著：《存在与时间》，陈嘉映、王庆节译，生活・读书・新知三联书店2012年版，第464页。

③ ［德］奥斯瓦尔德・斯宾格勒：《西方的没落》第一卷，吴琼译，上海三联书店2006年版，第119页。

如果说古希腊哲学家的真理追求还只是对世界解释的确定性寻求的话，那么近代哲学家的真理追求则有了自然控制与征服目的，培根“知识就是力量”的宣言道出了这一点。出于控制和征服欲望理解下的世界，不再具有自然的神性和生命，一切不能被预测、计算、筹划的颜色、味道等自然要素一概被归结为不可理喻“第二性质”，作为有赖于主体的主观性被科学开除。胡塞尔指出：“对于柏拉图来说，实在是对理念的或多或少完全的分有。这一思想为古代的几何学提供了初步的实际使用的可能性。通过伽利略对自然的数学化，自然本身在新的数学的指导下被理念化了；自然本身成为——用现代的方式来表达——一种数学的集。”①

在以牛顿力学为代表的绝对时空观中，将代表时间参量的 t 用负 t 代替，物理定律仍然有效。也就是说，在自然科学时间中，零时间、负时间甚至诸如时间的平方或者开方等都是可以运用的，虽然找不到它们的自然解释，也无法赋予它们物理意义。在牛顿体系中，时间的过去和未来没有什么分别，是可以时间倒流的可逆时间观。然而，达尔文的进化论以及人类社会历史表明，生物界及人类社会的时间是有方向性的而非任意颠倒。科学时间与社会历史时间的明显对立和冲突彰显两种不同观察、思考、认识世界方式，即科学地认识世界与人文的理解世界两种不同方式。在柏格森看来，芝诺的错误就在于把不可分割的时间混同于可分割的、不连续的空间，即把时间作了空间化处理。“绵延”是柏格森哲学最重要的关键概念，在他看来，不可分割、连绵不断的时间是事物的真实面貌、绝对本体，而现代人习惯于用科学的理智观念对事物作分析研究，也就远离了事物的真实面目。胡塞尔认为：“从近代开始的自然科学方法、或说自然科学的理性的实际上完全不可避免的榜样作用的结果，即世

① [德]埃德蒙德·胡塞尔：《欧洲科学危机和超验现象学》，张庆熊译，上海译文出版社1988年版，第27页。

界的分裂及其意义转变,是可以理解的。"①

在斯宾格勒看来,生命的时间及其方向性先于科学的空间及其广延,并且是空间和广延的基础,但随后科学空间与生命时间的关系实现了一种颠倒和僭越。"命运诉诸的是同样的程序;我们一开始具有的是命运的观念,只是到后来,当我们的醒觉意识恐惧地看着某个魔力将施于感官世界,并将克服那不可逃避的死亡之时,我们才把因果律看作是一种反宿命(anti-Fate),我们才用它去创造另一个世界,以保护我们,安慰我们。"②人类恐惧、厌恶命运的不确定性,但科学的因果律迎合、强化了人类的科学时间观念,也否定了真实绵延的生命时间、精神进程。世界怎样才是更真实的,是不是非要把一朵娇艳的玫瑰花科学地表达成多少频率多少波长的电磁波才更真实呢?"伽利略在从几何的观点和从感性可见的和可数学化的东西的观点出发考虑世界的时候,抽象掉了作为过着人的生活的人的主体,抽象掉了一切精神的东西,一切在人的实践中物所附有的文化特性。"③生命时间并不仅仅意味自身休闲,更重要的是我们要生活在文化和意义当中,但这在当今时代也显得愈加困难。"即使是我们经由技术所获得的自由时间或者休闲时间也没有用来完善自我,而是浪费在无意义的娱乐消遣和消耗能量。我们更多的不是活着而是打发时间,就像等死一样。"④

按柏拉图所说,语言文字的技术化记载玷污、毁灭了知识回忆。在海德格尔看来,存在的历史就是它对技术的归属,亦即存在的遗忘。胡塞尔讲:"在十九世纪后半叶,现代人让自己的整个世界观受实证科学支配,并迷惑于实证

① [德]埃德蒙德·胡塞尔:《欧洲科学危机和超验现象学》,张庆熊译,上海译文出版社1988年版,第72页。

② [德]奥斯瓦尔德·斯宾格勒:《西方的没落》第一卷,吴琼译,上海三联书店2006年版,第116页。

③ [德]埃德蒙德·胡塞尔:《欧洲科学危机和超验现象学》,张庆熊译,上海译文出版社1988年版,第71页。

④ Theodore John Rivers, *Contra Technologiam: the Crises of Value in a Technological Age*, Lanham: University Press of America, Inc., 1993, p.26.

科学所造就的'繁荣'。这种独特现象意味着,现代人漫不经心地抹去了那些对于真正的人来说至关重要的问题。只见事实的科学造成了只见事实的人。"①斯宾格勒认为"时间的问题,和命运的问题一样,被所有把自己局限于既成之物的体系化的思想家整个地误解了"。② 生命时间在理论体系的构建中没有位置,或者说成为了体系的牺牲品。"我们处处想把'原初的直观'提到首位,也即想把本身包括一切实际生活的(其中也包括科学的思想生活),和作为源泉滋养技术意义形成的、前于科学的和外于科学的生活世界提到首位。"③我们必须认识到生活时间是科学时间的前提和基础,力争实现生活时间与科学时间的互补与平衡,达到精神世界与客观世界的和谐统一。

相对于与生命存在相伴的神秘源始的时间性以及抽象变异的"客观"时间、科学时间,马克思更强调人的感性实践活动的社会时空。"只有在社会中,人的自然的存在对他来说才是人的合乎人性的存在,并且自然界对他来说才成为人。因此,社会是人同自然界的完成了的本质的统一,是自然界的真正复活,是人的实现了的自然主义和自然界的实现了的人道主义。"④马克思关注的社会时空不再是脱离人的社会实践活动的纯粹物质运动时空,而是从事着感性实践活动的人的社会实践时空,关注工人阶级在社会时空中的自由解放。马克思指出:"时间是人类发展的空间。一个人如果没有自己处置的自由时间……他不过是一架为别人生产财富的机器,身体垮了,心智也变得如野兽一般。现代工业的全部历史还表明,如果不对资本加以限制,它就会不顾一切和毫不留情地把整个工人阶级投入这种极端退化的境地。"⑤

---

① [德]埃德蒙德·胡塞尔:《欧洲科学危机和超验现象学》,张庆熊译,上海译文出版社1988年版,第5—6页。

② [德]奥斯瓦尔德·斯宾格勒:《西方的没落》第一卷,吴琼译,上海三联书店2006年版,第117—118页。

③ [德]埃德蒙德·胡塞尔:《欧洲科学危机和超验现象学》,张庆熊译,上海译文出版社1988年版,第70页。

④ 马克思:《1844年经济学哲学手稿》,人民出版社2018年版,第79—80页。

⑤ 《马克思恩格斯选集》第2卷,人民出版社2012年版,第61页。

对于资本主义社会的时空异化、劳动异化，马克思给予了深刻社会批判，卡尔・米切姆则从技术哲学角度具体分析。首先，非人力能源的引入，特别是蒸汽机的使用，解除了工具对于人体的依赖。其次，借助于这种祛除人体依赖方法的广泛运用，一种新的劳动功能分工使生产脱离人的其他生活活动，走出居室，改在工厂进行。可称之为劳动的实体分工是工场的传统特征，伴随着一些工匠专业的鞋子生产，另一些工匠专业的陶器生产，等等。也许在制造餐桌上使用的壶和制造供食物储藏的罐之间还有进一步的专业分工。但是在这种劳动的实体分工中，工匠在助手的帮助下通常还是投身到一件产品制造的始终。① 但是，随着劳动的功能分工的不断加强，劳动最终转化成为机器生产线生产，工人的劳动技能、劳动创造、劳动成果被剥夺。传统的工场劳动与资本主义劳动特别是大机器生产劳动有本质区别，资本主义的劳动异化意味着劳动内容、劳动过程、劳动时间的变异。

对于科学与人文、科学时间与生命时间的疏离和对立，马克思有非常清醒的认识。“过去把它们暂时结合起来，不过是离奇的幻想。存在着结合的意志，但缺少结合的能力……然而，自然科学却通过工业日益在实践上进入人的生活，改造人的生活，并为人的解放作准备，尽管它不得不直接地使非人化充分发展。”②在马克思看来，科学与人文、科学时间与生命时间之间的相互结合、平衡发展是一个过程，这不单纯是一个理论问题更是一个社会现实问题，需要通过对资本主义的社会革命达成。“我们看到，理论的对立本身的解决，只有通过实践方式，只有借助于人的实践力量，才是可能的；因此，这种对立的解决绝对不只是认识的任务，而是现实生活的任务，而哲学未能解决这个任务，正是因为哲学把这仅仅看作理论的任务。”③

① Carl Mitcham, *Thinking through Technology*, Chicago: The University of Chicago Press, 1994, p.240.

② 马克思：《1844 年经济学哲学手稿》，人民出版社 2018 年版，第 86 页。

③ 马克思：《1844 年经济学哲学手稿》，人民出版社 2018 年版，第 85 页。

三、技术实践真理的对象物

实践不同于理论，它是一种外在化的具体活动，总要面对各种各样的实践对象。实践对象不仅与人照面、对立，也具有实践主体与客体之间的对立统一关系。所有的理论认识、实践真理都要靠主体人与实践对象、实践客体的实践互动揭示得来，实践对象、实践客体不再是“不以人的意志为转移”的绝对客观实在，而是人的目的性实践活动的作用对象。

（一）自然界物质形态的多样统一

自然界、世界是怎样的，这是人类不得不面对、不得不尝试回答的问题。这既是一个古代的问题，也是一个现代的问题。古代的自然哲学家如泰勒斯、赫拉克利特、阿那克西美尼、亚里士多德等，凭借直观和猜测，往往把自然世界归结为一种或几种具体的物质形态如水、火、土、气等。近代化学发现超越了古代留基伯、德谟克利特、伊壁鸠鲁的原子论思想，在古代的直觉猜测基础上走向了实验证实，认为原子是组成万物的不可再分基本粒子。但是由于物质形态及其层次结构的无限性，把物质世界归结为一种“基本”粒子的奢望是不可能实现的。现代科学已经证明在原子之下还有质子、中子、电子、夸克等亚原子结构，单凭科学不能解决物质世界的统一性问题，也不可能对世界作出合理的说明。

马克思主义的世界物质统一性所讲的物质，不再由水、火、土、气以及原子等具体物质形态单独规定，而是个别事物与一般事物的对立统一中把握和规定的概念。恩格斯指出：“物、物质无非是各种物的总和，而这个概念就是从这一总和中抽象出来的，……‘物质’和‘运动’这样的词无非是简称，我们就用这种简称把感官可感知的许多不同的事物依照其共同的属性概括起来。”①

① 恩格斯：《自然辩证法》，人民出版社 2015 年版，第 118 页。

那么,物质的这种共同属性是什么呢?列宁在反对各种各样唯心主义特别是马赫主义的斗争中,强调物质的唯一特性就是它的客观实在性。列宁指出:“物质是标志客观实在的哲学范畴,这种客观实在是人通过感觉感知的,它不依赖于我们的感觉而存在,为我们的感觉所复写、摄影、反映。”①列宁的这一物质定义,是站在物质和意识何者为第一性这一哲学基本问题高度所讲。超出这样一个问题范围之外,马克思主义的物质概念就不仅具有客观实在性这一唯一特性,还同时具有许多其他根本属性。马克思主义物质观念,不仅是唯物论的同时是辩证法的,我们必须全面、准确理解。

“我们所接触到的整个自然界构成一个体系,即各种物体相联系的总体,而我们在这里所理解的物体,是指所有的物质存在,从星球到原子,甚至直到以太粒子,如果我们承认以太粒子存在的话。”②恩格斯在这里把我们已知或无知的所有自然世界都看成是相互联系的总体、系统,而非零散、混乱的无序存在。“物质是按质量的相对的大小分成一系列大的、界限分明的组,每一组的各个成员在质量上各有一定的、有限的比值,但相对于邻近的组的各个成员则具有数学意义上的无限大或无限小的比值。目力所及的恒星系,太阳系,地球上的物体,分子和原子,最后,以太粒子,都各自形成这样的一组。”③恩格斯指出“原子决不能被看作单一的东西或者被笼统看作已知的最小的物质粒子”④,论述了物质结构层次的无限性。

恩格斯反对抽象的物质无限可分,认为任何分割都是有条件的一定层次范围内的分割,超出一定层次范围的分割就具有了不同的新内容、新形式。“如果我们设想,将任何一个无生命的物体分割成越来越小的部分,那么开头是不会发生任何质的变化的。但是这里有一个极限:如果我们能够(如在蒸

① 《列宁选集》第2卷,人民出版社2012年版,第89页。
② 恩格斯:《自然辩证法》,人民出版社2015年版,第133页。
③ 恩格斯:《自然辩证法》,人民出版社2015年版,第187页。
④ 恩格斯:《自然辩证法》,人民出版社2015年版,第186页。

发的情况下)得出一个个的自由状态的分子,那么我们虽然在大多数场合下还可以把这些分子进一步分割,但这一点只有在质完全发生变化的条件下才能做到。分子分解为它的各个原子,而这些原子具有和分子完全不同的性质。"[①]如果说无机世界的分割是有条件和限度的话,那么对于有机界、有机生命来说则更是如此。黑格尔曾讲:"割下来的手就失去了它的独立的存在,就不像原来长在身体上时那样,……只有作为有机体的一部分,手才获得它的地位。"[②]一方面,恩格斯认为"哺乳动物是不可分的,"当然,这里的不可分是有条件的,是在一定意义上而言的;另一方面,恩格斯同时指出,"每一个物体在一定的界限内,例如在化学中,都是可分的。"[③]在恩格斯看来,自然物质世界的可分与不可分都不是绝对的、无条件的,必须在一定条件、层次范围内具体问题具体分析。

恩格斯肯定了黑格尔对于物质是连续的还是间断的问题的辩证论述,"黑格尔很容易就把这个可分性问题应付过去了,因为他说:物质既是两者,即可分的和连续的,同时又不是两者。这不是什么答案,但现在差不多已被证明了"。[④] 恩格斯肯定"真无限性",否定单调的无限性,即抽象的无限性或者恶的无限性。在恩格斯看来,"真无限性已经被黑格尔正确地设置在充实了的空间和时间中,设置在自然过程和历史中。现在整个自然界也溶解在历史中了,而历史和自然史所以不同,仅仅在于前者是有自我意识的机体的发展过程"。[⑤] 在此,恩格斯把真无限性和单调的无限性或恶的无限性或抽象的无限性的相互关系作了清楚的说明。恩格斯进一步指出:"我们的自然科学的极限,直到今天仍然是我们的宇宙,而在我们的宇宙以外的无限多的宇宙,是我

① 恩格斯:《自然辩证法》,人民出版社 2015 年版,第 77 页。
② [德]黑格尔:《美学》第 1 卷,朱光潜译,商务印书馆 1981 年版,第 156 页。
③ 恩格斯:《自然辩证法》,人民出版社 2015 年版,第 153 页。
④ 恩格斯:《自然辩证法》,人民出版社 2015 年版,第 153 页。
⑤ 恩格斯:《自然辩证法》,人民出版社 2015 年版,第 119 页。

们认识自然界所用不着的。”①我们看到恩格斯强调的是“我们的”宇宙，强调的是自然科学认识的宇宙而非抽象空洞的无限宇宙，体现的是马克思主义主、客体相互作用的“人化自然”思想。

夸克禁闭作为现代物理学成果，对物质无限可分提出新问题。马克思主义从来就不是僵死的教条，它要借鉴、汲取、提炼自然科学的新成果，用以不断完善、发展自身，这正是马克思主义理论的科学性和生命力所在。夸克禁闭对于世界的物质无限可分性哲学原理既是一种挑战又是机遇，它为我们充实、丰富、发展马克思主义物质观提供了新的科学素材和成果。

第一，辩证唯物主义的世界物质无限可分原理是哲学论断还是科学定律，这是我们首先要作出明确回答的问题，因为对于此的回答直接决定了我们对于“世界的无限可分”的判断、要求。马克思哲学的一大特点就是它的科学性，它建立在科学基础上，是科学认识的理论升华。但是，马克思主义哲学的科学性并不意味着马克思主义哲学是一门自然科学学科或者社会科学学科，辩证唯物主义的世界物质无限可分性是一哲学论断而非科学定律这是无可争议的。

第二，“物质无限可分”作为哲学论断，其所言的“可分”首先是哲学意义上的，而非单纯科学意义上的。哲学意义上的“物质可分”，就是指任何事物、物质层次都有其内部矛盾，都有相互斗争、相互对立、相互矛盾方面。理解和承认矛盾的普遍存在，“物质可分”就是可以接受、理解的简单道理。“可分”必须从哲学意义的矛盾层面而非物理意义的机械分离、分割理解。把世界的物质无限可分原理理解成物质的机械分割是机械论思维方式表现，而非辩证唯物主义的思维方式。

第三，辩证唯物主义的世界物质无限可分原理，不仅承认事物、物质的可分方面，同样强调事物的联系、连续方面，是间断与连续、可分与不可分的辩证

---

① 恩格斯：《自然辩证法》，人民出版社 2015 年版，第 119 页。

统一。世界的物质无限可分原理是与辩证唯物主义矛盾学说相统一的，离开了事物的统一来谈事物的对立、分离是没有意义的，是错误的机械思维方式在作怪。如果从对立统一的思维方式考察夸克禁闭现象，那么夸克的禁闭就没有什么大惊小怪、不可思议，而恰恰证实了事物对立统一存在方式的普遍性。

第四，夸克禁闭确实具有不同于宏观世界物质可分的新特点，这一新特点不是对于辩证唯物主义物质无限可分原理的否定，恰恰是对于马克思主义物质学说的丰富、发展、完善。每一物质层次结构内部都有其内在的特殊矛盾，这是物质存在层次性、间断性表现。但是，承认物质层次结构的间断性，并不以否定其连续性为前提。在面对跨越物质层次结构的科学认识上以及哲学理解上的茫然、困惑，需要我们切实提高马克思主义辩证思维素养。

第五，夸克禁闭是一定科学发展阶段的认识，不是对于物质世界的最终认识，我们对于微观物质世界的认识还有待深化、提高。可以大胆断言，夸克并非是物质世界的终极例子，夸克仍然是可分的，也不论这种可分的具体形式怎样展开。正如列宁所说："物的'实质'或'实体'也是相对的；它们表现的只是人对客体的认识的深化。既然这种深化昨天还没有超过原子，今天还没有超过电子和以太，所以辩证唯物主义坚持认为，日益发展的人类科学在认识自然界上的这一切里程碑都具有暂时的、相对的、近似的性质。电子和原子一样，也是不可穷尽的……"①

根据弦理论，如果我们有足够放大倍数的电子显微镜观察所谓"粒子"的话，看到的就不是点状粒子，而是一根振动着的弦。这根弦很小，长度大约只有普朗克长度 10^{-33} 厘米。正是因为它这样小，所有的亚原子粒子看上去都像是个"点"，而其真实面目则是"弦"。传统上，物理学家看重的是微观"粒子"，摆在他们面前的是几百种亚原子粒子共存的混论局面。但是按照弦理论，"电子和夸克都不是具有本质性的东西，弦才是本质性的东西。事实上，

① 《列宁选集》第2卷，人民出版社2012年版，第193页。

宇宙中所有的亚粒子都可以被视为弦的各种不同振动,别的什么都不是。弦上所发出的各种'和弦'就构成各种物理学定律"。①

弦理论的"弦"可以不同的频率振动和共鸣。如果我们拨动这个振动的弦,那么它就会改变模式,变成另外一个亚原子粒子,如夸克粒子;如果我们再拨动弦的话,也许它又转变成为中微子。我们可以将不同的亚原子粒子解释为弦的不同音调,几百个亚原子粒子现在可以用单一的弦来解释、代替。早在古希腊时代,毕达哥拉斯就发现了和声定律,并把这些定律简化为数学关系。毕达哥拉斯进而将音乐与数学的发现上升为一种哲学,推广应用到整个世界、宇宙。可以说,现代物理学的弦理论,圆了毕达哥拉斯的好梦。

弦理论的最新化身或最新版本是M-理论,M代表膜或者解释成神秘、魔法甚至母亲的意思,M-理论是所有弦理论之母。广义相对论和量子理论构成了宇宙物理学知识总和,但二者之间存在的巨大鸿沟也是明显的,目前看来,只有M-理论最有希望把我们的宇宙贯通一体。但是,M-理论也是反传统的,我们习惯的四维时空不合时宜,而是代之以10或11维度的超空间。只有引入如此的多维空间,才有可能把所有的自然力统一到一个精巧的理论解释中。"这样一个神奇的理论将能够回答这样一些永恒的问题:在时间开始之前发生了什么?时间可以倒转吗?维度通道能够带我们穿越宇宙吗?"②

弦理论显然不是最终的完美理论,很难相信弦理论找到的几百万个解有什么实质意义。以往我们相信宇宙只有唯一解,宇宙只有一个;但现在,我们更倾向于多重宇宙(multiverse of universes)的存在。探索远无止境,引发的问题和思考不是在减少而是在增多。现代物理学理论的发展并非最终真理,但还是引发我们诸多新的哲学思考。

第一,物质的粒子形态是我们熟悉的,但粒子形态并非是物质的唯一存在形态。对于物质实物粒子形态的过分强调,是各种机械论、机械唯物主义的内

---

① ［美］加来道雄:《平行宇宙》,伍义生、包新周译,重庆出版社2008年版,第145—146页。

② ［美］加来道雄:《平行宇宙》,伍义生、包新周译,重庆出版社2008年版,第136页。

在理论根源之一。物质的实物粒子形态最为显明,最容易触及感官,最早成为科学、哲学的关注对象,早期科学以及哲学上的“原子论”就是例证。不可否认,古代原子论为近代科学奠基,但也预设了机械论、决定论世界观,暴露出其内在缺陷和片面。

第二,“场”是物质世界的另一存在形态,科学对于场的认识还有待进一步深化;哲学对于场的认识则几近空白,需要补课。场由于其相对于实物的“空虚”很难为感官所捕捉,在科学、哲学上的认识相对迟滞可以理解。自亚里士多德,“自然害怕真空”影响深远,“真空”或者说“场”的存在被忽视。我们现在所说的“场”或者“真空”,不是古代原子论者或者亚里士多德学派所理解的空无一物的绝对真空,它依然是物质的一种特殊形态、特殊表现。

第三,“场”的概念有别于原子论,更切近中国古代的“元气说”。如果说原子论、粒子概念在西方科学中得到了长足发展的话,可以说中国古代的元气说就是场论的古代表现。古希腊的原子论和中国古代的元气说是东西方两种不同文化、不同思维方式的表现,古希腊的原子论表现出的是一种间断性的机械论思维方式,中国古代的元气说表现出的则是连续性、有机性思维方式。

第四,很难泛泛地讲物质形态的粒子说和场论哪一个更好,而只能说我们要把它们恰当地运用到具体的情景、语境下。对于我们理解世界的物质统一性来说,粒子说和场论都是必要的,它们是物质世界的不同表现形态,缺一不可。当德布罗意指出粒子具有波动性而波具有粒子性的“波粒二向性”,实际上已经指出了我们的整个世界既可以从粒子的角度也可以从波的角度来理解。对于微观粒子来说,表现为波还是表现为粒子主要取决于我们的观察、实验、感知方式。对于宏观世界来说,由于其存在尺度以及我们的感官、认知方式,决定了我们更习惯从实物而非场的角度来理解、认识世界。

第五,对于世界的物质统一性来讲,粒子说和场论给出了两条各有区别但又紧密联系的互补道路。当我们说世界是物质的,物质是普遍相互作用的,实际上已经预示出世界统一的两条必不可少的互补统一道路。海森堡从 1953

年起倡导量子统一场论，从基本粒子的统一去探求新的统一场论。海森堡指出："凡是一个理论，如果它能用一个关于物质的基本方程准确地反映基本粒子的质量和性质，那么它同时也是一个统一场论。"①

第六，无论是"夸克"还是"弦"，都是自然科学的理论成果，它们丰富、深化了哲学思考，但不同于也代替不了哲学的"物质"范畴。列宁说："物质是标志客观实在的哲学范畴，这种客观实在是人通过感觉感知的，它不依赖于我们的感觉而存在，为我们的感觉所复写、摄影、反映。"②恩格斯在《自然辩证法》中更明确地指出："物质本身是纯粹的思想创造物和纯粹的抽象。当我们用物质概念来概括各种有形地存在着的事物的时候，我们是把它们的质的差异撇开了。因此，物质本身和各种特定的、实存的物质的东西不同，它不是感性地存在着的东西。"③

第七，世界的物质统一理论是马克思主义哲学基本原理，现代自然科学成果可以丰富、深化我们对这一哲学原理的认识，但不能代替也不能终结世界的物质统一性哲学原理的不断认识发展。恩格斯在《反杜林论》中指出："世界的真正的统一性在于它的物质性，而这种物质性不是由魔术师的三两句话所证明的，而是由哲学和自然科学的长期的和持续的发展所证明的。"④

（二）自然界物质运动的辩证发展

马克思主义的运动概念是和其物质概念紧密结合在一起的，运动是物质"存在的方式"和"固有属性"，不运动的物质和无物质的运动都是不存在的。恩格斯指出："运动，就它被理解为物质的存在方式、物质的固有属性这一最

---

① ［德］海森堡：《严密自然科学基础近年来的变化》，《海森堡论文选》翻译组译，上海译文出版社 1978 年版，第 169—170 页。

② 《列宁选集》第 2 卷，人民出版社 2012 年版，第 89 页。

③ 恩格斯：《自然辩证法》，人民出版社 2015 年版，第 130 页。

④ 《马克思恩格斯选集》第 3 卷，人民出版社 2012 年版，第 419 页。

一般的意义来说，涵盖宇宙中发生的一切变化和过程，从单纯的位置变动直到思维。”①物质固有属性和存在方式的多样性，决定了其运动形式的多样性。“研究运动的本性，当然不得不从这种运动的最低级的、最简单的形式开始，先学会理解这样的形式，然后才能在说明更高级的和复杂的形式方面有所建树。”②可见，运动形式是从简单到复杂的一个逐渐发展过程，这不但是自然的发展过程，同时也是科学认识的发展过程，是历史与逻辑的统一，是主、客观辩证法的统一。

物质运动形式经历了从低级到高级、从简单到复杂的发展过程，表征了自然界普遍发展的联系和统一。恩格斯根据19世纪的科学发展水平，划分了从简单到复杂的自然界四种基本运动形式：机械运动、物理运动、化学运动、生物运动。与这四种自然界基本运动形式相适应，自然科学发展历史先后产生了力学、物理学、化学、生物学。即使是今天我们站在21世纪科学技术发展水平来看的话，恩格斯在一百多年前科学概括的基本判断仍然是正确的，体现出马克思主义自然观的高度概括力和预见力。

马克思主义的唯物主义世界观坚信物质不灭原理，物质既不能创生，也不能消亡。这既是人类生产实践和科学实验结果，也是马克思主义物质世界统一性的哲学必然。如果承认物质不灭原理，那么作为物质存在方式和固有属性的运动不灭原理同样适用。“既然我们面前的物质是某种既有的东西，是某种既不能创造也不能消灭的东西，那么由此得出的结论就是：运动也是既不能创造也不能消灭的。”③虽然恩格斯高度评价1842年是自然科学划时代的一年，在这一年里，迈尔、焦耳、格罗夫的共同努力，使得能量守恒成为无可置疑的事实，他们“用物理学的方法补充证明了笛卡尔的原理：世界上存在着的

---

① 恩格斯：《自然辩证法》，人民出版社2015年版，第132页。
② 恩格斯：《自然辩证法》，人民出版社2015年版，第132页。
③ 恩格斯：《自然辩证法》，人民出版社2015年版，第133页。

运动的量是不变的。”[①]但是，相对于科学家的科学证明来说，恩格斯看到了哲学思维对于运动不灭原理理解的重要意义。“只要认识到宇宙是一个体系，是各种物体相联系的总体，就不能不得出这个结论。”[②]“现代自然科学必须从哲学那里采纳运动不灭的原理；离开这个原理它就无法继续存在下去。”[③]

恩格斯在哲学史上第一次全面揭示了运动不灭原理的辩证内容，强调运动不灭同时表现在“量”和“质”两个方面。我们常常讲“能量守恒定律”，而恩格斯强调的是“能量守恒和转化定律”，认为运动在量和质两个方面是不可分割、相互联系的，否定了一方必然也要否定另一方。“运动的不灭性不能仅仅从量上，而且还必须从质上去理解……一种运动如果失去了转化为它所能有的各种不同形式的能力，那么即使它还具有潜在力，但是不再具有活动力了，因而它部分地被消灭了。”[④]这在恩格斯看来是难以想象的。

1867 年 9 月 23 日，克劳修斯在法兰克福第 41 次德国自然科学家和医生的集会上作了“关于热力学第二定律”的演讲。在这轰动一时的著名演讲中，克劳修斯将热力学第二定律的适用条件从有限世界的“孤立系统”推广到无限宇宙，明确提出“宇宙热寂说”。宇宙热寂说认为，宇宙中机械、物理、化学等运动形式，最终都将转化为热运动，而热运动却不能再转化为其他运动形式。热只能从高温物体自行传导到低温物体，最终整个宇宙将达到热平衡状态，一切运动都将停止，宇宙处于死寂状态。宇宙热寂说以“科学”的面目出现，其实质实际上是否定了运动不灭原理，“能消失了，即使不是在量上，也是在质上消失了”。[⑤] 宇宙热寂说隐含着宇宙终结论，但有终结就会有开端，我们只能冀望于神的“第一推动”。

---

① 恩格斯：《自然辩证法》，人民出版社 2015 年版，第 17 页。
② 恩格斯：《自然辩证法》，人民出版社 2015 年版，第 133 页。
③ 恩格斯：《自然辩证法》，人民出版社 2015 年版，第 24 页。
④ 恩格斯：《自然辩证法》，人民出版社 2015 年版，第 25 页。
⑤ 恩格斯：《自然辩证法》，人民出版社 2015 年版，第 274 页。

将有条件的科学结论推广到整个宇宙，这是经不起推敲的。但是，克劳修斯毕竟提出了一个问题：散失到宇宙中的热究竟能不能重新集结，以怎样的形式集结起来呢？恩格斯依据运动不灭原理作出预言，“发散到宇宙空间中去的热一定有可能通过某种途径（指明这一途径，将是以后某个时候自然研究的课题）转变为另一种运动形式，在这种运动形式中，它能够重新集结和活动起来”。① 恩格斯坚信：“物质在其一切变化中仍永远是物质，它的任何一个属性任何时候都不会丧失，因此，物质虽然必将以铁的必然性在地球上再次毁灭物质的最高的精华——思维着的精神，但在另外的地方和另一个时候又一定会以同样的铁的必然性把它重新产生出来。”②恩格斯既冀望于科学的未来发现，否定哲学对科学的取代；同时又坚持哲学对于科学的某种指导作用，辩证理解科学与哲学关系。

马克思主义的自然观不但是唯物论的，同时是辩证法的。对于黑格尔“以其唯心主义的方式只当作单纯的思维规律而加以阐明”的辩证法规律，马克思主义作了根本性的颠倒，完成了哲学史上的革命。“所谓的客观辩证法是在整个自然界中起支配作用的，而所谓的主观辩证法，即辩证的思维，不过是在自然界中到处发生作用的、对立中的运动的反映……”③恩格斯在这里强调客观辩证法对于主观辩证法的前提性基础地位无可非议，是马克思主义辩证唯物主义原理的体现。黑格尔的错误就在于：“这些规律是作为思维规律强加于自然界和历史的，而不是从它们中推导出来的。由此就产生了整个牵强的并且常常是令人震惊的结构：世界，不管它愿意与否，必须适应于某种思想体系，而这种思想体系本身又只是人类思维的某一特定发展阶段的产物。”④对于黑格尔辩证法的神秘形式，马克思给予同样批判。马克思 1868 年

① 恩格斯：《自然辩证法》，人民出版社 2015 年版，第 26 页。
② 恩格斯：《自然辩证法》，人民出版社 2015 年版，第 27 页。
③ 恩格斯：《自然辩证法》，人民出版社 2015 年版，第 82 页。
④ 恩格斯：《自然辩证法》，人民出版社 2015 年版，第 75—76 页。

3月6日致库格曼的信中强调:“我的阐述方法和黑格尔的不同,因为我是唯物主义者,黑格尔是唯心主义者。黑格尔的辩证法是一切辩证法的基本形式,但是,只有在剥去它的神秘的形式之后才是这样,而这恰好就是我的方法的特点。”①

针对“自然界中的任何变化、任何发展都被否定了”的“自然界绝对不变的看法”,②在这个僵化自然观上打开第一个缺口的是康德的《自然通史和天体理论》,特别是随后的能量守恒和转化定律、达尔文的生物进化论,一系列的自然科学成果揭示了自然界普遍联系和发展的辩证图景。“新的自然观就其基本点来说已经完备:一切僵硬的东西溶解了,一切固定的东西消散了,一切被当作永恒存在的特殊的东西变成了转瞬即逝的东西,整个自然界被证明是在永恒的流动和循环中运动着。”③恩格斯这里所讲的“循环”并非排斥变化和发展,恰恰相反,辩证唯物主义自然观就是要借用能量守恒和转化定律的“循环”特征来确保自然世界的永恒运动,在事物的变化、运动中实现发展。

一切产生出来的东西,都一定要灭亡,包括人类和太阳系概莫如此。但是,“诸天体在无限时间内永恒重复的先后相继,不过是无数天体在无限空间内同时并存的逻辑补充……这是物质运动的一个永恒的循环,这个循环完成其轨道所经历的时间用我们的地球年是无法量度的……”④可见,恩格斯所说的循环是针对“无限时间”和“无限空间”条件下的永恒运动而言,而非特定时间、空间下的具体事物而言,亦非否定事物的运动发展。恩格斯十分推崇达尔文,“因为他证明了今天的整个有机界,植物和动物,因而也包括人类在内,都是延续了几百万年的发展过程的产物”。⑤“现代唯物主义概括了自然科学的新近的进步,从这些进步来看,自然界同样也有自己的时间上的历史,天体和

---

① 《马克思恩格斯全集》第32卷,人民出版社2005年版,第526页。
② 恩格斯:《自然辩证法》,人民出版社2015年版,第12页。
③ 恩格斯:《自然辩证法》,人民出版社2015年版,第18页。
④ 恩格斯:《自然辩证法》,人民出版社2015年版,第27页。
⑤ 《马克思恩格斯选集》第3卷,人民出版社2012年版,第793页。

在适宜条件下生存在天体上的有机物种都是有生有灭的;至于循环,即使能够存在,其规模也要大得无比。"①恩格斯明确指出,"自然界的一切归根到底是辩证地而不是形而上学地发生的;自然界不是循着一个永远一样的不断重复的圆圈运动,而是经历着实在的历史"。②

(三)技术实践关系中"物的追问"

对于"物"的研究,科学自有其一套模式、方法,可以称为"科学方法"。在这样的科学方法研究之下,我们有了关于"物"的物理学化学乃至植物学动物学研究成果。"物"是什么?在科学视野中就是对于各种各样具体物如铁矿石、计算机、宇宙飞船的具体研究和回答,在哲学视野中就是对于物何以为物的物之共性追问,要回答把各种各样具体的物统归在"物"这一概念之下的根据何在。在技术实践真理探索之中的物之追问,显然不是科学求索而是哲学追问。即使是哲学的追问,技术实践真理视域下的"物"也不是康德现象背后的"自在之物"、"物自体",而是与人构成技术实践关系的现象界实践之物。"我们以这种方式来追问,我们所探寻的是那种使物成为物,而不是成为石头或木头那样的东西,探寻那种形成物的东西,我们追问的不是随便什么种类的某物,而是追问物之物性。"③

物的追问虽然不是追问随便什么种类的某物,但是物的追问却要从我们身边的每一个物开始。追问的不是我手中的这只钢笔,也不是我桌上的这个水杯,而是追问"每"一个物的共性和根据。"由此,我们并非依次或唯一指向个别的、每一个这样的物,而是指向每一个物的一般规定……"④我们追问"每一个",可以从"这一个"的理解和领会开始。当我们言说"这一个"的时候,指

① 《马克思恩格斯选集》第3卷,人民出版社2012年版,第400页。
② 《马克思恩格斯选集》第3卷,人民出版社2012年版,第793页。
③ [德]马丁·海德格尔:《物的追问》,赵卫国译,上海译文出版社2010年版,第8页。
④ [德]马丁·海德格尔:《物的追问》,赵卫国译,上海译文出版社2010年版,第14页。

示代词暗示出我们对于这一事物已经具有了某种理解和领会，虽然在此没有明确言说这种理解和领会的具体内容。“只要物与我们照面，它们就会呈现出‘这一个’的特性，但对此我们还是说，‘这一个’并不是物本身的特性，倘若物只是某种相关的指示对象的话，那么‘这一个’就只不过是领会了这种对象。”这并不是说要把物完全归结为主体、主观，但物也绝不是“不以人的意志为转移”的绝对客观“自在之物”。“还可能是，这些规定与两者都无关，而主观与客观的区分，还有主体—客体的关系本身就是最成问题的，尽管这些可以指示出受欢迎的哲学退路。”①

海德格尔以一支粉笔为例，讲了物与真理的时间、空间条件和规定。我的讲台上摆放着一支粉笔或者说有一支粉笔，为了捕捉这一真理，我很认真地记录下来“这里有一支粉笔”，白纸黑字记有真理的纸条就放在粉笔旁边，此时此地“这里有一只粉笔”是一个确实真理。然而，一阵过堂风把纸条吹到室外，被一位到食堂吃饭的同学捡到了，认为这一记录完全不符合事实，一阵风吹真理变成了非真理。“很多方面都显示出：物的真理与空间和时间关联在一起，由此可以推断，我们可以通过进一步探究空间和时间之本质，就会更加接近物本身，即使一定还会或再三会产生假象，正如其空间和时间对于物来说似乎只是一个框架一样。”②

这一支粉笔在当下时间具有空间位置的唯一性，这是两支类似粉笔加以区别的空间依据，也就是说我们指示的“这一个”东西具有时间、空间的规定性，对于“物的追问”无法回避“时间是什么”、“空间是什么”问题。

这一支粉笔处在一定空间位置并占据空间，我们把粉笔所处位置看作粉笔的外部空间，但是粉笔所占据位置也是空间的一部分，与粉笔“外部空见”相对意义上我们可以称为粉笔的“内部空间”。但是粉笔的内部空间又是什么意思呢，如果我们掰开粉笔看到的不再是内部空间而是外部空间，所以严格

① ［德］马丁·海德格尔：《物的追问》，赵卫国译，上海译文出版社2010年版，第25页。
② ［德］马丁·海德格尔：《物的追问》，赵卫国译，上海译文出版社2010年版，第28页。

说来空间就是空间没有“内部”与“外部”之分。相对于空间来说,时间更是外在于诸物,任何事物都是在时间中存在、生死,而时间之流淌不受所累、绵延不绝。“所有探寻的尝试都不断加深了一种印象,即空间和时间只是容纳物的领域,与这些物漠不相关,但可以用来指定每一个物的空间—时间—位置。这种容纳领域在何处真正地存在或如何存在,仍然悬而未决。”[①]在爱因斯坦相对论的科学回答中,物体与时空并非漠不相关,但是在海德格尔的哲学追问中把悬而未决的“物的追问”,指向关涉时间、空间的深远存在问题。科学和哲学的不同回答,各有其不同侧重考虑也有相互补充、丰富,给予我们不同维度的思考启示。海德格尔指出:“关于物之存在特性的问题,成为每个个别的或这一个的问题,完全或根本上与存在问题相关联。”[②]我们常常把时间—空间联系到一起简称“时空”,但是把时间、空间结合统一到一起的根源、依据是什么呢,或者说它们共同发源于更为源始、首要的东西。海德格尔“物的追问”引导到存在的真理之问,因为存在是真理的家。这里所说的“存在”不是绝对客观实在,而是关涉此在生存的实践探索与真理解蔽。“我们选择‘物是什么?’这个问题,现在表明,诸物居于各种不同的真理之中。”[③]陈述、理论是真理的当今最重要表现形式,但在更为源始意义来说真理就是一种若如花朵绽放的生存实践的无蔽和揭示。我们看到和经验到的诸物,与我们逗留其中与诸物照面领域没有不同,这种照面领域就是先行开放的去蔽、解蔽、无蔽。“指明和照面通常意味着某个领域,我们所谓的‘主体’就逗留于其中,如果我们想要把握这些领域的话,就一定会涉及到空间和时间,我们称之为时—空,它们使指明和照面这种堆放物的领域得以可能,这些物被迫从空间和时间方面表现出来。”[④]海德格尔的“照面领域”要用很多诸如存在、此在、去蔽、时空

① [德]马丁·海德格尔:《物的追问》,赵卫国译,上海译文出版社2010年版,第20页。
② [德]马丁·海德格尔:《物的追问》,赵卫国译,上海译文出版社2010年版,第22页。
③ [德]马丁·海德格尔:《物的追问》,赵卫国译,上海译文出版社2010年版,第13页。
④ [德]马丁·海德格尔:《物的追问》,赵卫国译,上海译文出版社2010年版,第29页。

等难解概念缠绕解释，说到底其实质就是人的技术生存实践领域。

陈述真理的主词与谓词间的结构环节反映或者符合事物的本质结构，陈述话语的结构关系与事物的结构关系相契合。在这一意义上来讲，“物是什么”可以归结为如下答案：“物是特性之承载者，与之相符合的真理在陈述中，在一个主词和谓词之连接的句子中具有其场所。”①但这种物之结构与话语结构之契合不是一成不变的，而是随着实践与认识的发展而改变，我们对于物的结构认识、真理认识是历史发展的。“‘物是什么？’的问题就是‘人是谁？’的问题，这并不是说，物成了人的拙劣创造物，相反它意味着：人被理解为那种总已经越向了物的东西，以至于这种跳跃只有通过与物照面的方式才得以可能，而物恰恰通过它们回送到我们本身或我们外部的方式而保持着自身。”②人与物之间的这种内在关联，无须从造物主或者绝对的我寻找神秘根源，不过是生存实践人与物之间的技术居间活动而已。

四、技术实践真理的揭示者

依技术而生的人类是一种主体性的类存在，主体间性是人的本质性存在方式。“从远古时期到各类文化之中的人类活动，总是嵌入在技术中”③，人类与技术的伴生注定了人类的主体性本质与技术不可割舍。人类的主体性不仅是单个“我”的主体性，而且是“我们”的主体性。正是在人的主体间性社会存在方式的技术实践活动中，人成为技术实践真理的揭示者、建构者。④

---

① ［德］马丁·海德格尔：《物的追问》，赵卫国译，上海译文出版社 2010 年版，第 35 页。

② ［德］马丁·海德格尔：《物的追问》，赵卫国译，上海译文出版社 2010 年版，第 216 页。

③ ［美］唐·伊德：《技术与生活世界》，韩连庆译，北京大学出版社 2012 年版，第 22 页。

④ 李宏伟、潘宝君：《技术时代的主题消弭与重构》，《太原理工大学学报》2017 年第 5 期，第 60—64 页。

（一）人的主体间性存在方式

近代以来，培根、笛卡尔等哲人认识到人是世界的主体，每个人都是一个“我”。但每个人都不是单一的“我”，而是“我们”中的“我”。“我们”一词强调，不仅作为人类一员的你和我拥有主体性，而且由我、你、他组成的共同体“我们”也具有主体性。这种主体性意味着在你、我面前显现的这个世界是一个主体间的世界。

胡塞尔在《笛卡尔式的沉思》中明确表示，先验的主体性是确然确定的、作为最终判断基础的我思，任何彻底的哲学都必须建立在这个基础上。以这种纯粹意识流的自明性而确立先验自我，从根源上彻底杜绝了对“我”的主体性的质疑。胡塞尔认为他人是在作为主体的我之中被构造为他人的，这样的他人“恰如我为我自己存在一样”①存在于人类共同体之中。虽然在物理学上他人与我是彼此分离的，但我们共在于一个“意向的共同体”之中，这个“共同体”先验地使世界的存在成为可能。这种先验自我只有在与意向的诸对象性相关时才是其所是②，你、我、他“交互主体地保持一个互属的共同生活世界的有效性”③。胡塞尔的先验现象学给交互主体性一种“绝对核心”（an absolutely central role）的地位。④

不同于胡塞尔的先验现象学，梅洛·庞蒂的知觉现象学不再悬搁现实世界，而是以生活世界为前提，以“身体—主体”理论探讨人与世界的关联方式，形成了独特的主体间性理论。他指出在知觉中，世界是身体—主体的开放、扩

---

① ［德］胡塞尔：《生活世界现象学》，倪梁康、张廷国译，上海译文出版社2005年版，第197页。

② ［德］胡塞尔：《生活世界现象学》，倪梁康、张廷国译，上海译文出版社2005年版，第89页。

③ ［德］胡塞尔：《笛卡尔式的沉思》，张廷国译，中国城市出版社2002年版，第92页。

④ Dan Zahavi, *Subjectivity and Selfhood: Investigating the First-Person Perspective*, Massachusetts Cambridge: The MIT Press, 2005, p.48.

张和延伸,知觉世界是身体—主体与世界的原初统一关系,人的知觉使人成为这个世界的主体。他指出自我与他人之间拥有一种可逆性,这种可逆性意味着一种主体间性,它使主体间的社会交往和对话成为可能。这种可逆性意味着人们以自身的不同视角关注世界,人们可以互换角色、互换视角,形成共同的知觉世界。这个知觉世界不是任何一个我的世界,而是“我们”共同的世界。

哈贝马斯认为人的自我性是通过对他人以及社会的认识而确立的,主体间性确保彼此相互认识的主体的同一性。“我、你(另一个我)和我们(我和他我)之间的关系,是通过一种在分析上自相矛盾的结果建立起来的。讲话者把他们自己看作是两个彼此不相容的对话者,从而证实了这个我的同一性以及集体的同一性。”①在这种相互认识的同一性中,不仅确立了“我”的主体性,“我们”的主体性也得以确立。人类的交往行为遵行主体间认可的社会规范以保持社会的一体化、有序化和行动合作化。人类的行为在本质上“是以理解为导向,以理解为目的的语言对话行动”。② 与交往行为相对的工具行为是工具理性的实践结果,是为了达到既定目标而对最佳途径的谋划。这两种行为的承担者都是主体间的主体,主体间沟通的基本方式与结果置于以语言为基础的交往行为之中。哈贝马斯坚信“人们必须说同样的语言,处身于一个由语言共同体所确立并且具有主体间性结构的生活世界当中,以便真正从对自然语言的反思当中获取好处,并把对言语行为的描述建立在理解这种言语行为内在自我解释的基础上”。③

阿尔弗雷德·许茨明确地将先验世界引向现实世界,他批判地接受了胡

---

① ［德］哈贝马斯:《诠释学的普遍性要求》,高地、鲁旭东、孟庆时译,洪汉鼎主编:《理解与解释:诠释学经典文选》,东方出版社 2001 年版,第 286 页。

② ［德］哈贝马斯:《交往行动理论》第一卷,洪佩郁、蔺青译,重庆出版社 1994 年版,第 386 页。

③ ［德］哈贝马斯:《后形而上学思想》,曹卫东、付德根译,译林出版社 2001 年版,第 55 页。

塞尔先验世界的交互主体性理论,转向了世俗世界的主体间性问题,建立了生活世界现象学。许茨认为生活世界从一开始就是一个主体间的世界,“这意味着它是一个任何人都可以接近的世界”①,所有的社会生活和文化生活都是在主体间的基础上建立起来的。“我们作为其他人中的一群人在它之中生活,通过共同的影响和工作与这些人联系在一起,理解其他人并且是其他人理解的客体。”②许茨设立了一个变形自我以理解他人的主体性,“变形自我就是能够通过它的生动的现在而被人们经验的主体的思想流”③,而我只有通过对自我的过去的反省才能领会自己的自我。许茨认为对变形自我思想流的把握和对自我的反省都是在世俗世界的主体间性基础之上,把自我与他人的主体性都确立在社会现实的基础之上。把他人设立为变形自我,把彼在视为此在,在此基础上我们共同经验这个世界。

(二)技术塑造人的主体间性

主体之为主体在于其不仅拥有自然物得以存在的自在性,还拥独属于人这种特殊的存在是自为性。人与世界关系的两重性,使人成为主体这种存在,海德格尔称之为“此在”:“一方面,人作为存在者而内在于这个世界;另一方面,人又作为存在的发问者和改变者而把这个世界作为自己认识、作用的对象”。④ 许茨、哈贝马斯等哲学家都指出,个体只有在生活世界中通过主体间性才能成为主体。通过主体解释主体间性,又通过主体间性来解释主体不免陷入一种循环论证,这就要求我们去追问“我们”是如何成为主体间的主体的?

---

① [德]阿尔弗雷德·许茨:《社会实在问题》,霍桂桓译,浙江大学出版社 2011 年版,第 127 页。

② [德]阿尔弗雷德·许茨:《社会实在问题》,霍桂桓译,浙江大学出版社 2011 年版,第 137 页。

③ [德]阿尔弗雷德·许茨:《社会实在问题》,霍桂桓译,浙江大学出版社 2011 年版,第 187 页。

④ [德]马丁·海德格尔:《存在与时间》,陈嘉映、王庆节译,生活·读书·新知三联书店 2012 年版,第 2 页。

1. 人作为有手劳动的主体

人之本性在于其始终具有的一成不变的因素。人类存在以来就有的东西，不是文字、农业、房屋而是手。“人类的特性就在于置身于直接在手的条件之外的运动”①，从生物学、人类学、考古学、社会学等多个角度去分析，手都是人始终具有的、一成不变的因素。即使一些动物的四肢有明显区分，我们也不会把它们的任何两肢称之为手，它们无论从形态还是从功能上都无法与人类的手相提并论。

在人类的形成过程中，直立行走使手得到解放。与此同时人类再也不用嘴来撕咬和捕猎动物以获取食物，面部得到解放，人类逐渐拥有了独特的语言能力，斯蒂格勒同意古兰的观点“技术的出现以语言的出现为标志”。② 随着手与脸部的解放，语言的形成，在旧石器时代人类的大脑皮层迅速发展，脑容量逐渐变大，智力得以迅速提高。手的解放使人类的活动范围大大扩展，人的活动不再只是基本的生存和繁殖活动。两手做事意味着操作，“而被手操作的就是工具或器具。手之为手就在于它打开了技艺、人为、技术之门”。③ 正是在直立行走把上肢解放为手的同时，人类的大脑、双手以及口等身体与生理器官的协调发展打开了技术之门。

手是作为主体的人主动与世界接触的直接的、首要的、有效的身体器官。海德格尔指出“（存在者）在世界之中存在就等于说：寻视而非专题地消散于那组建着用具整体的上手状态的指引之中”。④ 人的存在就在于其“操劳”与

① ［德］贝尔纳·斯蒂格勒：《技术与时间：爱比米修斯的过失》，裴程译，译林出版社 2000 年版，第 172 页。

② ［德］贝尔纳·斯蒂格勒：《技术与时间：爱比米修斯的过失》，裴程译，译林出版社 2000 年版，第 167 页。

③ ［德］贝尔纳·斯蒂格勒：《技术与时间：爱比米修斯的过失》，裴程译，译林出版社 2000 年版，第 13 页。

④ ［德］马丁·海德格尔：《存在与时间》，陈嘉映、王庆节译，生活·读书·新知三联书店 2012 年版，第 89 页。

“烦”,正是手使人类能够“操劳”、能够“烦”、拥有技艺、能够从事技术活动。存在者的存在就是在世界之内与此在照面,与此在相照面的诸多存在者与此在一同构成了这个世界,此在就此成为“在世界之中存在”①的存在者,成为主体。这样“任何存在者都只能在一定的上手—在手的时间性中展现自己的在此存在”。②

2. 技术定位主体的差异性共在

美国技术哲学家卡尔·米切姆教授对希腊语 Techné 进行了词源学考察,在他看来柏拉图的 Techné 是一种“技术知识”(technical knowledge),包括“如音乐、医学和农学,是在实践和经验基础上的猜测和直觉中发展起来的”,是“与关于操作非人类的物质世界的制作活动或生产活动密切联系到一起的”。③ 这种技术是一种实践的知识,而不是理论知识。技术是古代的石器、铁犁、纺车等,是现代的汽车、移动电话、计算机等,这些物质形式的技术是最直接的技术,它“能够囊括所有人类缔造出来的物质人工物,这些物质人工物的功能严格地说依赖于具体的物质体本身”。④ 通过对技术的考察,米切姆指出技术的四种基本形式,即作为物体、知识、活动和意志的技术。这种技术定义的内涵是实践和经验、制作活动和生产活动,这种技术定义把技术承担者的角色授予人,使人成为实践主体。

人类缔造人工物不是单向的从人到人工物的活动。斯蒂格勒说,“技术发明人,人也发明技术,二者互为主体和客体。技术既是发明者,也是

---

① [德]马丁·海德格尔:《存在与时间》,陈嘉映、王庆节译,生活·读书·新知三联书店 2012 年版,第 61 页。

② [德]马丁·海德格尔:《存在与时间》,陈嘉映、王庆节译,生活·读书·新知三联书店 2012 年版,第 132 页。

③ Carl Mitcham, *Thinking through Technology: The Path between Engineering and Philosophy*, Chicago: The Chicago University Press, 1994, p.119.

④ Carl Mitcham, *Thinking through Technology: The Path between Engineering and Philosophy*, Chicago: The Chicago University Press, 1994, p.161.

被发明者”。[①] 西蒙栋也将人视为一种形式和物质的联合统一体[②],这里的物质就有技术物质的属性。这两种观点从技术的角度,以一种独特的方式去揭示人之为人、人之为主体的奥秘。人之为人的一个特点是人与人之间的差异比任何其他动物之间的差异都复杂、具体。男人和女人除了生物差异还有各种具体的、显著的自为性的差异。中文“男”字表示用力、用耒在田间耕作。没有耒这种农业工具,就没有在田里劳作的男人。将这种考察深入到社会的各个方面,可以发现这种情况在人类社会中是一个普遍现象。古代拥有打铁技术的人被称为铁匠,庖丁作为一名屠夫拥有出神入化的宰杀技术。技术使人成为特定的人、特定主体,造成人与人之间的显著差异。如今这种情形比过去任何时代都更为普遍、显著,专职开车的我们称之为司机,专职编程的我们称之为程序员。如果对社会的各行各业进行考察,我们会发现拥有某种技术、从事某种行业,将被称之为为某种人。海德格尔说“语言是存在的家”。当某人被称为司机时,他就是司机这种存在者,而之所以是司机这种存在者恰是因为他拥有开车技术。技术是使我们成为我们自己的东西,是使我们成为主体的本质性的、基础性的东西。“技术现象是人类的首要特征,因技术在不同种族之间造成的差别远比因人种或宗教文化因素造成的差别重要。”[③]

海德格尔通过亚里士多德的四因说对技术进行了分析:“几百年来,哲学一直教导我们说,有以下四种原因:一是 cause materialism[质料因],譬如银匠从质料、材料中把一只银盘制作出来;二是 cause formalis[形式因],即质料进入其中的那个形式、形态;三是 cause finalist[目的因],譬如,献祭弥撒在形式和质料方面决定着所需要的银盘,四是 cause efficiency[效果因(动力因)],银

---

① [德]贝尔纳·斯蒂格勒:《技术与时间:爱比米修斯的过失》,裴程译,译林出版社 2000 年版,第 172 页。

② Donald A.Landes,“Individuals and technology:Gilbert Simondon,from Ontology to Ethics to Feminist Bioethics”,*Cont Philos Rev*,2014(47),pp.153-176.

③ [德]贝尔纳·斯蒂格勒:《技术与时间:爱比米修斯的过失》,裴程译,译林出版社 2000 年版,第 13 页。

匠取得效果，取得了这只完成了的现实银盘。”①海德格尔以银盘为例说明“四原因乃是相互紧密联系在一起的招致方式”②。银盘是一种祭器，银盘的完成需要银这种质料、盘这种形式、祭祀和捐献这种目的，还需要银匠的工作。这四条缺一不可，只有当在祭祀典礼上，银盘上摆满牺牲，神职人员引导大家作祷告的时候，银盘才被真正的带出。在这里银盘是“世界的会集地，即天和地、神和有死者的会集地”③，是使各种存在者得以显现的技术。银盘不仅将天、地、神、人会集在这里，而且会集在这里的人是有差异的人，包括银匠、神职人员、普通信众。海德格尔称这种会集式的存在为“共同此在”、“共同存在”，“此在”不是单独的“此在”，而是与其他此在和存在者共同存在的“共在”、是“我们”、是有差异的各种各样的主体的集合。

（三）技术时代的主体消弭

技术是这样一种存在者，它使人成其为人，成为主体间的主体，使我和你成为“我们”。在人类的产生、发展过程中，技术从未缺席，但过去的任何一个时代，我们从未称其为“技术时代”，那么我们何以称我们这个时代为“技术时代”呢?

海德格尔通过对工具论、人类学的技术概念的批判，指出技术在本质上是一种解蔽方式，使遮蔽得以解蔽、使在场者在场。技术作为一种解蔽方式，使存在从遮蔽领域到场，就是让存在者与我们照面。在这一过程中人摆脱以往的束缚成为自己，成为一种主体性的存在者，即“一切存在者以其存在方式和

---

① ［德］海德格尔：《技术的追问》，孙周兴译，载《海德格尔选集》，上海三联书店 1996 年版，第 926 页。

② ［德］海德格尔：《技术的追问》，孙周兴译，载《海德格尔选集》，上海三联书店 1996 年版，第 927 页。

③ ［德］冈特·绍伊博尔德：《海德格尔分析新时代的技术》，宋祖良译，中国社会科学出版社 1998 年版，第 87 页。

整理方式把自己建立在这种存在者之上”。① 人的这种主体性基于“共在”，即不同主体间性的主体性。海德格尔抓住时代的脉搏，追问技术的本质。这个时代被称为技术时代，不是因为技术无处不在，而是因为技术成为“座架”。座架“Gestell”在德语中指的是某种用具，有着“集置”的功能，譬如把书籍集中放置的书架。海德格尔认为技术“座架”是挑起、挑衅式的“促逼着的解蔽”。

在技术时代，技术充斥在我们生活中的各个方面，以促逼着的解蔽方式使存在者呈现在我们面前，以一种物质化、齐一化、功能化的方式把各种存在者、此在都解蔽为持存物。在技术时代，多种多样的自然物被限定为单纯的能量提供者，莱茵河被物质化、齐一化为水利资源。农业活动不再是对土地的“关心”和“照料”，而是想尽一切办法榨取土地的肥力，获取最大收益。农业成为机械化的食品工业，农民被摆置为农业工人。“用物质化的方式展现事物，把存在者降格为单纯的材料，这同时也意味着把一切齐一化。事物所享有的各独特的意义和作用都被否决了。”②现代社会，人们在机械化的流水线上进行简单划一的工作，被齐一化为人力资源。人与人之间差异性的减少意味着人与人之间主体性的减弱，人不再是不可替代的主体。

现如今，手机是日常生活中最常见的技术，几乎人手一部手机，智能手机从生产到使用都占用着人。智能手机频繁地更新换代，不是智能手机适应我们，而是我们适应智能手机。智能手机作为一种通信工具，改变了人与人之间的交流方式。智能手机将这个世界展现到我们面前的同时，我们也被拉到了这个平台上。在这个过程中我们似乎与我们的家人、朋友离得更近，但事实上我们更容易忽视他们，人的活力与温情都不再存在。小孩抱怨父母爱手机更甚于自己。各式各样的聚会，从手机联系开始，以玩手机为主题，最后再以互

① ［德］马丁·海德格尔：《林中路》，孙周兴译，上海译文出版社2004年版，第7页。

② ［德］冈特·绍伊博尔德：《海德格尔分析新时代的技术》，宋祖良译，中国社会科学出版社1998年版，第30页。

留手机号码、添加微信而结束。我们面对的不再是一个丰满而充实的世界，也许这样的我们也不该称为“我们”。

一种端倪已经显露，作为“促逼着的解蔽”的技术使自然成为一种持存物，时时刻刻为着被技术使用而准备着，显然技术才是主体。当技术成为主体的时候，人的主体性也就消弭在技术之中了。因为作为“我们”的人的主体性是一种差异性的存在，而作为“座架”的技术的本质则是使一切物质化、功能化和齐一化。各种存在者独特的功能和意义都被否决为单一的资源，人也变成了人力资源。这种情形下，拥有主体性的不是人而是技术。海德格尔说现代技术的本质是“座架”，那么“座架”就是“主体”。但是当技术成为主体的时候，置人于何处呢？技术“座架”成为主体的同时，我们每个人不再是独一无二的此在，而是应技术所需的一种齐一化的存在。“我们”每个人不是主体间的主体，而是“座架”的填充者，被固定在这个“座架”里，听任技术的召唤，“主体性”消弭于技术的“座架”之中。

（四）技术转向中主体性重构

主体从来不是单纯“精神”的空妄主体，而是依凭技术在世“操劳”的主体。技术时代，“我”、“你”、“他”以及“我们”的主体性消弭于技术“座架”之中。我们要走出技术“座架”，重构主体间的主体必须依赖技术，因为正是技术塑造了“我们”之间的差异性，使我们成为主体间的主体。主体的重构，不是要抛弃现代技术，而是要在技术与社会的变革中达成主体的解放与重构。

首先，改造客体世界同时改造主体世界。马克思对技术有清醒认识，指出由于工业时代大机器技术的作用，资产阶级在它不到一百年的统治中创造的生产力，比过去一切时代创造的全部生产力还要多、还要大。然而在资本主义社会，“技术的胜利，似乎是以道德的败坏为代价换来的。随着人类愈益控制自然，个人却似乎愈益成为别人的奴隶或自身的卑劣行为的奴隶……我们的一切发明和进步，似乎结果是使物质力量成为有智慧的生命，而人的生命则化为愚钝的物质力量”。[①] 这一切是技术自身的罪恶造成的吗？马克思明确指出要把机器和机器的资本主义应用区别开来。科学技术是第一生产力，只有掌握在无产阶级手里才有可能真正成为无产阶级的解放力量。无产阶级解放的唯一出路就是社会变革，废除资本主义私有制，建立社会主义最终走向共产主义。社会主义的建设与完善需要有强大的物质生产力支撑，科学技术作为第一生产力，对于推进社会进步和人类主体的解放发挥着重要的作用。

其次，增强技术决策的公众参与。哈贝马斯认为：“自我反思能把主体从依附于对象化的力量中解放出来。自我反思是由解放的认识兴趣决定的。以批判为导向的科学同哲学一样都具有解放的认识兴趣。”[②]自我反思不是没有价值，但仅凭自我反思在现实中也难以奏效。哈贝马斯在哲学层次上从主体哲学转向主体间哲学，在理论社会学层次上从目的合理性转向交往合理性，认为没有相关制度安排只能落入空话。事关国计民生的重大技术决策，不能仅凭专家决策，还要向民众讲清重大工程技术的潜在风险，征询广大群众的看法、意见、建议，让民众参与重大工程项目的决策过程。民众可能不清楚重大工程技术的科学技术原理、方法，但他们是决策利弊的直接当事人，我们必须听取他们的看法，考量他们的利益。三峡水利工程建设的重大决策由全国人民代表大会讨论决定，像这样举国关注的重大工程决策必须经由全国人民代表大会讨论决策。当面对地方性的技术决策时，我们要采用公众听证会形式，充分发挥我国社会主义制度的优越性，完善公众参与重大工程技术决策制度建设，使其规范化、制度化。

再次，强化民生科技，致力社会公平。一般说来，科学技术丰富社会财富，提高物质生活水平。但具体科技成果解决具体问题，服务特定目的和人群，美容技术和预防传染病的保健技术具有不同的社会效益。“民生科技”就是与

---

① 《马克思恩格斯文集》第 2 卷，人民出版社 2009 年版，第 580 页。

② ［德］哈贝马斯：《作为“意识形态”的技术与科学》，李黎、郭官义译，学林出版社 1999 年版，第 129 页。

解决、服务民生问题直接相关的科学技术，就是与广大人民群众物质生活、社会安全、心理健康以及文化追求等切身感受和现实利益问题相关的科学技术。[①] 加强发展民生科技要正确处理基础理论研究与民生科技应用、科技创新与技术转移的关系，使全国各地民众分享科技发展成果。相对于科技创新的高成本、高风险来说，经济欠发达地区民生科技的发展可以借力发达地区的技术扩散、技术转移。当然，我们不能无视技术创新在民生科技发展中的重要基础作用，特别是对于某些急迫性民生关键问题的针对性研究、开发，是不能等待和依赖技术扩散来解决问题的，政府必须在民生科技创新上发挥积极主导作用。

最后，走技术生态化的人性化发展道路。技术时代的主体性问题反映了人与自然以及人与技术关系问题，当自然世界走向对象化、成为持存物，人也就被俘获，越发不能成其为主体，而是成为技术理性预定的各式各样的人力资源——持存物。技术的生态化发展道路就是其人性化发展道路，没有技术的生态化就没有技术的人性化，因为反生态就是反自然、反人性。技术的生态化包括三个层面，第一层面是技术与自然的生态和谐，技术的设计研发必须是自然友好型的，符合自然的生态和谐发展要求，要走技术的精细化、柔性化发展道路。第二个层面就是技术系统内部的生态和谐，“技术系统内部各自独立、没有关联的专门技术组装成一个自洽的有机生态体系，某一技术过程的废弃成为另一技术过程的原料，整个系统达到自转化、自消化、自净化能力”。[②] 第三个层面就是人与技术的生态和谐，以往我们总是把技术放在人的对立面或者单纯工具角度考量，忽略了技术与人之间的互动共生关系。我们只要学会与自然、技术的和谐相处，并在自然变革与社会实践中切实践行，人与人的和谐共处以及人的主体重构就会达成。

---

① 李宏伟：《民生科技的价值追求与实现途径》，《科学·经济·社会》2009 年第 3 期，第 99—102 页。

② 李宏伟：《现代技术的陷阱》，科学出版社 2008 年版，第 148 页。

五、技术实践真理的实践关系

马克思主义新唯物主义超越一切旧唯物主义的关键就在于,它不是简单地坚持自然的客观性、先在性,而是认为通过人类的实践中介,自在、自然、必然、历史地转化为人化自然、历史自然、现实自然。恩格斯在1886年写作的《路德维希·费尔巴哈和德国古典哲学的终结》指出:“凡是从唯心主义观点出发所能说的,他(按:指黑格尔)都说了;费尔巴哈所附加的唯物主义的东西,与其说是深刻的,不如说是机智的,对这些以及其他一切哲学上的怪论的最令人信服的驳斥是实践,即实验和工业。”实践是主体与客体间的相互作用,是人与自然关系的中介桥梁,也是技术实践真理得以具体实现的现实规定。

(一)技术实践作为人与自然的中介桥梁

“对象性的存在物进行对象性活动,如果它的本质规定中不包含对象性的东西,它就不进行对象性活动。它所以只创造或设定对象,只是因为它是被对象设定的,因为它本来就是自然界。”①在此,马克思揭示了主客体、人与自然的内在本质统一关系。相对于黑格尔的抽象自然和费尔巴哈的自在自然来说,马克思主义哲学的革命性强调的不是理论解释而是世界改造,关注的是现实的、属人的自然世界。一方面,马克思批判黑格尔的“抽象的自然界”,因为对黑格尔来说“整个自然界不过是在感性的、外在的形式下重复逻辑的抽象概念而已。他重新把自然界分解为这些抽象概念”。② “但是,被抽象地理解的,自为的,被确定为与人分割开来的自然界,对人来说也是无。”③另一方面,

---

① 马克思:《1844年经济学哲学手稿》,人民出版社2018年版,第102页。
② 马克思:《1844年经济学哲学手稿》,人民出版社2018年版,第115页。
③ 马克思:《1844年经济学哲学手稿》,人民出版社2018年版,第114页。

马克思和恩格斯批判费尔巴哈的与人对峙的、脱离人而自在存在的机械自然，认为“先于人类历史而存在的那个自然界，不是费尔巴哈生活于其中的自然界；这是除去在澳洲新出现的一些珊瑚岛以外今天在任何地方都不再存在的、因而对于费尔巴哈来说也是不存在的自然界”。①

对于人与自然的存在及其关系问题，这在以往哲学看来神秘、抽象的问题，在马克思看来则是直观、简明问题。“因为对社会主义的人来说，整个所谓世界历史不外是人通过人的劳动而诞生的过程，是自然界对人来说的生成过程……”②在马克思看来，一些理论的神秘抽象问题，无非是人的抽象设定，问题提出的本身就是错误的伪命题。提出自然界和人的创造问题，就是预先设定了它们是不存在的，就已经把自然界和人的存在抽象掉了。

人与自然关系的现实生成基于人的社会实践、生存实践，人世间一个简单的道理就在于人必须首先求生，这是人与自然关系的现实基础和前提条件。马克思、恩格斯在《德意志意识形态》指出：“全部人类历史的第一个前提无疑是有生命的个人的存在。因此，第一个需要确认的事实就是这些个人的肉体组织以及由此产生的个人对其他自然的关系。……任何历史记载都应当从这些自然基础以及他们在历史进程中由于人们的活动而发生的变更出发。”③在此，我们可以看到实践或说是人与自然关系在马克思主义理论中的重要基础地位及逻辑起点意义。“人靠自然界生活。这就是说，自然界是人为了不致死亡而必须与之处于持续不断的交互作用过程的、人的身体。所谓人的肉体生活和精神生活同自然界相联系，不外是说自然界同自身相联系，因为人是自然界的一部分。”④

人虽然是自然界的一部分，却不是简单的一部分。人不但要遵从自然的

---

① 《马克思恩格斯选集》第1卷，人民出版社2012年版，第157页。
② 马克思：《1844年经济学哲学手稿》，人民出版社2018年版，第89页。
③ 《马克思恩格斯选集》第1卷，人民出版社2012年版，第146—147页。
④ 马克思：《1844年经济学哲学手稿》，人民出版社2018年版，第52页。

外在尺度，还要倾听自身的内在尺度召唤。“……动物只生产自身，而人再生产整个自然界……动物只是按照它所属的那个种的尺度和需要来构造，而人却懂得按照任何一个种的尺度来进行生产、并且懂得处处都把固有的尺度运用于对象；因此，人也按照美的规律来构造。”①“我们并不想否认，动物是有能力采取有计划的、经过事先考虑的行动方式的。……但是一切动物的一切有计划的行动，都不能在地球上打下自己的意志的印记。这一点只有人才能做到。一句话，动物仅仅利用外部自然界，简单地通过自身的存在在自然界中引起变化；而人则通过他所作出的改变来使自然界为自己的目的服务，来支配自然界。这便是人同其他动物的最终的本质的差别，而造成这一差别的又是劳动。”②

恩格斯具体分析了人与自然相对分别、相对独立过程，明确指出劳动创造了人。但是，劳动不是脱离自然的人类自在自为，而是人与自然的相互作用过程。恩格斯在《劳动在从猿到人的转变中的作用》开篇就说：“政治经济学家说：劳动是一切财富的源泉。其实，劳动和自然界在一起才是一切财富的源泉，自然界为劳动提供材料，劳动把材料转变为财富。”③手不仅是劳动的器官，还是劳动的产物，在劳动中手变得灵巧、完善。“劳动的发展必然促使社会成员更紧密地互相结合起来，因为劳动的发展使互相支持和共同协作的场合增多了，并且使每个人都清楚地意识到这种共同协作的好处。一句话，这些正在形成中的人，已经达到彼此间不得不说些什么的地步了。”④首先是劳动，然后是语言和劳动一起作为两个最主要的推动力，推动猿脑进化到人脑。随着脑的发育，感觉器官也同步发育起来，加之越来越清楚的意识以及抽象能力、推理能力的发展，又反作用于劳动和语言，为这二者的进一步发育提供新

① 马克思：《1844年经济学哲学手稿》，人民出版社2018年版，第53页。
② 恩格斯：《自然辩证法》，人民出版社2015年版，第312—313页。
③ 恩格斯：《自然辩证法》，人民出版社2015年版，第303页。
④ 恩格斯：《自然辩证法》，人民出版社2015年版，第306页。

的动力。正是劳动中的各种相互作用,促使着人与猿的分别,人最终从自然界相对分化出来。

人与自然界的相对分化意味着人与自然的对立统一,预示着人与自然关系的某种矛盾、对立、冲突的可能发生。“人不仅仅是自然存在物,而且是人的自然存在物,就是说,是自为地存在着的存在物,因而是类存在物。他必须既在自己的存在中也在自己的知识中确证并表现自身。……自然界,无论是客观的还是主观的,都不是直接同人的存在物相适合地存在着。”①“人离开狭义的动物越远,就越是有意识地自己创造自己的历史,未能预见的作用、未能控制的力量对这一历史的影响就越小,历史的结果和预定的目的就越加符合。但是,如果用这个尺度来衡量人类的历史,甚至衡量现代最发达的民族的历史,我们就会发现:在这里,预定的目的和达到的结果之间还总是存在着极大的出入。未能预见的作用占据优势,未能控制的力量比有计划运用的力量强大得多。”②承认人在改造自然中的能动作用,但是这种能动作用不是无条件的,人并不能保证自己的目的完全实现,有时甚至与人的目的、初衷背道而驰。

人与自然关系的紧张、对立、冲突并非只是一个现代问题,它存在于人类社会各个历史发展阶段。人类以有限知识面对无限自然世界,即使是预见到了人类行为的直接后果,但对于人类行为的次生、远期后果较少认识。恩格斯指出:“我们不要过分陶醉于我们人类对自然界的胜利。对于每一次这样的胜利,自然界都对我们进行报复。每一次胜利,起初确实取得了我们预期的结果,但是往后和再往后却发生完全不同的、出乎预料的影响,常常把最初的结果又消除了。”③自然界本是无意识、无目的的,自然界也不会处心积虑地报复人类,恩格斯所说的自然界对于人类报复,无非就是指人类面对自然浅薄无知的自吞苦果。我们不能指责恩格斯“报复”一词运用不当,而要说恩格斯寓意

① 马克思:《1844 年经济学哲学手稿》,人民出版社 2018 年版,第 104 页。

② 恩格斯:《自然辩证法》,人民出版社 2015 年版,第 22 页。

③ 恩格斯:《自然辩证法》,人民出版社 2015 年版,第 313 页。

深远。只要我们还能意识到自然界报复的存在，我们就不会无视自然界的自身存在规律，就不会无所顾忌、肆意妄为。

相对于人类自然知识，人类社会知识更为欠缺，人类社会实践更为复杂、困难。“如果说我们需要经过几千年的劳动才多少学会估计我们的生产行为在自然方面的较远的影响，那么我们想学会预见这些行为在社会方面的较远的影响就更加困难得多了。”①如果说我们能够预见蒸汽机对于煤矿排水的重要作用，那么对于蒸汽机对于资本主义社会确立的重要意义预见则难以想象。如果说我们预见到了计算机对于数学运算的重要作用，但是对于网络时代、在线生存则难以预料。“但是，就是在这一领域中，我们也经过长期的、往往是痛苦的经验，经过对历史材料的比较和研究，渐渐学会了认清我们的生产活动在社会方面的间接的、较远的影响，从而有可能去控制和调节这些影响。”②

相较于一百多年前工业时代普遍乐观主义而言，马克思主义自然观对于现代科学技术及其大机器生产的自然后果有清醒、审慎认识，具有某种超越其时代的现代性批判的后现代意识。恩格斯指出：“我们决不像征服者统治异族人那样支配自然界，决不像站在自然界之外的人似的去支配自然界——相反，我们连同我们的肉、血和头脑都是属于自然界和存在于自然界之中的；我们对自然界的整个支配作用，就在于我们比其他一切生物强，能够认识和正确运用自然规律。”③我们不但要正确运用自然规律，也要正确认识和运用社会规律，勇于社会改革和革命。“只有在社会中，人的自然的存在对他来说才是人的合乎人性的存在，并且自然界对他来说才成为人。因此，社会是人同自然界的完成了的本质的统一，是自然界的真正复活，是人的实现了的自然主义和自然界的实现了的人道主义。”④但是，自然主义与人道主义的结合是一个历

① 恩格斯：《自然辩证法》，人民出版社 2015 年版，第 314 页。
② 恩格斯：《自然辩证法》，人民出版社 2015 年版，第 315 页。
③ 恩格斯：《自然辩证法》，人民出版社 2015 年版，第 313—314 页。
④ 马克思：《1844 年经济学哲学手稿》，人民出版社 2018 年版，第 79—80 页。

史过程,恩格斯所讲还需要对我们迄今存在过的生产方式以及和这种生产方式在一起的我们今天整个社会制度的完全变革,不但适用于马克思恩格斯所处的资本主义社会,对于我们今天中国的现代化建设以及正确处理人与自然关系仍然具有重要启示和借鉴意义。

(二)技术实践作为真理认识的现实基础

恩格斯在《自然辩证法》中指出:“自然界和精神的统一。自然界不可能是无理性的,这对于希腊人是不言而喻的,但是,甚至到今天最愚蠢的经验主义者还用他们的推理(不管是多么错误)来证明:他们一开始就深信,自然界不可能是无理性的,理性不可能是违反自然的。”①恩格斯首先明确“自然界和精神的统一”观点,这是我们理解科学认识何以可能的关键环节和思想基础。

在古希腊人看来,自然充满活力且遵循一定秩序规则,断言自然界不仅有活力且有理智(intelligent)。地球上的动植物包括人类不仅分有了世界的物理躯体,也分有世界的心灵活动。这是古希腊人理解的“自然和精神的统一”,也奠定了古希腊自然科学的思想基础。“希腊自然科学是建立在自然界渗透或充满着心灵(mind)这个原理之上的。希腊思想家把自然中心灵的存在当作自然界规则或秩序的源泉,而正是后者的存在才使自然科学成为可能。”②

自然界的理性以及自然界和精神的统一,对于古希腊人来说是理所当然的不证自明,但对于经验主义者来说则只能寄望愚蠢的推理和证明。比较希腊哲学与近代形而上学、经验主义,恩格斯指出:“如果说,形而上学同希腊人相比在细节上是正确的,那么,希腊人同形而上学相比则在总体上是正确

① 恩格斯:《自然辩证法》,人民出版社2015年版,第100页。

② [德]罗宾·柯林伍德:《自然的观念》,吴国盛、柯映红译,华夏出版社1999年版,第4页。

的。”[①]对于自然界和精神的统一，经验主义者的推理证明何以是愚蠢、错误的呢？在恩格斯看来，“蔑视辩证法是不能不受惩罚的。对一切理论思维尽可以表示那么多的轻视，可是没有理论思维，的确无法使自然界中的两件事实联系起来，或者洞察二者之间的既有的联系”。[②]“单凭观察所得的经验，是决不能充分证明必然性的。”[③]

对于自然界和精神的统一问题，就是对于科学认识何以可能问题的回答。对于希腊人和经验主义者的不同回答，恩格斯作出了辩证的比较、评价。在肯定了他们各自优势、长处的同时，也中肯地指出他们各自的不足、弱点。那么，对于自然界和精神的统一问题，恩格斯的回答又是怎样的呢？恩格斯在不同场合、不同语境中可能有不同论述，但马克思主义认识论的完整性、整体性、系统性还是确切无疑的。我们不能片面理解马克思、恩格斯的只言片语，而是要全面、完整地把握马克思主义科学观的精神实质。

恩格斯肯定了黑格尔对于悟性和理性的区别，推崇黑格尔的理性——辩证思维。这里的悟性包括归纳、演绎、抽象，以及分析、综合及其二者的综合——实验。在恩格斯看来，这些普通逻辑所承认的科学研究手段，对于人和其他高等动物来说，只是程度上的不同并无本质区分。“相反，辩证的思维——正因为它是以概念本身的本性的研究为前提——只对于人才是可能的，并且只对于已处于较高发展阶段上的人（佛教徒和希腊人）才是可能的，而其充分的发展还要晚得多，通过现代哲学才达到。虽然如此，早在希腊人那里就已取得了巨大的成果，那些成果深远地预示了以后的研究工作。”[④]

相对于普通逻辑、形式逻辑及其所承认的科学研究手段的较低评价，恩格斯对辩证思维、辩证方法给予高度评价，这是针对当时自然科学家以及哲学中

---

① 恩格斯：《自然辩证法》，人民出版社 2015 年版，第 45 页。
② 恩格斯：《自然辩证法》，人民出版社 2015 年版，第 59 页。
③ 恩格斯：《自然辩证法》，人民出版社 2015 年版，第 99 页。
④ 恩格斯：《自然辩证法》，人民出版社 2015 年版，第 101 页。

所盛行的形而上学、经验主义批判。恩格斯在《反杜林论》(旧序)中说“现在几乎没有一本理论自然科学著作不给人以这样的印象:自然科学家们自己就感觉到,这种杂乱无章多么严重地左右着他们,并且现今流行的所谓哲学又决不可能使他们找到出路”。① 恩格斯在《反杜林论》(引论)中说:“形而上学的考察方式,虽然在相当广泛的、各依对象性质而大小不同的领域中是合理的,甚至必要的,可是它每一次迟早都要达到一个界限,一超过这个界限,它就会变成片面的、狭隘的、抽象的,并且陷入无法解决的矛盾,因为它看到一个一个的事物,忘记它们互相间的联系;看到它们的存在,忘记它们的生成和消逝;看到它们的静止,忘记它们的运动;因为它只见树木,不见森林。”②

辩证法不仅是理解自然界和精神的统一、科学何以可能的关键环节,还是理解唯物主义历史观及其无产阶级与资产阶级之间阶级斗争的重要基础。恩格斯指出:“要精确地描绘宇宙、宇宙的发展和人类的发展,以及这种发展在人们头脑中的反映,就只有用辩证的方法,只有不断地注意生成和消逝之间、前进的变化和后退的变化之间的普遍相互作用才能做到。”③恩格斯在《社会主义从空想到科学的发展》(德文第一版序言)中指出:“唯物主义历史观及其在现代的无产阶级和资产阶级之间的阶级斗争上的特别应用,只有借助于辩证法才有可能。”④

恩格斯首先指出以往哲学在面对自然界和精神的统一、科学何以可能等问题所面临的困境。“如果完全自然主义地把‘意识’、‘思维’当作某种现成的东西,当作一开始就和存在、自然界相对立的东西,那么结果总是如此。如果这样,那么意识和自然,思维和存在,思维规律和自然规律如此密切地相适应,就非常奇怪了。”⑤“辩证法是关于普遍联系的科学”,强调事物及其概念

---

① 恩格斯:《自然辩证法》,人民出版社2015年版,第44页。
② 《马克思恩格斯选集》第3卷,人民出版社2012年版,第396—397页。
③ 《马克思恩格斯选集》第3卷,人民出版社2012年版,第398页。
④ 《马克思恩格斯选集》第3卷,人民出版社2012年版,第746—747页。
⑤ 《马克思恩格斯选集》第3卷,人民出版社2012年版,第410页。

的运动、变化、发展，而就是这样一个简单的事实和道理，使得我们对于自然界和精神的统一、科学认识何以可能问题的解答变得简单、明了。“……如果进一步问：究竟什么是思维和意识，它们是从哪里来的，那么就会发现，它们都是人脑的产物，而人本身是自然界的产物，是在自己所处的环境中并且和这个环境一起发展起来的；这里不言而喻，归根到也是自然界产物的人脑的产物，并不同自然界的其他联系相矛盾，而是相适应的。”①

当我们说马克思主义强调、推崇辩证法的时候，一定要对马克思主义辩证法的实质内容，特别是它与黑格尔辩证法的本质区别有清楚的认识。恩格斯说：“这些规律最初是由黑格尔全面地、不过是以神秘的形式阐发的，而剥去它们的神秘形式，并使人们清楚地意识到它们的全部的单纯性和普遍有效性，这就是我们的期求之一。……在黑格尔的形式中，具有这样的缺陷：它不承认自然界有时间上的发展，不承认‘先后’，只承认‘并列’。这种观点，一方面是由黑格尔体系本身造成的，这个体系认为只是‘精神’才有历史的不断发展，另一方面，也是由当时自然科学的总的状况造成的。”②黑格尔的辩证法只能算是精神辩证法、概念辩证法，或者说是半截子辩证法，它割断了自然界与精神、物质与思维之间的贯通途径。

恩格斯总结性地宣告：“最后，对我来说，事情不在于把辩证法规律硬塞进自然界，而在于从自然界中找出这些规律并从自然界出发加以阐发。”③虽然说辩证法的规律不仅适用于自然界，同样适用于人类社会和思维，但是自然界在其中具有基础性决定地位。“这样，概念的辩证法本身就变成只是现实世界的辩证运动的自觉的反映，从而黑格尔的辩证法就被倒转过来了，或者宁可说，不是用头立地而是重新用脚立地了。”④恩格斯在《反杜林论》（三版序

① 《马克思恩格斯选集》第3卷，人民出版社2012年版，第410—411页。
② 《马克思恩格斯选集》第3卷，人民出版社2012年版，第386—387页。
③ 《马克思恩格斯选集》第3卷，人民出版社2012年版，第387页。
④ 《马克思恩格斯选集》第4卷，人民出版社2012年版，第250页。

言)中自豪地讲:“马克思和我,可以说是唯一把自觉的辩证法从德国唯心主义哲学中拯救出来并运用于唯物主义的自然观和历史观的人。”①

以辩证的视角看,自然界和精神就是变化、联系、发展的一体,自然界和精神之间就不存在什么不可逾越的隔阂、障碍,自然界和精神之间的统一就是理所当然,并不存在什么特别的问题和困难。如果把辩证法的观点贯彻到底,那么不仅自然界、人类社会是变化发展的,人们的理论思维、规律以及科学认识都是发展变化的,而非一成不变的永恒真理。这又牵涉了理解科学认识何以可能的第二个关键环节,我们如何理解、把握科学认识。如果我们还把科学认识理解成静止不变的既成真理,一个不变的科学知识体系如何与变化、发展的外界自然相统一就成为问题,科学认识与外界自然的统一就成为不可理喻的怪事。

这样的怪事,在黑格尔的哲学体系中可以看得很清楚。“一方面,它以历史的观点作为基本前提,即把人类的历史看作一个发展过程,这个过程按其本性来说在认识上是不能由于所谓绝对真理的发现而结束的;但是另一方面,它又硬说它自己就是这种绝对真理的化身。关于自然和历史的无所不包的、最终完成的认识体系,是同辩证思维的基本规律相矛盾的;但是,这样说决不排除,相反倒包含下面一点,即对整个外部世界的有系统的认识是可以一代一代地取得巨大进展的。”②在形而上学者看来,恩格斯以上的科学认识观显然是不能令他们满意的。按照形而上学者的说法,“是就是,不是就不是;除此以外,都是鬼话。”(《圣经·马太福音》中的一句话)形而上学者不能接受也不能理解,“只要自然科学运用思维,它的发展形式就是假说”。“从历史的观点来看,这件事也许有某种意义:我们只能在我们时代的条件下去认识,而且这些条件达到什么程度,我们就认识到什么程度。”③

---

① 《马克思恩格斯选集》第3卷,人民出版社2012年版,第385页。

② 《马克思恩格斯选集》第3卷,人民出版社2012年版,第399页。

③ 恩格斯:《自然辩证法》,人民出版社2015年版,第110—111页。

任何规律都是有条件的,“永恒的自然规律也愈来愈变成历史的规律”。我们在某一历史阶段、条件下肯定、接受的科学理论,在另外的时间、地点、条件下就有可能成为被否定的错误。“天文学中以地球为中心的观点是褊狭的,被排除是合理的。但是,我们的研究再深入下去,这种观点就越来越有合理性。太阳等等服务于地球。对我们来说,除了以地球为中心的物理学、化学、生物学、气象学等等,不可能有别的,而这些科学并不因为说它们是只适用于地球的并且因而只是相对的就损失了什么。”①恩格斯的这个示例,清楚明白地表明了一切科学只能是有条件的相对科学,也正是这种科学的“条件性”才确保了科学的“正确性”,这就是科学的条件性和正确性的辩证法。

不仅是自然科学认识是一种相对认识,关于人的思维的科学——逻辑学也不过是一种相对认识,并不享有更高的知识地位和特权。“每一时代的理论思维,包括我们这个时代的理论思维,都是一种历史的产物,它在不同的时代具有完全不同的形式,同时具有完全不同的内容。因此,关于思维的科学,也和其他各门科学一样,是一种历史的科学,是关于人的思维的历史发展的科学。”②不论是形式逻辑还是辩证逻辑都不是既成的永恒真理,而是有待发展的历史的科学。

逻辑也是历史的产物、经验的产物,逻辑与历史的一致是马克思主义的重要认识原则。“历史从哪里开始,思想进程也应当从哪里开始,而思想进程的进一步发展不过是历史过程在抽象的、理论上前后一贯的形式上的反映;这种反映是经过修正的,然而是按照现实的历史过程本身的规律修正的,这时,每一个要素可以在它完全成熟而具有典型性的发展点上加以考察。”③逻辑与历史的一致只是本质上的一致,它剔除了历史进程中的细节和偶然因素,表达自然事物发展的内在必然性。正像恩格斯所说:“一个概念或概念关系在思维

① 恩格斯:《自然辩证法》,人民出版社 2015 年版,第 113 页。
② 恩格斯:《自然辩证法》,人民出版社 2015 年版,第 42 页。
③ 《马克思恩格斯选集》第 2 卷,人民出版社 2012 年版,第 14 页。

的历史中的发展同它们在个别辩证论者头脑中的发展的关系,正像一个有机体在古生物学中的发展同它在胚胎学中的发展的关系一样。……在历史的发展中,偶然性发挥着作用,而在辩证的思维中就像在胚胎的发展中一样,这种偶然性融合在必然性中。"①

辩证逻辑高于形式逻辑之处就在于它不是简单地把各种判断和推理形式毫无关联地并列,而是依照它们所反映的现实运动发展从低级到高级依序排列。也许十万年前的史前人就认识到,摩擦是热的一个源泉。这是一个实在的肯定判断。直到 1842 年迈尔、焦耳等人才作出这样的判断:一切机械运动都能借摩擦转化为热。这是从史前人的肯定实在判断进步而来的全称反省判断。然而,只用了三年,迈尔就作出了这样的判断:在每一情况的特定条件下,任何一种运动形式都能够而且不得不直接或间接地转变为其他任何运动形式。这是目前判断的最高形式,概念的必然判断。从"摩擦生热"的感性具体,到"机械能可以转化为热能"的抽象规定,再到"能量守恒与转化定律"的思维中的具体,人类认识逐渐提高、升华。这种人类判断思维形式的发展,是黑格尔的发现、贡献。但是,差别就在于,"在黑格尔那里表现为判断这一思维形式本身的发展过程的东西,在我们这里就成了我们的关于运动性质的立足在经验基础之上的理论认识的发展过程"。②

经验主义者常常深陷经验的泥沼不能自拔,导向不可知论、怀疑论和神秘主义。"经验主义者深深地陷入经验体验的习惯之中,甚至在研究抽象的时候,还以为自己置身在感性体验的领域内。我们知道什么是一小时或一米,但是不知道什么是时间和空间!仿佛时间不是实实在在的小时而是其他某种东西,仿佛空间不是实实在在的立方米而是其他某种东西!"③科学认识并不否定观察、体验的作用和价值,但是科学活动中感官的观察作用又是有限的。

---

① 恩格斯:《自然辩证法》,人民出版社 2015 年版,第 101—102 页。
② 恩格斯:《自然辩证法》,人民出版社 2015 年版,第 105 页。
③ 恩格斯:《自然辩证法》,人民出版社 2015 年版,第 117 页。

“除了眼睛，我们不仅还有其他的感官，而且有思维能力。思维能力的情形又正好和眼睛一样。要想知道我们的思维究竟能探索到什么，试图在康德以后一百年去从理性的批判，从认识工具的研究中发现这种思维的作用范围，是徒劳的……我们宁可从我们的思维已经探索到和每天还在探索的东西中，来认识我们的思维究竟能探索到什么东西。这从量上和质上来说已经足够了。”①

对于科学认识何以可能问题的回答，马克思主义的高明之处就在于它的辩证思维、辩证方法，克服了以往从自然到精神的不可逾越障碍，也使得一切科学认识都处在逐渐的发展、完善之中。从历史发展的眼光来看，“只要自然科学运用思维，它的发展形式就是假说”。② 但是，除了否定科学认识对于一劳永逸的永恒真理企盼外，马克思主义的科学认识不是“怎么都行”的相对主义。恩格斯批驳说：“对于否认因果性的人来说，任何自然规律都是假说，连用三棱镜的光谱对天体进行的化学分析也同样是假说。如果停在这里不动，那思维是何等的浅薄！”③马克思主义科学认识论必须对于各种各样怀疑论、不可知论作出自己的正面回答，马克思主义科学理论的独到标准和方法是什么呢？

经验主义、归纳主义与辩证法相违背，也无法对科学认识作出合理的说明和解释。“我们用世界上的一切归纳法都永远做不到把归纳过程弄清楚。只有对这个过程的分析才能做到这一点。——归纳和演绎，正如综合和分析一样，必然是相互关联的。不应当牺牲一个而把另一个片面地捧到天上去，应当设法把每一个都用到该用的地方，但是只有认清它们是相互关联、相辅相成的，才能做到这一点。”④恩格斯的这一论述，不过是辩证方法在科学方法论中的运用，但却深刻揭示了经验主义、归纳主义的病症所在。

---

① 恩格斯：《自然辩证法》，人民出版社 2015 年版，第 102—103 页。
② 恩格斯：《自然辩证法》，人民出版社 2015 年版，第 110 页。
③ 恩格斯：《自然辩证法》，人民出版社 2015 年版，第 99 页。
④ 恩格斯：《自然辩证法》，人民出版社 2015 年版，第 108 页。

十万部蒸汽机并不比一部蒸汽机更能说明什么,但是,对于一部理想蒸汽机的分析却能揭示更多。萨迪·卡诺是第一个认真研究蒸汽机的人,他没有使用归纳法,而是“分析了它,发现蒸汽机中关键的过程并不是纯粹地出现的,而是被各种各样的次要过程掩盖起来了;于是他略去了这些对主要过程无关紧要的次要情况而设计了一部理想的蒸汽机(或煤气机),的确,这样一部机器就像几何学上的线或面一样是无法制造出来的,但是它以自己的方式起了这些数学抽象所起的同样的作用:它纯粹地、独立地、不失真地表现出这个过程”。[①] 恩格斯并不是否认观察、归纳在科学中的作用,但是针对当时盛行的经验主义、归纳主义乃至当今的实证主义来说,有必要申明“单凭观察所得的经验,是决不能充分证明必然性的”。[②]

休谟认为,所谓因果性观念不过是人们的习惯使然,并非必然性的证明,并非全无道理。“的确,单是某些自然现象的有规则的前后相继,就能造成因果观念:热和光随太阳而来;但是这里不存在任何证明,而且就这个意义来说,休谟的怀疑论也许说得对:有规则的 post hoc[在此之后]决不能为 propter hoc[因此]提供根据。但是人的活动对因果性作出验证。”[③]恩格斯区分了两类因果观念的由来;一是来自自然现象的观察,二是来自人类改造自然的实践活动。前者并不能证明因果性,只有后者才能证明因果性。“由于人的活动,因果观念即一个运动是另一个运动的原因这样一种观念得到确证……自然科学和哲学一样,直到今天还全然忽视人的活动对人的思维的影响;它们在一方面只知道自然界,在另一方面又只知道思想。但是,人的思维的最本质的和最切近的基础,正是人所引起的自然界的变化,而不仅仅是自然界本身;人在怎样的程度上学会改变自然界,人的智力就在怎样的程度上发展起来。”[④]

① 恩格斯:《自然辩证法》,人民出版社 2015 年版,第 109 页。
② 恩格斯:《自然辩证法》,人民出版社 2015 年版,第 99 页。
③ 恩格斯:《自然辩证法》,人民出版社 2015 年版,第 97—98 页。
④ 恩格斯:《自然辩证法》,人民出版社 2015 年版,第 97—98 页。

不可知论者可能不会满足于实践对于因果性、必然性的证明，对于它们来说，事物现象背后的“自在之物”是永远不可认识的。“……新康德主义的不可知论者这时就说：我们可能正确地感知事物的特性，但是我们不能通过感觉过程或思维过程掌握自在之物。这个‘自在之物’处于我们认识的彼岸。对于这一点，黑格尔早就回答了：如果你知道了某一事物的一切性质，你也就知道了这一事物本身……”①自在之物显然是一理论想象的产物，而非实践中的难题。假使有人执拗于这一理论怪胎，那我们对他实在帮不上什么忙。“……自然科学证实了黑格尔曾经说过的话：相互作用是事物的真正的终极原因。我们不能比对这种相互作用的认识追溯得更远了，因为在这之后没有什么要认识的东西了。我们认识了物质的运动形式（由于自然科学存在的时间并不长，我们在这方面的认识的确还有很多缺陷），也就认识了物质本身，因而我们的认识就完备了。”②

“……在论证之前，已经先有了行动。‘起初是行动’。在人类的才智虚构出这个难题以前，人类的行动早就解决了这个难题。”③自然界和精神的统一以及科学认识何以可能问题，在我们提出诸如此类问题之前，我们的生产、生活实践从来没有为此困恼而停滞。相对于理论论证来说，实践检验显然是更为有力、真实。马克思在《关于费尔巴哈的提纲》中明确指出：“人的思维是否具有客观的真理性，这不是一个理论的问题，而是一个实践的问题。人应该在实践中证明自己思维的真理性，即自己思维的现实性和力量，自己思维的此岸性。关于思维——离开实践的思维——的现实性或非现实性的争论，是一个纯粹经院哲学的问题。”④恩格斯在《路德维希·费尔巴哈和德国古典哲学的终结》具体阐明：“对这些以及其他一切哲学上的怪论的最令人信服的驳斥

---

① 《马克思恩格斯选集》第3卷，人民出版社2012年版，第758页。

② 恩格斯：《自然辩证法》，人民出版社2015年版，第96页。

③ 《马克思恩格斯选集》第3卷，人民出版社2012年版，第758页。

④ 《马克思恩格斯选集》第1卷，人民出版社2012年版，第134页。

是实践,即实验和工业。既然我们自己能够制造出某一自然过程,按照它的条件把它生产出来,并使它为我们的目的服务,从而证明我们对这一过程的理解是正确的,那么康德的不可捉摸的‘自在之物’就完结了。”①科学知识不是解答康德的自在之物的知识,而是葬送、终结自在之物的知识。正是科学知识的实践特点,划清了它与自在之物的界限,确保了科学知识成为某一过程、范围的相对真理。

(三)主观辩证法与客观辩证法的互动统一

提到“自然辩证法”,人们首先想到的就是恩格斯的名著《自然辩证法》。也正是在这一名著的基础和影响下,在我国确立了一门哲学学科“自然辩证法”。后来考虑到其他的学科都叫“某某学”,如伦理学、逻辑学,“自然辩证法”作为学科名称好像不太规范,出于学科建设考虑和国际学术交流需要,“自然辩证法”(Studies in Dialectics of Nature)才改为现在所用的“科学技术哲学”(philosophy of science and technology),作为哲学一级学科下的一个二级学科。

但是,恩格斯给我们留下的只是未完成稿,是后人在编纂恩格斯的手稿时冠以书名《自然辩证法》。早在1873年恩格斯开始他的著作写作之前,1865年柏林大学讲师杜林就已经出版了以“自然辩证法”命名的著作:《自然辩证法。科学和哲学的新的逻辑基础》。而恩格斯的《反杜林论》就是针对“创造体系的”“欧根·杜林先生在科学中实行的变革”有感而发,是在友人的“请求”之下,“跟着杜林先生进入一个广阔的领域”展开批判的。② 这一事实说明,“自然辩证法”这一概念并非恩格斯原创,而是恩格斯严正批判了杜林的“自然辩证法”。1925年,恩格斯的手稿由当时的编辑梁赞诺夫(1870—1938)冠名“自然辩证法”在苏联出版。1927年,当第二次出版该手稿时,编辑

---

① 《马克思恩格斯选集》第4卷,人民出版社2012年版,第232页。

② 《马克思恩格斯选集》第3卷,人民出版社2012年版,第380页。

梁赞诺夫又换了个书名“辩证法与自然”。而对于我们所说的“自然辩证法”学科的教学与研究，苏联学者则是在“自然科学的哲学问题”下进行。中国20世纪80年代曾出版《自然科学哲学问题》杂志（后在1989年底停刊），可以看到苏联的这种影响。可以说中国的“自然辩证法”深受苏联影响，而后苏联也不再强调这一称谓，但“自然辩证法”还是在国内学者研究中引起了诸多争辩，这种争辩可细分为以下三个问题。

1. 马克思是否赞成恩格斯的“自然辩证法”研究

马克思是否赞成恩格斯的自然、自然科学的哲学研究这一问题，答案是明确的、肯定的。首先，马克思知道恩格斯撰写《自然辩证法》的计划，并表示高度期许。马克思写道：“现在恩格斯正忙于写他的批判杜林的著作[按：指《反杜林论》]。这对他来说是一个巨大的牺牲，因为他不得不为此而停写更加重要得多的著作[按：指《自然辩证法》]。”①其次，马克思本人每每为最新的科学成果欣喜，并坚持刻苦的自然科学学习和研究。马克思1863年7月6日致恩格斯的信中写道：“有空时我研究微积分。顺便说说，我有许多关于这方面的书籍，如果你愿意研究，我准备寄给你一本。我认为这对你的军事研究几乎是必不可缺的。”②马克思1865年8月19日致恩格斯的信中写道：“‘利用这个机会’，我又顺便‘钻了一下’天文学……”③马克思1877年10月25日在致西·赫斯的信中，表达马克思和恩格斯两人给予科学成果的一致高度评价。马克思写道：“我和恩格斯非常感谢寄来两本《物质动力学说》。我们两人都认为，我们的亡友[按：指莫·赫斯]的这部著作具有十分重要的科学价值并且为我们党增添了光荣。”④最后，恩格斯在《马克思墓前讲话》中高度评价马

---

① 《马克思恩格斯全集》第34卷，人民出版社2005年版，第194页。
② 《马克思恩格斯全集》第30卷，人民出版社2005年版，第357页。
③ 《马克思恩格斯全集》第31卷，人民出版社2005年版，第149页。
④ 《马克思恩格斯全集》第34卷，人民出版社2005年版，第284页。

克思为科学巨匠,尽管他专心致志地研究科学,但是他远没有完全陷进科学。恩格斯说道:“任何一门理论科学中的每一个新发现,即使它的实际应用甚至还无法预见,都使马克思感到衷心喜悦,但是当有了立即会对工业、对一般历史发展产生革命影响的发现的时候,他的喜悦就完全不同了。例如,他曾经密切地注意电学方面各种发现的发展情况,不久以前,他还注意了马赛尔·德普勒的发现。”①

2. 马克思与恩格斯在自然观上有无原则分歧

马克思与恩格斯在自然观上是否存在原则分歧,对于这一问题的认定有赖于对于马克思和恩格斯自然观的精准解读和完整把握。“从青年卢卡奇开始的西方马克思主义一直到后来的西方马克思学,恩格斯始终被指认为违背了持有人本主义逻辑的马克思,其中最大的‘罪状’莫过于建构了一个不同于马克思人学‘主客体辩证法’的‘自然辩证法’”②,当然,也有国内的学者附会和跟进,探讨马克思自然观与恩格斯自然观的对立和不同。把恩格斯的自然辩证法理解为仅仅关注外在于人的天然客观规律而漠视人在社会历史和改造自然中的能动作用,是对恩格斯自然观的最大误解和扭曲。恩格斯在《自然辩证法》中明确指出:“人离开狭义的动物越远,就越是有意识地自己创造自己的历史,未能预见的作用、未能控制的力量对这一历史的影响就越小,历史的结果和预定的目的就越加符合。”③“事实上,我们一天天地学会更正确地理解自然规律,学会认识我们对自然界习常过程的干预所造成的较近或较远的后果……而这种事情发生得越多,人们就越是不仅再次地感觉到,而且也认识到自身和自然界的一体性,那种关于精神和物质、人类和自然、灵魂和肉体之

① 《马克思恩格斯全集》第19卷,人民出版社2005年版,第375页。

② 张一兵:《永恒的自然规律在变成历史的自然规律》,《南京大学学报》(哲学·人文·社科版)1995年第3期,第41页。

③ 《马克思恩格斯选集》第3卷,人民出版社2012年版,第859页。

间的对立的荒谬的、反自然的观点,也就越不可能成立了……”①

恩格斯在《自然辩证法》中有一篇“神灵世界中的自然科学”,对于我们正确理解和把握恩格斯自然观大有益处,有必要引起我们高度重视。在这片论文中,恩格斯通过对经验论的批判,强调了理论思维、主观能动性在自然科学研究中的重要作用。恩格斯写道:“深入人民意识的辩证法有一个古老的命题:两极相联。根据这个道理,我们在寻找幻想、轻信和迷信的极端表现时,如果不是面向像德国自然哲学那样竭力把客观世界嵌入自己主观思维框子内的自然科学派别,而是面向与此相反的派别,即一味吹捧经验、极端蔑视思维而实际上思想极度贫乏的派别,我们就不致于犯什么错误。”②“对一切理论思维尽可以表示多么多的轻视,可是没有理论思维,的确无法使自然界中的两件事实联系起来,或者洞察二者之间的既有的联系。”恩格斯紧接着明确指出,“轻视理论显然是自然主义地进行思维,因而是错误地进行思维的最可靠的道路”③,从而与“自然主义”划清了界限。

3. 辩证法是否适用于自然界

对于辩证法是否适用于自然界的问题,这在恩格斯和马克思那里都是确定无疑的肯定回答,马克思从来没有否认过自然界辩证发展历程。恩格斯批判“自然界绝对不变”“僵化的自然观”指出,“不仅无机界和有机界之间的鸿沟缩减到最小限度,而且机体种源说过去遇到的一个最根本的困难也被排除了。新的自然观就其基本点来说已经完备:一切僵硬的东西溶解了,一切固定的东西消散了,一切被当作永恒存在的特殊的东西变成了转瞬即逝的东西,整个自然界被证明是在永恒的流动和循环中运动着。”④马克思在 1853 年《中国

① 《马克思恩格斯选集》第 3 卷,人民出版社 2012 年版,第 998—999 页。
② 《马克思恩格斯选集》第 3 卷,人民出版社 2012 年版,第 880 页。
③ 《马克思恩格斯选集》第 3 卷,人民出版社 2012 年版,第 890 页。
④ 《马克思恩格斯选集》第 3 卷,人民出版社 2012 年版,第 855—856 页。

革命和欧洲革命》指出:“自然界的基本奥秘之一,就是他所说的对立统一[contact of extremes]规律。在他看来,‘两极相逢’这个习俗用语是伟大而不可移易的适用于生活一切方面的真理,是哲学家不能蔑视的定理,就像天文学家不能漠视刻卜勒的定律或牛顿的伟大发现一样。‘对立统一’是否就是这样一个万应的原则,这一点可以从中国革命对文明世界很可能发生的影响中得到明显的例证。”①在此,马克思不但肯定了黑格尔对立统一规律在自然界中的作用,同时也肯定了对立统一规律能够在社会历史领域中得到证明,科学认识的辩证法体现着自然界的辩证法。马克思 1867 年 6 月 22 日致恩格斯的信说:“你对霍夫曼的看法是完全正确的。此外,你从我描述手工业师傅变成——由于单纯的量变——资本家的第三章结尾部分可以看出,我在那里,在正文中引证了黑格尔所发现的单纯量变转为质变的规律,并把它看作在历史上和自然科学上都是同样有效的规律。”②

一些学者指认恩格斯的“自然辩证法”等于“客观辩证法”,区别于马克思强调的“主客体辩证法”,偏离了马克思的实践唯物主义。他们找出的根据是,恩格斯有一个著名的论断:“唯物主义自然观只是按照自然界的本来面目质朴地理解自然界,不添加任何外来的东西……”③但是,我们要注意恩格斯在这里所讲的具体语境,是在怎样情况下强调客观自然的。恩格斯是在讲到哲学史上唯物主义与唯心主义世界观的历史转变,讲古希腊的朴素唯物主义之后是两千年的唯心主义世界观占世界主导地位,要回归唯物主义世界观必须对唯心主义世界观批判。恩格斯指出,唯物主义的自然观“在希腊哲学家中间原本是不言而喻的。但是,在古希腊人和我们之间,本质上是唯心主义的世界观存在了两千多年,所以,即使要返回到不言而喻的东西上去,也要比初看起来困难些。因为问题决不是要简单地抛弃这两千多年的全部

① 《马克思恩格斯全集》第 9 卷,人民出版社 2005 年版,第 109 页。
② 《马克思恩格斯全集》第 31 卷,人民出版社 2005 年版,第 312 页。
③ 《马克思恩格斯选集》第 3 卷,人民出版社 2012 年版,第 896 页。

思想内容，而是要对它们进行批判，要把那些在错误的、但对于那个时代和发展过程本身来说是不可避免的唯心主义的形式内获得的成果，从这种暂时的形式中剥取出来"。[①] 在此，恩格斯要与唯心主义世界观划清界限，对唯心主义展开批判背景下强调客观自然的首要地位，这是非常正当、没有问题的。即使如此，恩格斯还是提出了汲取、吸收唯心主义形式下取得的积极人类成果。

同样是在《自然辩证法》中，恩格斯对于人与自然的相互作用、相互依赖关系阐发得非常明确。恩格斯指出："自然科学和哲学一样，直到今天还全然忽视人的活动对人的思维的影响；它们在一方面只知道自然界，在另一方面又只知道思想。但是，人的思维的最本质的和最切近的基础，正是人所引起的自然界的变化，而不仅仅是自然界本身；人在怎样的程度上学会改变自然界，人的智力就在怎样的程度上发展起来。"[②]恩格斯明确批判自然主义历史观指出："它认为只是自然界作用于人，只是自然条件到处决定人的历史发展，它忘记了人也反作用于自然界，改变自然界，为自己创造新的生存条件。"[③]在此，恩格斯不但指明了自然科学和哲学的不同世界观取向，实际上也是对于当今某些误解、肢解恩格斯自然观的学者思维方式批判。

马克思和恩格斯在长达四十年的共同战斗中，不是为了理论而理论，而是要面对各种各样的理论批判和教育大众任务。在这种复杂局面下，马克思和恩格斯在理论本质的"家族相似"之下，为应对各种理论挑战，他们的著作阐述就会有不同的侧重和互补。理论批判不得不进入对手的问题和范式，虽然这可能降低论辩的境界和水平。马克思在《〈黑格尔法哲学批判〉导言》中说："向德国制度开火！一定要开火！这种制度虽然低于历史水平，低于任何批判，但依然是批判的对象，正像一个低于做人的水平的罪犯，依然是刽子手的

① 《马克思恩格斯选集》第3卷，人民出版社2012年版，第897页。
② 《马克思恩格斯选集》第3卷，人民出版社2012年版，第922页。
③ 《马克思恩格斯选集》第3卷，人民出版社2012年版，第922页。

对象一样。"[1]在这里我们看到的不仅是马克思理性的激情，而且是激情的理性："这种制度本身不是值得重视的对象，而是既应当受到鄙视同时又已经受到鄙视的存在状态。对于这一对象，批判本身不用自己表明什么了，因为它对这一对象已经清清楚楚。批判已经不再是目的本身，而只是一种手段。它的主要情感是愤怒，它的主要工作是揭露。"[2]

"因为在批判和论战中，决定著述'有效性'的不是其本身的学术价值，而是其论战效果。这两者并不一定呈正比例关系。有时学术性高，论战效果未必好；论战效果好的，学术性也不一定就高。"[3]1860 年，马克思写了与庸俗唯物主义者福格特论战的著作《福格特先生》，虽然具有很高的文学和学术价值，但是从论战效果来讲"得不偿失"。此后马克思很少参与论战，这一重担更多的是落在了恩格斯的肩上。对于恩格斯的《反杜林论》，当今一些学者评价并不是很高，认为其主旨是"旧唯物主义范式"的"物质本体论"。但是，《反杜林论》在当时的批判效果很好，起到了宣传、教育、发动群众作用。恩格斯在《反杜林论》三版序言中说："本书所批判的对象现在几乎已被遗忘了；这部著作不仅在 1877 年至 1878 年间分篇登载于莱比锡的《前进报》上，以飨成千上万的读者，而且还汇编成单行本大量发行。"[4]所以，我们不能脱离马克思和恩格斯所处的革命形势和当时语境来学习马克思和恩格斯思想，而是要在理论与实践的互动中体会、领悟马克思、恩格斯思想的精神实质，在理论与实践的互动中理解马克思和恩格斯思想"家族相似"下的不同阐述。

---

① 《马克思恩格斯选集》第 1 卷，人民出版社 2012 年版，第 4 页。

② 《马克思恩格斯选集》第 1 卷，人民出版社 2012 年版，第 4 页。

③ 何丽野：《从理论与实践互动的语境反思马克思主义哲学》，《哲学动态》2009 年第 10 期，第 15 页。

④ 《马克思恩格斯选集》第 3 卷，人民出版社 2012 年版，第 382 页。

第五章　技术实践真理的身体阐释与特点标准

技术实践真理探索就是要突出身体行动在真理构建中的基础作用，从单纯的心灵思维拓展到身体行动的“默会”和“体知”，这是纯粹理论真理向技术实践真理拓展的重要环节。身体的认知作用破除了传统真理观的“心”、“思”羁绊，为立基于身体行动的技术实践真理奠定了坚实基础。身体不再是笛卡尔灵与肉对立意义上的身体，而是物质与精神、理论真理与实践真理的契合点。技术实践真理不是对传统真理观的全盘否定，而是在真理特点和真理标准上进一步拓展和深化的探索。

一、此在在世的用具意义指引

海德格尔关注人类的现实命运，从传统形而上学的全面批判开始，因为人类的现实境遇有其深刻的哲学思想根源。不同于传统形而上学以“存在者”取代“存在本身”问题，海德尔格追问的是“存在本身”的意义问题。奠基于“存在”基石的真理理解，当然不同于“本体”、“实体”、“存在者”的真理理解，海德格尔对于认识的发生有自己独到的细微具体揭示。

认识的获得不是脱离我们这个世界的彼岸世界观照，而是在世界之中的生存实践建构。在世界之中也不是现成的世界和现成的我们,而是不断摸索、相互建构的在世之在。认识在哲学认识论上可能是艰深难解的哲学问题,但在现实中它就是人类在世的一种生活方式。当我们把认识理解成整体综合的生存实践活动,那么所谓的主体与客体、主观与客观的对峙设立及其矛盾冲突就显得矫情和做作。认识和理论从来不是我们生存的首要课题,在世的操心与操劳是我们直面的首要问题。我要摘树上的果子,这首先不是一个理论问题,而是一个实践问题。如果等理论问题解决了,人都已经不存在了,果子也不需要吃了。我们眼前的东西,首先不是一个理论的对象,而是我们有所期待、利用、制造的东西。我用锤子敲打东西,锤子作为工具,实现敲打的目的,引向被敲打的东西。"严格地说,从没有一件用具这样的东西'存在'。属于用具的存在的一向总是一个用具整体。只有在这个用具整体中的那件用具才能够是它所是的东西。"①我们使用用具做某件事情,用具落实了"为了作……的东西"的用具规定,用具成为是其所是的具体用具,也引向、指引用具整体的呈现。

用具是什么,不是用具自身的规定,也不是对用具的静观中达成认识,而是在操作中兑现完成,这是一种"操劳"中的体知、认识。我用锤子敲打,敲打得越是起劲、熟练,锤子就越顺手,达到一种"上手状态"。"仅仅对物的具有这种那种属性的'外观'做一番'观察',无论这种'观察'多么敏锐,都不能揭示上手的东西。只对物做'理论上的'观察的那种眼光缺乏对上手状态的领会。使用着操作着打交道不是盲目的,它有自己的视之方式,这种视之方式引导着操作,并使操作具有自己特殊的把握。"②锤子越是熟练使用,我对锤子本身的关注就越少。这在波兰尼的理论中,锤子作为工具使用是一种辅助觉知,

---

① [德]马丁·海德格尔:《存在与时间》,陈嘉映、王庆节译,生活·读书·新知三联书店2012年版,第80页。

② [德]马丁·海德格尔:《存在与时间》,陈嘉映、王庆节译,生活·读书·新知三联书店2012年版,第81—82页。

而锤子锻打的物件可能才是我的焦点觉知。就是在这一整体的实际操作中，锤子作为锤子的存在方式得以确立。不仅仅是锤子得以确立，受到指引、指示的还有我们的整个世界。“随着工件一起来照面的不仅有上手的存在者，而且也有具有人的存在方式的存在者。操劳活动所制作的东西就是为人而上手的。承用者和消费者生活于其中的那个世界也随着这种存在者来照面，而那个世界同时就是我们的世界。”①我们的世界不是别的世界，就是我们在操劳中所通达的世界。

我们在操劳中通达世界，这只是问题的显明方面，晦暗、隐藏着的另外方面则是只有在世界的先行开启、展开状态中存在者才能照面。世界不是存在者的堆积和齐聚，世界不是由“上手事物”组成的。“在一切上手的东西中，世界总已在‘此’。任何东西只要照面，世界总已先行得到揭示，虽然不是专题的揭示。但世界也能够以某种同周围世界交往的方式亮相。正是世界使上手的东西由之上到手头。”②锤子的锤之功效以及指引作用，都不是锤子作为存在者本身的属性和规定。锤子放在那里，还不成为锤子，也没有任何指引作用。锤子只有在人的手里，经由人手的动作行为，锤子成为锤子也实现其指引作用。锤子锻打镰刀，镰刀规定了锤子功用，消费者规定了镰刀功用……指引可以依此不断地推及而去。到了最后我们追索到的“为何之故”不是实体、实在、上帝，而只能是在世之在的人——此在。此在不以其他为目的，此在本身就是最终目的。“这种‘为何之故’却总同此在的存在相关，这个此在本质上就是为存在本身而存在。我们这样就提示出：因缘结构导向此在的存在本身，导向这样一种本真的、唯一的‘为何之故’。”③此在在世界存在，但是此在又

① ［德］马丁·海德格尔：《存在与时间》，陈嘉映、王庆节译，生活·读书·新知三联书店2012年版，第83页。

② ［德］马丁·海德格尔：《存在与时间》，陈嘉映、王庆节译，生活·读书·新知三联书店2012年版，第97页。

③ ［德］马丁·海德格尔：《存在与时间》，陈嘉映、王庆节译，生活·读书·新知三联书店2012年版，第99页。

不同于一般的存在者。假若此在如同锤子一样的存在,那么功用和指引就无从展开,现实世界就此关闭不复存在。“此在的存在中包含有存在之领会。领会在某种领会活动之中有其存在……从世内来照面的东西向之次第开放的那种东西已经先行展开了,而那种东西的先行开展不是别的,恰是对世界之领会。而这个世界就是此在作为存在者总已经对之有所作为的世界。”①对世界有所作为和领会,不一定就是理论的先验论者,因为这种作为和领会最初只是奠基于生命生存的源始结构。

对于世界之领会,那么什么是世界呢?当我们说到世界,我们首先想到的可能是五大洲四大洋地理空间,这个地理空间现成地存在,我们在世界空间内存在。康德说,我们无法想象没有空间的存在,空间在康德理论中是一个先验范畴。抽象的空间可以理论想象,但是和我们在世的世界还不是一回事情。在世的世界不是没有空间性,但是这个空间性经由此在的空间性所揭示。日常生活中的上手事物具有“切近”的性质,就是说上手事物在我们手上、手头,我们近距离地使用操作。什么叫远,什么叫近,这不是由距离决定的,而是由使用决定的。我在使用电脑笔记本打字,键盘离我远还是近,是由我的实际使用感知的。键盘离我们多远合适,这不是一个标准和理论的问题,而是由操作和使用的具体“场所”指派。我在打字这样一件事情的场所,把写字台、座椅、灯光、书籍、房间等依次定位。“并非‘周围世界’摆设在一个事先给定的空间里,而是周围世界特有的世界性质在其意蕴中勾画着位置的当下整体性的因缘联络。而这诸种位置则是由寻视指定的。只因为此在本身就其在世看来是‘具有空间性的’,所以在存在者层次上才可能让上手事物在其周围世界的空间中来照面。”②生活世界中牛顿的绝对空间并不绝对,鼻梁之上的眼镜常常

---

① [德]马丁·海德格尔:《存在与时间》,陈嘉映、王庆节译,生活·读书·新知三联书店2012年版,第100页。

② [德]马丁·海德格尔:《存在与时间》,陈嘉映、王庆节译,生活·读书·新知三联书店2012年版,第121页。

遗忘离我很远，而眺望的风景心向往之离我很近。“无所寻视仅止观望的空间揭示活动使周围世界的场所中立化为纯粹的维度……世内上手事物的空间性也随着这种东西一道失去了因缘性质。世界失落了特有的周围性质；周围世界变成了自然世界。”①从位置、场所变换到绝对空间，世界和人之间仅存外在空间关系，世界的生机、意蕴荡然无存。

二、身体行动的“默会”、“体知”

基于主体、客体二分的各种认识论尝试，都面临一个难以解决的问题，这就是物质与精神之间的相互作用问题。由于物质与精神的不同性质归属，二者之间的联系与作用难以理喻。皮亚杰基于儿童认识的发生机制研究，波兰尼身体技能的默会知识，以及尼采对身体生命的权力意志揭示贯穿一个共同主题，就是突出身体生命的认知意义，是我们贯通技术实践与真理达成的重要环节。

（一）基于活动的认识发生

主体、客体概念在皮亚杰的发生认识论中仍然运用，但是二者之间的对立区别、性质归属并非现成，而是人的发展过程中的相互作用与相互建构结果。自我意识、主体、客体观念并非先天存在而是后天生成，儿童一开始并没有明确的自我意识，更没有主体、客体观念。缺少了自我意识，也就没有主体、客体的分别；反之，没有主体、客体的区分，自我意识也就无从确立。自我与世界、主体与客体之间相互区分、相互作用、相互联系的关键环节，就在于起初尚没有明确意识、目的的儿童活动。就在儿童对于床单的拉扯、玩具的把握中，逐渐区分出施动方和受动方、自我和外界。“……主体只是在以后的阶段才通

① ［德］马丁·海德格尔：《存在与时间》，陈嘉映、王庆节译，生活·读书·新知三联书店2012年版，第130页。

过自由地调节自己的活动来肯定其自身的存在，而客体则只是在它顺应或违抗主体在一个连贯的系统中的活动或位置的协调作用时才被建构成的。”①

建构是皮亚杰与一般结构主义着重点不同之所在，或者说是他对于结构主义继承基础上的后续发展所在。皮亚杰的发生认识论与其说是结构主义的，不如说是建构主义的。皮亚杰在《结构主义》一书中，对于结构主义在各个领域中的实际运用做了详尽研究。皮亚杰把结构主义看作是一种研究方法，而非一种学说或者哲学看待，这也正是结构主义在各学科领域得以广泛应用的原因，也是其能够不断发展、超越之处。一方面皮亚杰肯定结构是主体的构造，“不存在没有构造过程的结构，无论是抽象的构造过程，或者是发生学的构造过程”。② 另一方面，主体不能随意地构造结构，“在动作的普遍协调中包括一定量的初级结构，它们足以做反映抽象和后来的构造过程的出发点”。③

基于活动的自我意识觉醒以及主体、客体区分是认识的前提和基础，但是主体与客体之间相互联系、接纳、契合的认识发源机制需要进一步说明。“一开始起中介作用的并不是知觉，有如唯理论者太轻率地向经验主义所作的让步那样，而是可塑性要大得多的活动本身。”④儿童早期虽然缺少自我意识，但也不是经验主义者洛克所说的“白板”。在儿童的生物遗传中就有其确定的身体机能、动作“格局”，吮吸来源于生物遗传的儿童本能。在身体活动的不断重复过程中，一种不变量、恒常性逐渐确立下来，确立为认知的结构和懵懂的观念。又如，儿童伸手要够某一玩具，手臂太短触碰不到，但是偶然拉扯了床单，玩具随之移动靠近。这是一个新的经验，还会在今后的活动中不断重复、强化，于是一个新的结构、格局、认识就此形成。儿童思维的早期借助于活

① [瑞士]皮亚杰：《发生认识论原理》，王宪钿等译，商务印书馆 1989 年版，第 23 页。
② [瑞士]皮亚杰：《结构主义》，倪连生、王琳译，商务印书馆 1987 年版，第 100 页。
③ [瑞士]皮亚杰：《结构主义》，倪连生、王琳译，商务印书馆 1987 年版，第 31 页。
④ [瑞士]皮亚杰：《发生认识论原理》，王宪钿等译，商务印书馆 1989 年版，第 22 页。

动，而非概念思维先于活动，概念抽象过程是一种高度发展的活动形式。“实际上活动的内化就是概念化，也就是把活动的格局转变为名副其实的概念，哪怕是非常低级的概念也好（前概念）。”①

不否认格局、结构的存在，但是格局、结构不是静止的现成存在，而是不断地调试、发展。活动作为身体本身和外界事物之间接触、联系的中介物，“循着由外部和内部所给予的两个互相补充的方向发展，对主客体的任何妥当的详细说明正是依赖于中介物的这种双重的逐步建构”。② 随着儿童活动的不断丰富，各种格局、结构不断涌现，自我的意识、主客体的分别乃至时间、空间、因果解释等都在活动实践中生成。时间、空间、因果关系这些康德所谓的先天观念，都在皮亚杰的现实世界活动基础上得到说明。“使活动取得协调就是使客体发生位移，只要这些位移被协调起来，这样逐步地加工制作成的‘位移群’就使得把客体安排在具有确定的先后次序的位置上成为可能了。于是客体获得了一定的时空永久性，这又引起了因果关系本身的空间化和客观化。”③就在这种主、客体的分化过程中，也在时间、空间意识形成及其因果关系的时空化中，主体、客体得以实体化确立下来。

逻辑关系、数学运演一直就存有一种超越现实的神秘性，它们不像是我们现实世界的总结，更像是我们据以认识世界的前提和基础，犹如天国的理念或先验的范畴。但是在发生认识论看来，“逻辑数学运演最后就跟行动的一般调节（联合、排列顺序、对应等等）联系起来，分析到最后，就跟生物的自我调节系统联系起来；但是生物自我调节系统并不是预先就包含着所有那些建购物，而仅仅是这些建购物的起点”。④ 作为起点，它不同于先验论或者天赋论所言的主体内在的现成认识结构，并且要一味地把这个现成结构强加于客体。

① ［瑞士］皮亚杰：《发生认识论原理》，王宪钿等译，商务印书馆 1989 年版，第 28—29 页。
② ［瑞士］皮亚杰：《发生认识论原理》，王宪钿等译，商务印书馆 1989 年版，第 22 页。
③ ［瑞士］皮亚杰：《发生认识论原理》，王宪钿等译，商务印书馆 1989 年版，第 24 页。
④ ［瑞士］皮亚杰：《发生认识论原理》，王宪钿等译，商务印书馆 1989 年版，第 15 页。

作为起点,它是主体、客体分化的前提,同时也是主、客体相互联系、认识结构得以逐步建构的基础。

逻辑数学结构来源于主体的内部协调,外部事物的物理因果关系包括空间结构和运动关系则来自客体之间的外部协调。那么,内部协调和外部协调之间的相互关系又是怎样的呢?或者更具体地说,纯粹数学的理论运演几百步之后,为什么还能够契合现实物理世界呢?“从出生以后就一直在活跃地进行着的内化和外化的平行发展,是思维和宇宙的这一貌似荒谬的符合一致的基础——思维最后把自己从身体活动中解放了出来,而宇宙则包括了身体活动,同时却又在一切方面超越了身体活动。”①理解问题的关键就在于活动本身,科学观念早在科学诞生之前就隐含在儿童活动之中。

“物理的现实和用来描写这种现实的数学工具之间具有永恒的一致,已经是相当地出奇的了。……然而,这个一致,并不是像实证主义所认为的是一种言语表达方式和它所指称的事物之间的一致,而是在人的运算和客体—算子的运算之间的一致……”②逻辑数学结构和物理因果关系都是在活动基础上建构起来的,他们具有相同的起源或者本质结构。不否认外部物理世界的独立存在,但是客体及其恒常性、因果关系只有借助于数学运演结构才能够为我们所认识。在这种意义上来说内部的活动协调更为基础、本源,这也是物理学发展在历史上落后于数学的原因。

儿童的早期活动是前概念、前逻辑的,也可以说是“动作”思维。随着时间的推移,到七八岁的时候,活动格局不断重复的恒常性、不变性、一致性逐渐形成概念,最初的“动作”思维逐渐“内化”让位于“概念”思维。事物被符号取代,活动让位于符号的运演,这是儿童认识过程的惊天大逆转。动作思维是儿童智力活动的低级阶段,时空的可逆性以及假设等抽象思维形式都没有形成,只要动作上有失误,就要从头把所有动作重来一次,效率低下。而概念思

① [瑞士]皮亚杰:《发生认识论原理》,王宪钿等译,商务印书馆1989年版,第56页。

② [瑞士]皮亚杰:《结构主义》,倪连生、王琳译,商务印书馆1987年版,第28页。

维和逻辑关系是已经固定下来的动作模块、思维模型，无须在现实中演练，只是思维的概念操作，效率提升。

概念思维相比于动作思维是认识能力的飞跃，它摆脱了思维的动作羁绊。"当形式化通过它本身的这种功能而变成专门化了的时候，便假定人们有完全的自由按体系的需要去选择公理，形式化也就不再依赖自然思维所提供的元素了。"①如果说欧几里得几何的公理来源于人们的生活实践，非欧几何的公理则有了想象假定的自由。动作思维到概念思维的惊天逆转，在深层次处折射出理论与实践的关系，理论对于实践的指导作用常常拔高。胡塞尔所言现代科学的危机根源于生活世界危机，就是讲我们忘记了理论的生活世界基础。

皮亚杰的发生认识论，既非经验论的"白板"也非唯理论的"天赋"，而是主客体相互调试的建构论。认识过程不是单方向刺激反应地被动反映论，而是主客体相互作用的辩证运动。"……刺激的输入是通过一个结构的过滤，这个结构是由动作图式（在达到较高水平时，即指思维的运算）所组成。儿童的行为仓库为了适应现实的需要，这些动作图式又进一步得到改变和充实。"②不是从现有认识水平研究，而是从认识的孩童发生研究，改变了以往的惯有研究方向，在方法上具有重要变革和启示意义。基于活动的认识发生路径揭示基本成形，但是思维概念生成的深层次细节问题仍有待深入研究。只要我们还在与机体活动截然对立、完全不同的意义上认识思维的概念活动，机体活动、社会实践到概念思维之间就会横亘着永远跨越不过的鸿沟，认识及其概念思维就是无解之谜。

（二）身体技能的默会知识

迈克尔·波兰尼（Michael Polanyi，1891—1976）是英国著名科学哲学家，

① ［瑞士］皮亚杰：《发生认识论原理》，王宪钿等译，商务印书馆1989年版，第72页。

② ［瑞士］J. 皮亚杰、B. 英海尔德：《儿童心理学》，吴福元译，商务印书馆1986年版，第7页。

曾获得医学博士、化学博士学位，担任过物理化学、社会学教授职位。1946年波兰尼发表《科学、信仰与社会》一书，批判实证主义科学观，提出科学研究中人的参与重要意义。在其生命的最后20年，波兰尼完成了从世界级科学家向大师级哲学家的转变。1958年波兰尼出版了十年心血之作《个人知识——迈向后批判哲学》，系统阐述了其创立的默会知识论。一般来说，知识总是客观、普遍的，但是波兰尼强调知识的“个人”层面。波兰尼解释说：“我把识知视为对被知事物的能动领会，是一项要求技能的活动。熟练的识知和作为是以形成无论是实践上还是理论上的技能成就为主的，而作为线索或工具的一组细节则处于从属地位。”①波兰尼强调知识获得的动态性、参与性、技能性，把知识冠以“个人”名头不再唐突、难解，正如后现代知识观所言“地方性知识”一样。《个人知识》一书的副标题是“迈向后批判哲学”，揭示出波兰尼对人类知识非言说维度的发现和挖掘。“线索和工具就是被这样用上的东西；它们本身却不受观察。它们被用作我们身体资质的扩展，这也就牵涉到我们自身存在的某种变化，就此而言，领会的行为是不可逆的，也是不可批判的，因为我们不可能拥有任何固定的框架。”②知识是在身体及其附属延长工具的动态运用中建构的，常常是以附带觉知或者说非焦点觉知而被忽略，其过程也是不确定的随时变化，所以没有一个明确的固定框架等待言说批判。默会知识不是没有评判标准，只是不同于一般理论的批判标准。波兰尼的“迈向后批判哲学”，实质是宣誓一种知识观的决裂和革命，波兰尼默会知识的发现可以看作是继笛卡尔、康德之后的第三次认识论革命。

传统知识观默认判断、命题为知识形式，有所言说是知识的前提条件，不能言说的缄默不语何论知识，知识在缄默中何以存在成为明显问题。但是，波

---

① ［英］迈克尔·波兰尼：《个人知识——迈向后批判哲学》，许泽民译，贵州人民出版社2000年版，前言第2页。

② ［英］迈克尔·波兰尼：《个人知识——迈向后批判哲学》，许泽民译，贵州人民出版社2000年版，前言第2页。

兰尼发现了技能知识的不可言说性,如怎样走路、怎样游泳、怎样弹钢琴、怎样开车。"人类知识有两种,诸如书面文字、地图或者数学公式里所展示出来的,通常被人们描述为知识的东西仅是其中之一而已;另一些未被精确化的知识则是另一种形式的人类知识,比如我们在实施某种行动之时怀有的关于行动对象之知识。假如我们将前者谓为言传知识(explicit knowledge),后者则称作意会知识(tacit knowledge)的话,那我们就可以说人类始终意会地知道自己正在支持(holding)自己的言传知识为真。"①针对某些技能知识,我们好像都能讲几句,但是又总是隔靴搔痒,无法触及实质问题。因为某些觉知、体验具有强烈的个人性,我的味觉感受是其他人无法直接体会的,我说的甜和你说的甜也未必一样。我们这里所说的体会,是真真切切在原本意义上讲的体察、体知,强调的是身体的认知功能。

假若我们固守严格的言传知识,知识就会在不断的知识根源追索中丧失自身。"这其实是个相当烦人的预期,它似乎使人之研究永无止境:一旦完成某项人之研究,我们的研究边界就会被这方才取得的成果扩展开去,因为这项成果本身业已成为人类知识的一部分,纳入了我们的研究范围。由是之故,人们不得不一再反思自己先前刚刚完成的反省,在这种无尽的徒劳中试图完全涵盖人类的所有知识。"②这实质是说,人类知识的严格知识体系是不完备的,或者说是有边界破缺的,这和哥德尔定理所说有大致相近含义。但是,人类生活实践以及知识求索并不总是遵从严格的知识逻辑体系,正像休谟在哲学上是彻底的经验论者,但在生活实践中却是一个温和的变通者。更重要的是,波兰尼的默会知识提出为解决以上人类知识的逻辑困境提供了全新角度,为从根本上重新认识和解决人类知识困局打开通路。"意会认知其实正是所有知

---

① ［英］迈克尔·波兰尼:《科学、信仰与社会》,王靖华译,南京大学出版社 2004 年版,第 110—111 页。

② ［英］迈克尔·波兰尼:《科学、信仰与社会》,王靖华译,南京大学出版社 2004 年版,第 110 页。

识的支配原则,因此,对意会知识的拒斥就意味着对一切知识的拒斥。"①这样,我们对于知识的认识、理解和要求就不再是唯一理论视域下的批判考察,而是进入到了更深层次的身体活动和技艺技能层面。知识基于人的实践活动不断进化,实践活动为知识提供基础和根据。

人类从动物进化而来,人类语言也是从前语言阶段缓慢进化而来。动物没有语言未必缺少知识,虽然我们不愿称其"知识"而称其"本能"。先天聋哑且没有文化的失语人,我们也很难说他没有技能和知识。认为技能不需要知识,完全否定技能中的隐含知识,不符合事实,也难以服人。否定实践技能知识,或者过高评价理论知识,把理论知识与技能知识相对立,这是文化、哲学特别是近代知识论乃至实证主义的产物。但是没有默会知识,理论的语言前提就无从理解,默会是语言意义理解的前提和基础。"尽管人类在知性上能优越于动物的主要原因是人能使用语言等各种符号,可是现在看起来,这种使用本身——积累各种题材之细节,深思熟虑,不断重考,然后将之用符号表述出来的过程——是一个意会的、非批判性的过程。这个过程与理解和意指的过程异曲同工,都是在我们脑中意会地实现的,而不能由书面之符号操作来完成。可见,人类的整套言传装备只是一个工具箱而已,或者说是实现人类意会才能的有效手段。"②

不以人的意志为转移的客观真理,是传统真理观追求的知识理想。这为康德的物自体提供了想象空间,但是不以人的意志为转移,只能导向不可知的物自体,这是完美知识理想的逻辑悖论,也暴露了其虚幻和空洞。但是,波兰尼默会知识的发现,指出了人的积极参与在知识生成过程中的前提和构成意义。"迄今为止,认知者在知识塑造过程中的个人参与仍被视为认知中的一

① [英]迈克尔·波兰尼:《科学、信仰与社会》,王靖华译,南京大学出版社2004年版,第110页。

② [英]迈克尔·波兰尼:《科学、信仰与社会》,王靖华译,南京大学出版社2004年版,第119页。

个缺陷。一直以来,我们认为这个缺陷理应从完美知识中剔除出去,而现在,我们却承认恰恰是这种个人参与实际指导和掌控着我们的认知能力。我们承认,人类的认知能力完全可以默默地、广泛地运作,不发一言;甚至即使我们说话了,说本身也仅是一种手段而已,是用来拓宽引发话语的意会力量之手段。"①我知道桌子上有一本书,我不说也是明了的。当我如此说出时,不过是把我的意会表达出来而已,重要的是这个表达本身也必须借助于意会才可能完成。"至此,我已经把理解的功能延伸到探求我们意图做什么、我们的意思是什么、我们正在做的是什么。另外,单凭手稿或者已发表的作品本身都无法表意(mean)任何事物,只有藉由人——表述的人、倾听的人或阅读的人,才能藉由它们意指一些东西。"②"桌子上有一本书",不论是语言形式还是文字形式,都不能表达、指称任何外界事物,只有借助于人的"意会"才可能完成。没有人的意会和意指,任何语言和文字都是没有意义的纯粹形式。只有依赖人的意会和意指,语言和陈述、科学和真理才有可能形成。

波兰尼的默会知识理论强调认识的动态性、连贯性、整体性,这与格式塔心理学把知觉理解为从整体到部分、从综合到细节过程相近,但波兰尼更强调认知中人的参与、追求的主动性。波兰尼挖掘、发现人的主动行为背后的辅助支持系统,而这辅助支持系统一直被我们忽略、淡忘。波兰尼说:"我把知识视为对被知事物的能动领会,是一项要求技能的活动。熟练的识知和作为是以形成无论是实践上还是理论上的技能成就为主的,而作为线索或工具的一组细节则处于从属地位。这样,我们就可以被说成'附带地觉知了'处于我们所获得的具有连贯性的实体之'焦点觉知'内的这些细节。"③波兰尼认为意

---

①　[英]迈克尔·波兰尼:《科学、信仰与社会》,王靖华译,南京大学出版社 2004 年版,第 120 页。

②　[英]迈克尔·波兰尼:《科学、信仰与社会》,王靖华译,南京大学出版社 2004 年版,第 117 页。

③　[英]迈克尔·波兰尼:《个人知识——迈向后批判哲学》,许泽民译,贵州人民出版社 2000 年版,前言第 2 页。

会知识包括两种觉知,即辅助觉知(subsidiary awareness)和焦点觉知(focal awareness)。在意识行为追求中焦点觉知是显明、主动的,辅助觉知是晦暗、被动的,焦点觉知的重要性不言而喻。但在觉知过程中,辅助觉知犹如脚手架,焦点觉知只能在辅助觉知基础上完成。没有辅助觉知,就没有焦点觉知。比如我开车,眼前的行人、道路、障碍都是我的焦点觉知,缺少对此清醒认识寸步难行。但是我的脚踩加油还是踩刹车,以及手握方向盘的把位等都不是我关注的重点,更多的是一种不自觉行动,是一种辅助觉知。假若我把注意力集中到我的脚现在到底是在刹车踏板还是加油踏板,关注我的方向盘甚至车轱辘方位,那么开车就无从进行,可以说还不会开车。

传统认知理论着眼于言说、理论,凡是不能言说和理论的一概排斥在知识范畴之外。波兰尼提出默会知识概念,扩展知识内涵,揭示默会知识结构,默会知识成为可以认识分析的领地。默会知识的提出打破了传统知识观、真理论"镜子"或者"照相机"认知比喻的简单认识,看到了显性知识背后的隐性知识的体知层面复杂结构和综合创造。"我们承认,人类的认知能力完全可以默默地、广泛地运作,不发一言;甚至即使我们说话了,说本身也仅是一种手段而已,是用来拓宽引发话语的意会力量之手段。"①在波兰尼看来,言说和理论在认知中并不具有优先性,相反恰恰是为我们所忽略的体知和默会在认知中具有重要的基础地位和优先性。"一直以来,我们的身体只是一种基本工具而已,用来实现对周围环境的知性与实际控制的工具。因此,每一个情形时分,我们都在支援意知中感觉到肉体的存在,而将焦点意知指向我们周遭的环境,藉以获取焦点知识。当然,我们的身体也不是普通的工具,我们由意知自己所知和所做的事而意知自己的身体,从而感觉到自己正在活着。"②

---

① [英]迈克尔·波兰尼:《科学、信仰与社会》,王靖华译,南京大学出版社 2004 年版,第 120 页。

② [英]迈克尔·波兰尼:《科学、信仰与社会》,王靖华译,南京大学出版社 2004 年版,第 123 页。

人的主体性一直都和心灵、精神、灵魂联系起来，而身体却作为可有可无的“臭皮囊”在认知中被排除。现在我们要申明的是，没有身体的心灵是游魂野鬼，是最大的“哲学谬误”。笛卡尔可以在理论上构想出不以身体存在为前提条件的心灵存在，但是在实践中不以身体存在为前提条件的心灵存在不是同样怪诞吗？我们不是要否定意识的存在，但是意识的存在是人类生存活动的产物，这就是马克思所说的社会存在决定社会意识。身体活动在认知中的重要作用就在于，任何符号、语言的“所指”都要在意义的分配和领会中完成，而这只有在身体活动的整体化“摄悟”中达成。“唯有通过‘摄悟’的活动，人类方能获取有意义的知识，而这种摄悟活动（act of comprehension）就包含在我们将自己对一组细部的意知融合而为对整体意义意知的过程中。这样的活动必然是个性化的，因为它将所涉及的细部同化为我们的身体装置，我们只有从焦点意知观察到的事物入手，才能意知到它们。”①我们可以忽略和遗忘身体存在，但不能否认其真实存在和认识基础地位，正像我们无法否认空气和呼吸对于生命的决定意义。人不是因为认知而生存，而是因为生存而认知，这就是人的技术生存本质。

（三）身体生命的权力意志

实证主义是反形而上学的，但是其与形而上学的联系又是割舍不断的。自柏拉图始的形而上学，以及其后的基督教、康德和实证主义，都在一个共同观念下运作，这就是相信世界可以对立二分为真实世界和虚假世界，身体要么被忽略要么作为心灵之对立面的反面形象出现。尼采指出：“他们蔑视身体，他们把肉体置之度外，更有甚者，他们对待身体犹如对待敌人。他们以为衰弱无力的畸形怪胎可以带有一颗‘美好的心灵’，这是他们的疯狂想法……”②

---

① ［英］迈克尔·波兰尼：《科学、信仰与社会》，王靖华译，南京大学出版社 2004 年版，第 130—131 页。

② ［德］尼采：《权力意志》，孙周兴译，商务印书馆 2016 年版，第 998 页。

尼采对身体价值和意义的肯定，反转了哲学史中理念、自在之物、绝对精神的绝对统辖地位，称得上是一场哲学反转和革命。

整个哲学史，简单说来就是追寻真理，这是以真实和虚假、真理和意见的严格对立和无可怀疑为前提的。我们不但有眼前的事物，还要追问事物存在的背后原因、根据，这就是亚里士多德所说的人类求知本性。感官世界纷繁多变，就是赫拉克利特所说“万物皆变”。智者不满足于个人的意见纷争，要追寻的是事物背后的深层原因和根据，也就是赫拉克利特所言的事物变化的秩序规则“逻格斯”。于是，哲学史上的“本原”、“存在”、“实体”、“理念”、“上帝”、“自在之物”、“绝对精神”纷纷出台，就是要为各种哲学理论奠定基石。每一哲学主张都强调自己哲学的非个人偏见的“上帝之眼”，或者是基于严格论证、无可辩驳的“我思故我在”。而在尼采看来，哲学的构建基于一定的价值判断和道德目的，而非从所谓实在、自在之物之上绽放的真理花朵。“柏拉图式思维的魔力恰恰在于针对这种感官明觉的抗拒，这是一种高尚的思维，——也许它就存在于那些人当中，他们比我们当代人拥有更为强大和更加苛求的感官，却知道在保持对这些感官的统治中找到一种更高明的胜利喜悦……”①柏拉图的哲学就是一种贵族哲学、贵族思维，真理探求成为少数人思维操作的专属领地和独有特权。尼采批驳柏拉图主义：“它把‘现实性’概念倒转过来了，并且说：‘凡是你们认为现实的，都是一种谬误，而我们愈接近‘理念’，(就愈接近)真理’。——明白这意思吗？这曾是最大的信仰改宗：而且因为它被基督教所采纳了，所以我们就看不到这件令人奇怪的事情了。”②柏拉图以理念取代现实，这在怀特海那里称之为“具体性的误置”，在杜威那里称之为“哲学的谬误”。

“权力意志”是尼采哲学的核心概念，套用流俗说法也可说是尼采哲学的本体概念，尼采哲学“价值重估”的全部根基就建立在此基础之上。什么是权

---

① ［德］尼采：《善恶的彼岸》，赵千帆译，商务印书馆2016年版，第27页。

② ［德］尼采：《权力意志》，孙周兴译，商务印书馆2016年版，第292页。

力意志,尼采的狂野不羁文风很难给出一个明确的严格定义。国内有以《权力意志》为名的尼采著作出版,但其实为尼采1885年秋至1889年初之间的全部残篇遗稿。但是尼采这些遗稿主要是以权力意志为研究内容,所以用《权力意志》冠名可说是名副其实,可以据此理解、把握权力意志的内涵所指。“我们的价值评估和道德价目表本身又有什么价值呢?在它们的支配地位中能得出什么结果呢?为谁呢?与何相关?——答曰:为生命。但什么是生命呢?在这里就必须对‘生命’概念做一种新的更确定的把握。对此,我的公式是:生命就是权力意志。”①尼采的权力意志不同于我们惯常理解的政治强权,与希特勒的独裁统治也没有必然联系;尼采所言的意志也不同于哲学史上惯常理解的与身体相对立的心灵、灵魂、理念、精神,而是与理性、逻辑、论证相对的生命冲动、身体欲望,强调的是身体对于心灵、理性的反叛和革命,身体是尼采权力意志的落脚点和具体化身。“整个有意识的生命,精神连同灵魂、心灵、善、德性:它究竟是为什么服务的呢?服务于动物性功能之手段(营养和提高手段)的最大可能的完美化:首要地是生命提高的手段。”②在尼采看来,所谓“精神”不过是肉体、身体的小理智工具,肉体、身体是包含心灵的大理智复合体。尼采借狂人查拉斯图拉如是说:“在你的思想和感情的背后,有一个有权力的王,一个不知名的圣哲,——它叫‘自己’,它居住于你的肉体,它便是你的肉体。”③身体不言自我却实行自我,心灵和精神取悦于人说服人,终止事物的变化与发展。

自笛卡尔开创近代哲学一直到黑格尔,哲学史围绕一个不变的核心概念展开,这就是主体。在这一意义上可以说,近代哲学就是主体哲学。笛卡尔提出主体—客体概念,主体在与客体相互对立的意义上界定、运用。主体与客体

---

① [德]尼采:《权力意志》,孙周兴译,商务印书馆2016年版,第189页。

② [德]尼采:《权力意志》,孙周兴译,商务印书馆2016年版,第712页。

③ [德]尼采:《查拉斯图拉如是说——看哪,这人》,楚图南译,北京时代华文书局2013年版,第25页。

的相互对峙一方面把人从其他事物中超拔出来,确立了人的主体性地位;另一方面造成了主体与客体的相互分离、对立,心身关系等哲学问题以及人与自然关系现实问题随之而来,理论的自身困境以及带来的现实矛盾冲突不断激化爆发。把主体界定为心灵、理性,或者说把心灵、理性理解为主体,无论如何心灵与身体的对立冲突在所难免,主体对于外界客体事物的认识问题在主客二分前提下无法解决。"基本错误始终在于,我们不是把意识设定为总体生命的工具和个别性,而是把它设定为标准、生命的最高价值状态:质言之,是关于从部分到整体的错误视角。"①尼采反对将主体和主体行为对立分离,抛弃形而上学的主体概念,代之以身体、生命和权力意志。尼采批判主体信仰,认为"每一个判断中都隐藏着整个完全而深刻地对主语与谓语或者原因与结果的信仰;而后一种信仰甚至是前一种信仰的个案,以至于前一种信仰就作为基本信仰剩了下来,那就是:有主语……这就是对'主语'的信仰。难道这样一种对主语和谓语概念的信仰不是一种愚(蠢)吗?"②这里的主语也可理解为主体,尼采不再强调区分意图与事件本身,发问意图难道不是事件本身吗?肉体、身体、行动、权力意志是一整合性复合体,它是原因、过程和结果,它既是主语又是谓语,或者说本来就无所谓主语、谓语。

主体目的、神的旨意是我们解释世界的惯用工具,也是推断主体存在的缘由与根据。也就是在这种目的设置中,一个目的原因背后还有更深层的目的原因,每一事物都被安置在漫长的目的链条之中,最后我们的生命被安置在种族、人类以及死后的世界进程之中。"当我们发明了理想的世界,我们同时也贬斥了现实的评价,及其意义和真实。……'真世界'和'幻世界'——质言之,即虚构的世界和现实。自来理想之谎言,总是现实之诅咒;由于它,人类最根本的本能,成为虚伪和空妄,所以最反于人类的繁荣,未来,和未来的权利的

① [德]尼采:《权力意志》,孙周兴译,商务印书馆2016年版,第613页。
② [德]尼采:《权力意志》,孙周兴译,商务印书馆2016年版,第121页。

那些评价，反得到人们的崇拜了。"①解释乃是基于价值判断出于自身考虑而作出，虽然它们都以正义和真理的面目出现。在一切形而上学家之中，我们都可以看到一种截然的"价值对立"设定，世界被区分为善与恶、真与假，哲学家本人则化身为正义与真理的代言人，享有道德优势和知识特权，这也是哲学独断论世代不绝的根源。尼采指出："人们必须认识到，一个行动决不是由一个目的引起的；目的和手段是解释，在解释中，一个事件的某些要点会得到强调和遴选，代价是牺牲其他要点，而且是大多数要点……"②尼采否弃主体—客体的对立设置，否弃主体目的、神的旨意的世界解释，代之以身体、生命的扩张、强化和创造，讴歌生命中的冒险、冲突、激情和创造。

不再以传统形而上学的实在、自在之物、理念、理性、绝对精神作为真理基础，不仅是认识论真理观的根本转变，也是道德判断基石的根本转变和价值重估。尼采坦言："我逐渐明白，迄今种种伟大哲学为何物，是其缔造者的自我表白，一种无意为之和未加注意的回忆；同样逐渐明白的是，每一种哲学中是道德（或不道德）的观点构成了真正的生长胚芽，每次都会从中长出整株植物。"③在尼采看来，哲学本质上是以道德判断为前提的，所以尼采对柏拉图主义形而上学传统的颠覆是从道德判断到真理评价的整体转变，尼采的价值重估与真理标准转变是统一的。在尼采看来，正义和真理不在于先验的或者外在尺度，而是权力意志的自我指定、自我肯定。权力意志为自我立法，为自己设立是非标准，权力意志就是要强化权力意志。"因此，真理并不是某个或许在此存在、可以找到和发现的东西，——而是某个必须创造出来的东西，是为一个过程，尤其是为一个本身没有尽头的征服意志给出名称的东西：把真理放进去，这是一个通向无限的过程，一种积极的规定，而不是一种对某个或许

① ［德］尼采：《查拉斯图拉如是说——看哪，这人》，楚图南译，北京时代华文书局2013年版，第268页。

② ［德］尼采：《权力意志》，孙周兴译，商务印书馆2016年版，第287页。

③ ［德］尼采：《善恶的彼岸》，赵千帆译，商务印书馆2016年版，第14页。

‘自在地’固定的和确定的东西的意识。这是一个表示‘权力意志’的词语。”①把真理与权力意志等同看待,不是要鼓吹强权真理,而是要把身体和生命的创造力解放出来。“如果道德不是从生命的考虑出发,而是为了实现自身的追求而谴责,它就是个特定的错误,不应该被同情——堕落的特性已经造成了无法估量的伤害。”②

以权力意志为基石的道德判断对于消极、保守、颓废持否定批判态度,而对于生命的扩张、强化、进取则持有积极肯定态度。“某种生命体首先意愿的是释放它的力量——生命本身是求权力的意志——:自身保存只是它间接的和最经常的后果之一。”③生命的进取就是正义,就是真理,因为生命自身就是判断标准。与此相应,尼采区分主人道德与奴隶道德,尼采肯定、鼓励积极的主人道德,否弃被动、消极的奴隶道德。主人道德的特点是首先肯定自我、坚持自我、赞美自我,以自我行为为“好”、“善”、“高尚”的评判原则和标准,然后推定自己的对立面行为是“坏”、“恶”、“卑劣”。奴隶道德不是对于自我的首先肯定,而是对于自己对立面的首先否定,首先把对立面行为确立为“恶”,而后推定自己行为为“善”,这是对外界事物的被动消极反应。“贵族和奴隶完全是两种类型的人,完全遵从两种道德观,其运用道德的机制也完全不同:一个是主动地立法和评估,一个是被动地适应和反应;一个勇猛有力,一个无能怨恨;一个无辜自信,一个狡黠盘算;一个骄傲冒险,一个谦卑胆怯;一个欢乐幸福,一个受苦压抑。”④

主人道德与奴隶道德的区别在于,主人道德知道自己要什么,大胆宣告、坚持自己的追求,把自己的所欲与所求结合、统一起来;奴隶道德不是不想走上主人道德的生活追求,而是无法走上主人道德的生活追求,但是又不肯承认

---

① [德]尼采:《权力意志》,孙周兴译,商务印书馆2016年版,第440页。

② [德]尼采:《偶像的黄昏》,杨丹、陈永红译,江苏凤凰文艺出版社2015年版,第35页。

③ [德]尼采:《善恶的彼岸》,赵千帆译,商务印书馆2016年版,第26页。

④ 汪民安:《尼采与身体》,北京大学出版社2008年版,第35—36页。

自己的软弱与无能,谎称自己不是无能而是不愿走上主人道德生活。奴隶道德把主人道德归结为不道德的庸俗、堕落和腐朽,而把自己软弱、隐忍、苟同的品格装扮成高尚道德,把一种无奈的被动接受装扮成一种主动的道德选择,这就是奴隶道德的诡计和欺骗。"当我们谈论价值,我们是在生命的鼓舞之下、在生命的光学之下谈论的;生命本身迫使我们建立价值;当我们建立价值,生命本身由我们评价。"①尼采肯定、鼓励主人道德,只是因为主人道德体现的是权力意志和生命活力的积极向上、进取扩张。肯定主人道德,否定奴隶道德,并不是对于弱者的无情和残忍,而是主张一种不服输、不认命的拼搏向上精神。无产阶级并不是天然的弱者,他们是最富有造反精神的革命阶级。"这样,美与丑就被认为是有条件的了;亦即着眼于我们最底层的保存价值。想要撇开这一点来设定美与丑,那是毫无意义的。这种美与这种善、这种真一样并不实存。"②凡是肯定身体生命的就是真、善、美,身体生命、权力意志是价值取舍、真理谬误的唯一判断标准。"艺术、认识、道德都是手段,人们并没有认识到其中含有提高生命的意图,而是把它们联系于一种生命的对立面,联系于'上帝',——仿佛是一个更高级的世界的启示,这个世界间或为此类启示所洞察……"③

尼采否弃主体—客体、自在之物,也就铲除了传统实在真理观的基石。"实体概念是主体概念的一个结果:并不是反过来!如果我们放弃心灵、'主体',那就在根本上失去了'实体'的前提条件。"④尼采否定主体,否定的是以心灵、精神、灵魂为前提条件的心灵,而不是身体、生命和权力意志。所有以各种名义命名的"本原"、"本体"、"实体"都是人们的想象和杜撰,都是各种必然性求索的"目的"、"原因"设定之物。所有的真理求知意志背后都是求生意

---

① [德]尼采:《偶像的黄昏》,杨丹、陈永红译,江苏凤凰文艺出版社 2015 年版,第 34—35 页。

② [德]尼采:《权力意志》,孙周兴译,商务印书馆 2016 年版,第 637 页。

③ [德]尼采:《权力意志》,孙周兴译,商务印书馆 2016 年版,第 659 页。

④ [德]尼采:《权力意志》,孙周兴译,商务印书馆 2016 年版,第 530 页。

志、权力意志,都是每一个体基于个人生存状况的道德价值产物,是一种基于个人视角的视角知识。尼采指出:“在我看来重要的是摆脱大全、统一性,某一种力、某个无条件之物;人们或许只好把它视为最高的机关,把它命名为上帝。人们必须把大全粉碎掉;忘掉对大全的尊重;为着最切近的东西、属于我们的东西,取回我们已经赋予未知之物和整体的东西。”①所谓大全,就是整体视角的上帝之眼,就是不以人的意志为转移的客观实在,就是放之四海而皆准的绝对真理。放弃大写的神圣真理追求,剩下的就是小写的复数真理。尼采“反对实证主义,它总是停留在现象上,认为‘只有事实’;而我会说:不对,恰恰没有事实,而只有阐释。我们不能确定任何‘自在的’事实:有此类意愿,也许是一种胡闹罢”。②

对于现代物理科学以及各门科学的数学应用,尼采认为都属于理论的设定结果,不是缺少事实根据,但也是目的意志求索的愿望符合。不是否认现代科学的实验根据,只是它们也不过是实验的摆弄而已。“逻辑学和机械学只能应用于最表面的东西:真正说来,只是一种图式化技巧和缩略化技巧,一种通过表达技巧对杂多的掌握,——不是‘理解’,而是一种以告知为目的的标示。把世界还原到表面来进行思考,这意思就是首先使世界变成‘可以把握的’。”③尼采并不是要否定一切科学,只是反对科学独裁对于生命的否定。正像海德格尔所说,现代科学也是一种去弊、揭示,但它更多的是一种强求、索取。尼采要的不是一劳永逸、永远正确的科学真理,而是源于身体、生命的不断探求的多视角知识融合。“以身体为引线,一种惊人的多样性显示出来;在方法上就不妨把这个可以更好地研究的、更丰富的现象,用作理解较为贫乏的现象的引线。”④尼采唯一认可的存在“自我”不是心灵主体而是身体生命,

① [德]尼采:《权力意志》,孙周兴译,商务印书馆2016年版,第364页。
② [德]尼采:《权力意志》,孙周兴译,商务印书馆2016年版,第361页。
③ [德]尼采:《权力意志》,孙周兴译,商务印书馆2016年版,第221页。
④ [德]尼采:《权力意志》,孙周兴译,商务印书馆2016年版,第126页。

并且要用身体生命这一唯一存在来认识、理解其他各种各样的存在，在此基础上达成一种更为丰富现象的理解——这就是尼采希冀的科学。尼采揭示身体生命对于真理认识、道德判断的重要作用无可厚非，但其过分夸大身体生命对于真理创造、道德判断的作用，忽视外在世界及其客观规律的认识基础地位，无视道德生成与判断的社会形成机制，则是我们必须引以为戒、警醒批判的。

三、技术实践阐释的身体维度

技术和身体在传统形而上学中一直遭受同样的命运——遗弃或者遗忘，柏拉图的哲学理论就是建立在感觉和理智、尘世与天国的对立基础之上，灵魂的本质是认识，而技术、身体都是无知。[①] 对于技术与身体的同样鄙视，也暗示着技术和身体这二者之间的某种内在相关性。对技术和身体之间内在相关性的揭示，对于我们认识、理解技术与身体颠覆传统形而上学灵与肉、主体和客体、知与行二元对立，确立身体行动认识作用和技术实践真理具有重要意义。

（一）技术实践起源的身体发生

恩格斯在《劳动在从猿到人的转变中的作用》中指出，劳动"是整个人类生活的第一个基本条件，而且达到这样的程度，以致我们在某种意义上必须说：劳动创造了人本身"。[②] 如果我们不把技术限定在狭隘定义理解，劳动创造了人本身也就是说技术创造了人本身，劳动、技术与人类有着共同的起源。"技术发明人，人也发明技术，二者互为主体和客体。技术既是发明者，也是被发明者。这个假设彻底推翻了自柏拉图以来，直至海德格尔、甚至海德格尔

① 李宏伟：《技术阐释的身体维度》，《自然辩证法研究》2012 年第 8 期，第 30—34 页。
② 恩格斯：《自然辩证法》，人民出版社 2015 年版，第 303 页。

以后的关于技术的传统观念。”①

人从猿进化而来，追究人的起源、技术的起源不得不从猿的进化说起。动物包括猿，它们没有想象、欲望，它们和自然一体，生活于此时当下。由于地球气候和生态变迁，某些地区的林木变得稀疏，生存于树上的猿不得不转向陆地生存。“这种猿类，大概首先由于他们在攀缘时手干着和脚不同的活这样一种生活方式的影响，在平地上行走时也开始摆脱用手来帮忙的习惯，越来越以直立姿势行走。由此就迈出了从猿过渡到人的具有决定意义的一步。”②之所以说这一步是具有决定意义的一步，并不是说由此人类、技术就此诞生，而是因为它为人类和技术诞生奠定了决定性基础。手由此变得越来越自由，也在不断地增加着熟练技能，并且促动猿人的整个身体包括神经系统、面部表情、交流方式进化。

这是一个漫长的过渡期，也许有几十万年的历史。“首先是劳动，然后是语言和劳动一起，成了两个最主要的推动力，在它们的影响下，猿脑就逐渐地过渡到人脑……”③恩格斯在此强调劳动对于人类诞生的第一位作用，但是恩格斯同时指出：“人类社会区别于猿群的特征在我们看来又是什么呢？是劳动。……劳动是从制造工具开始的。”④一方面，劳动创造了人本身；另一方面劳动只能是人类劳动，并且是以工具制造、技术活动为标志，这就是技术与人类之间的互动、共生关系。“石器技术的进化是如此缓慢——它以‘遗传变异’的节奏发展——以至我们难以想象人是这个技术进化的发明者和操作者。相反，我们可以由此假定人在这个进化中被逐渐发明。”⑤

---

① ［法］贝尔纳·斯蒂格勒：《技术与时间：爱比米修斯的过失》，裴程译，译林出版社 2000 年版，第 162 页。

② 恩格斯：《自然辩证法》，人民出版社 2015 年版，第 303—304 页。

③ 恩格斯：《自然辩证法》，人民出版社 2015 年版，第 307 页。

④ 恩格斯：《自然辩证法》，人民出版社 2015 年版，第 308—309 页。

⑤ ［法］贝尔纳·斯蒂格勒：《技术与时间：爱比米修斯的过失》，裴程译，译林出版社 2000 年版，第 157 页。

如果说劳动、技术创造了人本身，那么是什么促成了猿类的本能反应到人类的劳动、技术转变？虽然说不可能确定出一个明确的转变节点，但是我们有必要对这样一个逐渐转变过程予以探究。即使是在猿类那里也有某种程度的手脚分工，甚至可以说还有某种原始程度的工具使用和制造，但是这一切都是一种偶然性而非必然性，是无意识的本能而非有意识的筹划。正像马克思所讲："蜘蛛的活动与织工的活动相似，蜜蜂建筑蜂房的本领使人间的许多建筑师感到惭愧。但是，最蹩脚的建筑师从一开始就比最灵巧的蜜蜂高明的地方，是他在用蜂蜡建筑蜂房以前，已经在自己的头脑中把它建成了。"①动物偶然的工具使用和制造作为对自然状态的一种偏离，在漫长的自然进化过程中常常是自生自灭、不留痕迹。"这种偏离的可能性只要停留在本质之中，它就相对于原始的平衡被保留、推迟并掌握。一旦它付诸实施，就成为精神……精神是人类的特征、人类的本性、人类的存在和起源，但它却是动摇人类纯粹自然状态的因素……"②猿类的偶然动作、行为、技术的物质实施一旦被精神意识捕捉，成为人类的明确意识、认识、追求，人类精神和物质技术由此诞生。

猿人进化对应于它们所用石器、工具的悄然改变，但是，此时的石器、工具还很难说就是技术，因为此时工具更多的是一种特定行为的直接衍射，工具随大脑皮层组织的进化而进化，主要受制于生物遗传因素作用。"大脑皮层形成于东非人和新人之间，在新人之后，大脑的进化就终结了。也正是在这个期间，形成了皮层和岩层、生物和有机物的耦合。"③在这一时期，大脑皮层形成受工具制约，同时工具演变又受制于大脑。石器、工具缓慢稳定的技术连续性必然促成语言，语言的出现是技术产生的标志，意味着人类时间、忧虑、超前、死亡观念的形成。人类记忆从遗传记忆、神经记忆发展到外在的技术和语言

---

① 《马克思恩格斯全集》第23卷，人民出版社2005年版，第202页。

② ［法］贝尔纳·斯蒂格勒：《技术与时间：爱比米修斯的过失》，裴程译，译林出版社2000年版，第141页。

③ ［法］贝尔纳·斯蒂格勒：《技术与时间：爱比米修斯的过失》，裴程译，译林出版社2000年版，第166页。

记忆,人类进化从内在的生物进化转向外在的技术进化。

柏拉图在《普罗塔戈拉斯篇》讲述了普罗米修斯和爱米比修斯兄弟俩的神话,喻示了技术起源的人类身体缺陷说。众神塑造了动物,最后委托普罗米修斯和爱比米修斯适当分配每种动物一定的性能。弟弟爱米比修斯主动担当起这一任务,他把利爪、敏捷、力量分派各种动物,确保它们都能存活下去。但是,当他把所有性能浪费在无理性动物之后,却发现还剩下人类赤身裸体、一无所有。哥哥普罗米修斯为弥补弟弟爱米比修斯的过失,盗取天火赋予人类理智和技术,由此拯救了人类。这一神话故事告诉我们,技术与人类历史同样久远,人类本质由技术规定,技术是人类身体先天缺陷的弥补。

卢梭认为,人类自然状态并非如我们想象的悲惨、痛苦,技术不是对人类身体缺陷的补偿,而是人类的退化和沉沦。“野蛮人的身体,是他自己所认识的唯一工具,他把身体用于各种不同的用途,我们由于缺乏锻炼,已不能像他那样使用自己的身体了。”①对于野蛮人来说,没有衣服、住处并没有成为他们生活的困扰,他们很少疾病,无惧野兽,蔑视死亡。“第一个为自己制作衣服或建筑住处的人,实际上不过是给自己创造了一些很不必要的东西。因为在此以前没有这些东西,他也照样生活……”②那么,技术又是因何而来呢?卢梭认为,自然支配一切动物包括人类,但是人类却有服从或者抗争的精神自由,他们面对自然有了自己更多地选择。“智慧的进步,恰恰是和各族人民的天然需要,或者因环境的要求而必然产生的需要成正比的,因此也是和促使他们去满足那些需要的种种欲望成正比的。”③卢梭否定技术起源的身体缺陷说,但是承认人类精神的自由追求和应对环境的技术需要。不论是补偿身体缺陷还是抵抗外界环境,不论是满足人类基本生理需要还是更高层次精神追求,卢梭基于精神自由的技术需要说与技术起源于人类身体缺陷说在本质上

---

① [法]卢梭:《论人类不平等的起源和基础》,李常山译,商务印书馆1962年版,第76页。
② [法]卢梭:《论人类不平等的起源和基础》,李常山译,商务印书馆1962年版,第81页。
③ [法]卢梭:《论人类不平等的起源和基础》,李常山译,商务印书馆1962年版,第86页。

是一致的。

（二）技术实践发展的体外进化

1877 年，恩斯特·卡普（Ernst Kapp）在其技术哲学开篇之作《技术哲学纲要》中提出“器官投影说”，这无疑是技术的身体阐释最有影响的思想。卡普明确提出技术是人体的器官延伸和功能替代，开启了技术哲学的工程学研究传统，也喻示着技术与人的某种内在统一性。“弯曲的手指成为一个钩子，手的曲弯成为一个碗；人们从刀、矛、桨、铲、耙、犁和锹看到了臂、手和指的各种各样姿势，显而易见它们适合于打猎、捕鱼、园艺以及耕具。”①从人体器官和技术器具的同构对应关系开始，卡普将器官投影说逐渐推及社会技术解释，将人的血液系统、神经系统与铁路、电报分别比较，还专门集中讨论“语言”和“政府”。卡普消极评价技术发明中意识、理智、心灵作用，反映了他对于身体器官的重视和强调，表现出以认识论为核心的传统形而上学向工程哲学“发现身体”的实践转变。

麦克卢汉“媒介是人的延伸”思想在新闻传播理论中影响深远，但麦克卢汉不仅关注狭义的媒介技术，他的“媒介”概念可以作广义“技术”理解，可以涵盖货币、时钟、游戏、武器、住宅、数字、漫画，等等。麦克卢汉将轮子、石斧、衣服、印刷术、电话、电子技术分别看作是脚、手、皮肤、眼睛、耳朵、中枢神经的延伸。“任何媒介（即人的延伸）对个人和社会的任何影响，都是由于新的尺度产生的；我们的任何一种延伸（或曰任何一种新技术），都要在我们的事务中引进一种新的尺度。”②麦克卢汉将人的延伸区分为人类躯体、神经功能和大脑意识三个阶段，与此相应的人类历史进程划分为前文字时代、古登堡时代（机械技术时代）和电力技术时代。前文字时代或者说部落时代是一个口耳

① Carl Mitcham, *Thinking Through Technology*, Chicago: The University of Chicago Press, 1994, p.24.

② ［美］马歇尔·麦克卢汉：《理解媒介》，何道宽译，商务印书馆 2001 年版，第 33 页。

相传的时代,人们的所有感官整体协调地参与文化传承。古登堡时代(机械技术时代)可区分为以拼音字母和古登堡印刷术为核心发明的两个阶段,拼音字母的产生将人的感官世界分裂为视觉和听觉。以电报诞生为开端以及随后的电脑、互联网技术使人的所有感官参与进来,但是却带有虚拟世界的某种不真实成分。

芒福德认为,植根于身体性的技术在其原始阶段更多地表现为妇女身体特征的"容器(container)技术",如陶器、谷仓、房子乃至更大的水渠和村庄。① 容器技术让我们联想到了海德格尔对水罐的现象学分析,他认为水罐中汇聚着天、地、神、人。芒福德高度赞扬语言这个最大的文明容器,与海德格尔所说"语言是存在的家"有异曲同工之妙。理查德·桑内特受福柯(Michel Foucault)影响开始身体的历史研究,在《肉体与石头——西方文明中的身体与城市》一书中揭示了西方文明中身体与城市的关系。② 古希腊和古罗马展示的是"声音与眼睛的力量",古希腊注重公民沟通和表达的声音,公共集市、公民大会乃至居民屋顶都是聆听或者表达的地方;古罗马通过万神殿、竞技场驯化眼睛,强调焦点中心和威严秩序。中世纪和文艺复兴时期城市看重的是"心脏的运动",城市犹如大的修道院,热衷于营造人们顶礼膜拜内部气氛的心灵冲击"晕厥"效果。现代城市设计模仿身体的"动脉与静脉",哈维(Harvey)血液循环理论影响现代城市设计,强调城市快速舒适的四通八达、畅通无阻道路系统,但是取消了人们驻留、互动、参与的公共空间。人们匆匆擦肩而过,都是陌生人。

唐·伊德(Don Ihde)的技术现象学将人与技术关系划分为具身的技术、解释学的技术、它异关系和背景关系,其中具身关系(embodiment relations)揭

---

① L. Mumford, *The City in History: its Origins, its Transformations, and its Prospects*, New York: Harcourt and World, 1961.

② [美]理查德·桑内特:《肉体与石头——西方文明中的身体与城市》,黄煜文译,上海译文出版社2011年版,第2—4页。

示了身体与技术关系的现象结构。① 比如说我们新配了一副近视镜，一开始我们可能不适应，常常要为新佩戴的眼镜烦扰、分心，不能把注意力完全聚焦在外界景物。此时眼镜还是我们身体的异己、异化部分，这时的眼镜与人的关系还不能说是具身关系。但是，随着我们身体的慢慢适应，逐渐地我们就忘记了眼镜的存在，眼镜成为我们身体的一部分，此时眼镜与人的关系就是具身关系。不仅眼镜，而且比如说手杖、假牙、假肢甚至汽车等技术器具，已经越来越多地整合到我们的身体体验中。莫里斯·梅洛-庞蒂在《知觉现象学》中指出："盲人的手杖对盲人来说不再是一件物体，手杖不再为手杖本身而被感知，手杖的尖端已转变成有感觉能力的区域，增加了触觉活动的广度和范围，它成了视觉的同功器官。"②技术现象学的具身关系阐释在初级层次上好似"技术是人体延伸"观点的精细分析和有力支持，但在更高层次上来说其立意主旨与技术的人类学解释根本不同，它不再把人的主观、主体、心灵、理智、科学作为技术存在基础，而是把技术确立在破除主客对立基础上的身体动作、行为、活动、实践方面来理解。

技术是人的延伸或者说技术与人的关系集中表现在"人机界面"，不论是多么先进、复杂技术最后都要为人所消费、使用，都要尽量向人来靠拢，当然人也要学习、适应技术。不论是显微镜还是望远镜，它总有"物镜"和"目镜"两端，其中的"目镜"就是人机界面；当然，在具身关系中，也可以说"物镜"是人机界面；或者可以更进一步地讲，人机界面是一个逐渐过渡的相对划分。人机界面不能简单地理解为物质界面，它同时也是一个社会界面、文化界面。伊德不仅讲具身关系也讲解释学关系，不仅讲体验的身体也讲文化的身体，更在体验的身体和文化的身体二者综合超越意义上强调技术的身体。在人机界面上，人与技术有一个磨合、适应、学习过程，表现为人与技术关系的协调一致或

① Don Ihde, *Postphenomenology and Technoscience*, Albany: State University of New York, 2009, pp.42-43.

② ［法］莫里斯·梅洛-庞蒂：《知觉现象学》，姜志辉译，商务印书馆2005年版，第190页。

矛盾冲突。一般来说,技术要尽量向人来归附、接口,但是在某些技术条件限制下,人有时不得不向技术“靠拢”,如航天员、飞行员的选拔、训练就是要克服人体“生物学缺陷”。技术通过对外界世界“放大”或者“缩小”来向人的身体感官“接口”,人的意向性经由仪器、技术对外部世界选择、感知,外部世界是一个技术选择和过滤的意向性世界。

不论是器官投影说还是人的延伸说,都可以归结在技术的“体外进化说”中表达。贝尔纳·斯蒂格勒基于爱比米修斯过失的人体“缺陷”而来的技术“代具”历史考察,提出了他的技术进化决定论。“代具本身没有生命,但是它决定了生命存在之一的人的特征并构成人类进化的现实。生命的历史似乎只有借助生命以外的非生命的方法来延续。生命的悖论就在于:它必须借助于非生命的形式(或它在非生命中留下的痕迹)来确定自己的生命形式。”①斯蒂格勒承认卢梭所言“第一个穿衣住房的人对这些并不十分需要”,但是坚持“不十分需要,但并不是不需要。代具的出现几乎是偶然和非本质的,但并不是绝对无用”。② 在芒福德、怀特看来,技术进一步发展的动力并非源自人体“缺陷”弥补,而是超脱原始生命需求的身体和心智能量冲动和运用。按照斯蒂格勒的观点,人的本质属性就在于他没属性,或者说人是“泛化”而非“特化”。斯尔丹·勒拉斯指出:“借助技术策略,‘泛化’、‘非特化’的生物所面对的问题得以解决,采用的方式是在生物与环境之间插入特化的人造结构,而这样的结构适应生物所面对的问题。这样的插入给予盖伦所需要的东西,这就是说,断开与具体环境的任何直接联系,产生一种距离或者缓解作用,脱离环境媒介带来的任何直接压力。但是,与此同时,它也使活动场所不再是非确定的。”③

---

① [法]贝尔纳·斯蒂格勒:《技术与时间:爱比米修斯的过失》,裴程译,译林出版社 2000 年版,第 60 页。

② [法]贝尔纳·斯蒂格勒:《技术与时间:爱比米修斯的过失》,裴程译,译林出版社 2000 年版,第 139 页。

③ [克罗地亚]斯尔丹·勒拉斯:《科学与现代性——整体科学理论》,严忠志译,商务印书馆 2011 年版,第 177 页。

（三）技术实践身体维度阐释评析

把技术与身体作关联考察、思考兴起于文艺复兴时代。“起初，生物—机械类比的潮流是从技术向生物移动。有生命的有机体的结构和生命过程是用机械术语描述和解释的。在19世纪中叶，却出现了反向的比喻潮流。这种比喻潮流的反向移动是至关重要的，因为技术的发展首次通过用生物类比来解释。”①技术的身体维度阐释的重要性无可置疑，但其重要性不在于技术发展首次用生物类比解释，而是由其哲学背景、历史意义以及研究方法所决定。

首先，“发现身体”是传统形而上学终结和哲学经验转向的标志。传统形而上学始自柏拉图，在柏拉图的哲学中理念与现实、灵魂与身体开始对立。柏拉图推崇理念、灵魂的真实、不朽，把现实、身体看作是理念知识、善的追求的羁绊和障碍。柏拉图认为，“我们要接近知识只有一个办法，我们除非万不得已，得尽量不和肉体交往，不沾染肉体的情欲，保持自身的纯洁”。② 笛卡尔确立主体与客体、心与身对立的二元论哲学，把主体人确立为“我思”而非“身体”，开创了主体哲学的认识论传统。康德承继笛卡尔认识论传统，把启蒙哲学归结为理性的运用。黑格尔把人类历史抽象为意识和精神历史，身体在历史发展和哲学探险中销声匿迹。发现身体、确立身体的哲学地位是尼采，他喊出的口号是“一切从身体出发”，摒弃了“人是理性动物”这个支撑西方历史的“灵魂假设”。尼采讲，“在你的思想与感情后面，有个强力的主人，一个不认识的智者——这名叫自我。它寄寓在你的身体中，他便是你的身体”。③ 在尼采的身体哲学中，超越了传统的主观与客观、心与身的二元对立，身体成为颠覆和重估一切价值评价的基础。福柯追随尼采的身体一元论，认为各种各样的社会组织形式及其运作不外乎是对于身体的规划、设计、生产、控制。对传

① ［美］乔治·巴萨拉：《技术发展简史》，周光发译，复旦大学出版社2000年版，第16页。
② ［古希腊］柏拉图：《斐多》，杨绛译，辽宁人民出版社2000年版，第17页。
③ ［法］尼采：《苏鲁支语录》，徐梵澄译，商务印书馆1997年版，第27—28页。

统形而上学主体意识的基础主义批判和颠覆成为一种代表时代潮流的哲学转向运动,其中我们可以看到马克思主义的实践、海德格尔的此在、哈贝马斯的交往、杜威的实用主义,等等。这些各不相同名目下的哲学旨趣可能针锋相对,但是可统归为一种对传统形而上学的批判和重建新哲学的努力和尝试。"发现身体"的"身体哲学"开启、应和哲学转向时代大潮,将哲学遗忘了两千多年的"身体"确立为自身哲学基础,具有开创和深化新哲学探索的重要意义。

其次,身体维度的技术阐释超越了卡尔·米切姆技术哲学的两种研究传统划分,实现了工程学的技术哲学和人文主义的技术哲学在身体维度上的汇聚和整合。两种研究传统的分歧和对立可归结为技术与人文两种研究进路的对立,技术哲学"研究纲领"和"核心问题"的争论其实质也是两种研究进路的竞争表达。坚持技术是应用科学(applied science)、技术哲学应该依循科学哲学研究传统,表达的是技术内部的工程学研究传统;坚持技术哲学的研究纲领、核心问题是技术价值论、技术伦理问题,表达出的是一种技术哲学的人文主义研究进路。每一种研究传统对于技术哲学来说都是有益的,更重要的是两种研究传统不仅是竞争而且应该是开放和对话。"我们必须像苏格拉底那样,保持一个开放的心态,认识到别人确有智慧。我们应该乐于找到他们,向他们请教问题。"①技术阐释的身体维度为两种技术哲学研究传统提供了一个汇聚、交流、对话平台,身体是超越灵与肉、主体与客体、主观与客观、技术与人文对立冲突的中介桥梁和整合基础。身体不仅是肉身而且汇聚着人类认知,知与行的联动、耦合就体现在人类真实的生存活动、行动和实践。技术的身体维度阐释从工程学研究传统起源,卡普的器官投影说就被米切姆划归在工程学研究传统;而后人文学者发现了身体在技术阐释中的人文意义,对技术采取了现象学、存在论、实用主义解释,如伊德、海德格尔、杜威等。可见,技术的身

① Carl Mitcham, *Thinking through Technology: the Path between Engineering and Philosophy*. Chicago: The University of Chicago Press. 1994, p.92.

体维度阐释具有广泛的开放论域，是超越技术哲学两种研究传统的新的综合、研究拓展。

最后，技术的身体维度阐释作为技术哲学研究的一种进路和方法，在工程学技术哲学以及人文主义传统的解释学—现象学研究方法上不断取得深化，但它更大发展有待借鉴马克思主义对于人以及身体的社会、政治、经济分析方法，才有可能在社会实践和变革道路上发挥更为现实的积极作用。工程学研究传统比如说器官投影说、系统论以及仿生学研究，都是立足技术本身的技术发展逻辑的理论说明，对于技术外部的社会政治、经济文化关注不够。梅洛-庞蒂的“知觉”、伊德的“涉身”将焦点集中在人机界面，海德格尔的“此在”走向形而上学的抽象“在世”，他们的研究在思维深度和立意创新上给我们思想启示和理论审美享受，但是却在人的社会现实批判和实践变革上显得苍白无力。马克思讲，人“把整个自然界——首先作为人的直接的生活资料，其次作为人的生命活动的对象（材料）和工具——变成人的无机的身体”。[①] 在此，我们可以看到马克思人与自然、人与技术的内在本质联系思想，但是，马克思所讲的人以及身体，不是脱离社会现实的抽象人，而是强调人的本质是社会关系总和的社会存在。我们讲技术的身体维度阐释具有超越技术哲学两种研究传统的优势，但是我们如果要把这种理论优势转化成为现实优势，不仅是解释世界而是改造世界，我们就要从马克思主义技术哲学思想汲取更多思想养料和现实力量。

四、技术实践真理的不同特点

传统真理观看重“知识”，技术实践真理看重“实践”。“实践”不与“知识”相对立，而是知识的具体实现，是知识的现实延伸与扩展。如果说传统真

---

① 马克思：《1844年经济学哲学手稿》，人民出版社2018年版，第52页。

理观的真理较为狭义、局限，那么技术实践真理则更为宽泛、综合。技术实践真理打破传统哲学对峙概念的二分划界，在技术实践而非理论的逻辑论证中破解各种理论概念的矛盾与困境。

（一）历史维度的过程性

“知识”常常表现在口头或文字的表达之中，但最重要的还是表现在知识的书本之中，所以我们常说图书馆是知识的宝库或者海洋，就是看重图书馆的书本知识载体作用。书本知识是“死”的，书本知识是没有时间性的或者说超越时间性的，书本上的知识写在那里就成为白纸黑字的“僵死”知识，不再随时间变化而变化。尼采批判两千多年以来哲学家说：“你问我，哲学家都有些什么特性？例如：他们缺乏历史感，他们仇恨生成观念，他们的埃及主义。当他们把一件事物去历史化，把它制作成一个木乃伊时，他们自以为是在向它表示敬意。几千年来经过哲学家处理的一切都变成了概念木乃伊，没有一件真实的东西能够活着逃脱他们的掌握。”①尼采否定理性、推崇感官，看重的就是感官显示生成、死亡和变化，如此感官就是没有说谎。“表象”世界是唯一的世界，所谓“真实”的世界只是谎言的添加。

中国是一个推崇读书的社会，有“万般皆下品，惟有读书高”的说法。宋真宗赵恒《励学篇》讲：“富家不用买良田，书中自有千钟粟。安居不用架高楼，书中自有黄金屋。娶妻莫恨无良媒，书中自有颜如玉。出门莫恨无人随，书中车马多如簇。男儿欲遂平生志，五经勤向窗前读。”中国文人读书除了注重修身、齐家、治国、平天下道德理想，更常见的是看重读书“取士”的功利价值，“为科学而科学”的古希腊科学理性精神缺失。中国古代文人虽然看重读书，但也深谙“读死书”的弊端所在，称固守书本、不知变通的人为“书呆子”，倡导“读万卷书，行万里路”、知行合一、理论联系实际。《庄子·天道》借工匠

---

① ［德］尼采：《偶像的黄昏》，杨丹、陈永红译，江苏凤凰文艺出版社2015年版，第22页。

之口，直指圣言权威的说教局限。公读书于堂上，轮扁斫轮于堂下，释椎凿而上，问桓公曰："敢问公之所读者，何言邪?"公曰："圣人之言也。"曰："圣人在乎?"公曰："已死矣。"曰："然则君之所读者，古人之糟粕已夫!"桓公曰："寡人读书，轮人安得议乎！有说则可，无说则死!"轮扁曰："臣也以臣之事观之。斫轮，徐则甘而不固，疾则苦而不入。不徐不疾，得之于手而应于心。口不能言，有数存乎其间。臣不能以喻臣之子，臣之子亦不能受之于臣，是以行年七十而老斫轮。古之人与其不可传也死矣，然则君之所读者，古人之糟粕已夫!"

万事万物都是变化发展的，宇宙演化、生物进化理论从科学上阐明这一点，赫拉克利特的"无物常驻"、"万物皆变"以及马克思主义唯物辩证法从哲学高度对此总结。恩格斯在《自然辩证法》指出，永恒的自然规律变成历史的自然规律。自然的演化注定了自然科学理论所面对的自然对象持续变化，宇宙大爆炸、原始星云的物理学与当今地球上的物理学当然不一样。不仅是自然科学所面对的自然对象不同，而且人的实践活动内容、实践活动能力以及科学实验水平都有本质不同，得到的科学理论、真理认识都有鲜明的时代特点，都是在历史发展中不断进步的。每一代人都有他们信以为真的"真理"认识，原始人的知识可能不够"科学"，但同样也是他们赖以为生的生活依据。汉森讲"观察渗透理论"，实验哲学认为实验现象具有建构性质，都是强调没有脱离人的实践活动的"纯粹"科学真理。我们承认科学进步、科学革命，就是承认科学真理的不断探索和历史发展。但是科学理论的进步发展，无非是实践进步发展的必然结果，科学真理历史发展的实质在于人类实践活动的历史发展。

人类的进步不在于书本知识的增长，而在于人类生产实践、社会实践水平的不断提高。人类文明不仅表征为精神成果，更直接表现为物质成果。我们参观历史博物馆，看石器、铜器、铁器的历史发展，人类文明进步的足迹清晰可辨。马克思强调生产力的发展对于生产关系的决定作用，强调人类技术实践对于社会进步的重要作用。马克思指出:“社会关系和生产力密切相连。随着新生产力的获得,人们改变自己的生产方式,随着生产方式即谋生的方式的改变,人们也就会改变自己的一切社会关系。手推磨产生的是封建主的社会,蒸汽磨产生的是工业资本家的社会。”①马克思强调生产力、技术实践相对于社会关系的重要基础作用,但不能简单断言马克思是一位“技术决定论者”,因为马克思同时强调生产力与生产关系的相互作用,强调人的主观能动性与社会改造能力。社会革命不一定首先发生在资本主义生产最发达国家,在相对落后的沙皇俄国以及半殖民地半封建的旧中国同样具有社会革命的基础和条件。我们不推崇单一的技术决定论,但绝不否认技术实践进步对于社会变革的重要作用。人类实践水平的提高注定了人类认识水平的不断进步,真理是一个历史发展的过程。真理若要保留其真理性,就只能在实践中不断检验、修正、提高,否则就会丧失其真理性,被实践否定、淘汰。但是,理论的进步、真理的修正相对于实践来说总是相对缓慢、滞后的,就此而言,理论的真理性相对于实践来说总是次生的,理论的真理性在具体性、现实性、时间性中没有实践来得更为真实、直接。

我们强调技术实践真理的“过程性”,意在强调、突出技术实践真理过程性的如下特点。首先,技术实践真理的“过程性”是不间断的连续过程。理论是实践的总结,总是某一阶段实践的总结,不可能每一分每一秒都在给出总结。一个理论可能要维持几十年、几百年乃至上千年,如托勒密的日心说以及亚里士多德的力学。从亚里士多德学说到伽利略力学,这是一个历史发展过程,但是这个过程是一个亚里士多德学说统治了千年之后的变化过程,理论真理相对来说是静止的、保守的。只有把科学发展放在较大的时间尺度上,我们才能说科学真理的过程和发展。按照库恩理论,科学大部分时间处在“常规科学”,科学革命只是历史中的特例和少数,科学教育以及科学研究首先要做

① 《马克思恩格斯文集》第1卷,人民出版社2009年版,第602页。

的是坚守“范式”。而技术实践真理则不同,它要直面现实实践问题,它的真理表现不在于理论而在于实践,实践具有不间断的连续性。实践的连续性,不是说人的实践活动从不停息,人一直干活从不休息,而是说人的实践问题总会不断出现,解决了这一个实践问题,又会出现新的实践问题,因为实践是和人的生活生存紧密相关。只要人是生存的,实践就是不间断地连续的,即使是人的休息也是人的生存实践必要部分。

其次,技术实践真理的过程性是现实的直接过程。过程是一个时间概念,但不是空虚的时间概念,而是充满丰富社会生活实践的时间概念。时间与空间,在康德的先验哲学里都是先天范畴,是我们得以认识和实践的先天基础和条件。但在海德格尔的存在论、生存论中,时间是人类在世操心与操劳的表现,时间是人类生活和社会实践的规定。牛顿的绝对时间和绝对空间是康德哲学的自然科学支撑,爱因斯坦相对论推翻了牛顿的绝对时空,也葬送了康德先验时间、空间范畴。传统真理观即使承认理论真理的历史发展,往往无视历史发展背后的具体实践变革,好像理论变革就是社会真空中的观念变革。技术实践真理的过程性强调的不仅是时间性,更强调实践的操作性、具体性、现实性。科学实践研究的实验室研究不仅关注实验的方法论意义,更强调实验室的不同质的多元素的互动、博弈具体过程。实验室研究打开实验室“黑箱”,揭示出科学的建构特点和实验室生成。不仅是科学实验室中,即使是一个木匠“叮叮当当”打造一个桌子的过程,也是一个现实世界物质关系以及人与事物之间关系的“揭示”过程,这种具体的现实“揭示”在海德格尔看来都具有“无弊”的真理性。

(二)生活世界的现实性

传统真理观的理论真理是潜在的,其潜在性体现在三个方面。第一,真理常常被看作是有待发现的本然真理,不论我们是否发现真理,真理都以不变关系潜存在那里,这就是我们常说的“不以人的意志为转移”。不以人的意志为转移,将真理与人分裂、对立起来,真理不是存在于人间而是天国。柏拉图的“理念”真理就是存在于天国,人在天上居住时熟悉、知晓真理,但是沦落人间则遗忘了真理,真理发现不过是理念的“回忆”。“回忆说”阻隔了真理与人的现实生活关系,至多不过是“唤醒”回忆,但对于真理内容不会有任何修改、添加。第二,真理常常被看作是备用“工具”或者“潜在”生产力,理论真理常常不能直接用于实践,科学常常要经由技术转换才能成为现实生产力。这也就是我们常说的科技成果不能束之高阁,要努力实现技术“转化”,成为直接的现实生产力。按照亚里士多德的“潜能”与“现实”理论,潜能有待转化为现实。第三,理论真理可以在数理、逻辑关系中推演,可以在实验室中强化制造,它致力于“宇观”与“微观”的两极探索,越来越远离生活世界。生活世界简单说就是我们每日里“操心”、“操劳”的生存世界,在日常生活中我们离“夸克”、“强子”、“虫洞”比较远,这些科学概念及其原理也超出普通大众的一般理解。胡塞尔讲,“科学危机”源于“生活世界”危机,科学发展愈益远离了生活世界之根,公众“理解科学”成为问题。

技术实践真理的“实践”特质而非“理论”特质,不再单纯强调真理的实验室或者书斋范围内的理论形态,而是看重技术实践在生活世界更广泛场所的现实操作过程。真理不再仅仅是书斋或者实验室的理论生产,而是涵盖了更为广泛的人类实践空间,技术实践可以体现在生活世界的各个层面,农民的农耕也是他们的经验实行,每时每刻都在面对、解决新出现的现实问题。技术实践真理的现实性就表现在其问题是现实问题,现实问题既可以包括理论问题也包括实践问题的现实性,现实性表现为面对问题的当下性,我们正在面对解决现实问题。不论是理论研究还是实践操作,当我们直接面对致力于此的时候,就有一种当下的现实性。我们强调技术实践真理的当下现实性,就是强调它的即时性、实践性、过程性、为人性。我们强调技术实践真理的当下现实性,就是要与理论真理的超越性、封闭性、静止性、超人性区别开来。

（三）真理形态的具体性

传统真理观的真理范型就是柏拉图的“理念”，“知识”真理虽然说可以图书为载体，但是真理内容必取一种逻辑的观念联系，判断、命题是真理的基本形式。柏拉图说有三张桌子，现实中的桌子从原则上说可以有各种各样的不足，如不够规整、颜色掉漆、桌腿松动、年久失修、使用期限等我们可能挑出的毛病，现实中的桌子有毛病、可毁灭一定是不完满的。画家画中的桌子，以现实中的桌子为原型模仿，显然没有现实中的桌子更为真实，比现实中的桌子更差。只有桌子的“理念”是没有生死的，概念是自身圆满的，它不是现实中的桌子，但是木工要按照桌子的理念来打造桌子，这就是柏拉图的“模仿说”。三张桌子的模仿次序就是，木匠模仿桌子理念打造现实中的桌子，画家比照现实中的桌子画出桌子，三张桌子中只有理念的桌子是完满的，理念是真理的原型。后世哲学家一直追随柏拉图，在理念的阴影下寻求真理，在“知识论”、“认识论”的框架下寻求确定性知识，这就是杜威所说“确定性的寻求”，也是怀特海所说整个西方哲学史就是“为柏拉图作注脚”。

把理念、观念看成超验的真实，把世界看成是对于理念的模仿，把理念世界与现实世界相对立，这些思想经过柏拉图的一番论证，竟然成为西方哲学的共识而被接受。虽然其中有亚里士多德的不同主张，但理念、观念、理论的重要性在西方哲学的重要地位确立无疑。中国是一个注重实用的伦理社会，虽然也有本体论探索但不占主导地位，“元气说”有生命的体悟，体知哲学、知行合一成为哲学的重要思想内容，“天人合一”而非自然与社会的两分对立。《周易・乾・象》讲“天行健，君子以自强不息”，君子道德与天地同在。简单而言，西方文化是“求知”文化，中国文化是“求生”文化，中国文化、中国哲学是现世的而非天国的。西方文化的后世发达，不是因为其“真实”而是因为其“功用”，培根喊出的“知识就是力量”口号开启西方近代世界。人们常讲中国是“实用”文化，但中国的“实用”是扎根于社会生活的“实用”，而非改造自然的“实用”。中国的人与自然关系“天人合一”思想,具有“生存论”意义上的真实,而非科学理论的“改造自然”意义上的真实。生存论或者说“存在论”意义上的真实,是基于“人的本真”的更深层次上的真实。

技术实践真理强调的不是真理的“理论”与“观念”,而是看重技术实践真理的具体活动、操作、实践环节;强调的不是实践操作背后的逻辑和关系,而是各种“异质”元素具体力量可见的“冲撞”、“抗衡”、“重构”、“结合”。技术实践真理形态的具体性,主要体现在三个方面。首先是真理发生处所的具体性,技术实践不是发生在头脑中,而是发生在具体的实践活动中,具有确定的时间和地点。将真理的发生处所从书本里、头脑中转移到农耕、工业、工程的实践处所之中,具体的时间、空间成为真理的具体形态的前提保证,缺少时间性、空间性规定的真理必将流于抽象的无形。其次是真理发生过程的具体性,由于真理不再是“静态”知识而是“动态”实践,实践不排除理论研究、科学实践,但更强调具体实践活动的操作、重组、建构,让理论的逻辑关系具体化为物质力量的实践过程。最后,技术实践真理形态的具体性体现为技术实践的具体结果,体现为产品的生产、工程的构建、问题的解决、目的的达成。科学发现已然存在的事物关系,而技术是发明、创制世间尚不存在的东西。打制一张新的桌子就是对于木料的重组,构架出原本不存在的新的物质存在方式。海德格尔将制作对于世界的物质实践展现,视之为最源始意义上的“无弊”真理。

五、技术实践真理观的真理标准

实践是检验真理的唯一标准,这是马克思主义真理观的基本原则。我国粉碎“四人帮”拨乱反正,在思想理论界掀起了关于真理标准的大讨论,重新确立了实践而非权威、书本对于真理检验的无可替代重要作用。陈云所讲“不唯上、不唯书、只唯实”很好地阐释了我党“实事求是”的根本思想路线,也是对实践是检验真理的唯一标准的准确定位。实践是检验真理的唯一标准,但实践检验真理又不是简单的一蹴而就的过程，而是具有长期性、曲折性、综合性。

（一）主观与客观相符合

传统真理观看重主观认识，主观认识有正确、错误的分别，主观与客观相符合是正确认识的标准，也是真理的检验标准。技术实践真理更看重实践，但是实践不是与主观分离、对立的盲目实践，一定是有目的有计划的理论指导实践。马克思在《资本论》指出："蜘蛛的活动与织工的活动相似，蜜蜂建筑蜂房的本领使人间的许多建筑师感到惭愧。但是，最蹩脚的建筑师从一开始就比最灵巧的蜜蜂高明的地方，是他在用蜂蜡建筑蜂房以前，已经在自己的头脑中把它建成了。劳动过程结束时得到的结果，在这个过程开始时就已经在劳动者的表象中存在着，即已经观念地存在着。他不仅使自然物发生形式变化，同时他还在自然物中实现自己的目的，这个目的是他所知道的，是作为规律决定着他的活动的方式和方法的，他必须使他的意志服从这个目的。"①不论蜜蜂是否有意识，但人的实践活动的目的性、计划性确定无疑，人的实践活动从来就不是盲目的"无思"。

技术实践真理看重实践，但从不否定实践的目的性、计划性，也不否定理论对于实践具有指导作用。汉森讲"观察渗透理论"，海德格尔的"看"不是简单的看而是"寻视"，都是在讲我们实践行为背后某种预期、理论的影响。这个理论不一定是教科书的定律，可能就是生活经验和规则，渗透出世代文化的积习和沉淀。技术实践真理看重"实践"，但不是要把所有的实践活动都看成"真理"；若所有实践活动都被视为真理，那么真理也就失去了其存在意义，我们的真理研究就没有意义。技术实践真理看重"实践"，强调的是真理不仅具有"认识"世界意义，更具有"改造"世界意义，它扎根生活世界沃土，是"是"

① 《马克思恩格斯文集》第5卷，人民出版社2009年版，第208页。

与“应当”、“合规律性”与“合目的性”的统一。正像马克思所言“哲学家只是用不同的方式解释世界,问题在于改变世界”,技术实践真理是改造自然与改造自我、改造社会的统一。技术实践真理观包括传统真理理论的知识论内涵,主观与客观相符合也是技术实践真理观真理标准的重要基础。

主观与客观相符合作为真理检验标准具有原则指导意义,但在现实中则更为具体、复杂。主观与客观具有不同质,客观是占有时空的广延,主观则是精神的无形,二者的直接比较难以契合。当然,我们可以不在外观形态上比较,而是比较主观判断、命题的客观内容与客观世界是否相符合,但这需要一整套逻辑、指称、意义的赋予和转换。我们可以在实践基础上构架主观与客观贯通桥梁,缺少实践环节的真理检验标准是梦幻和空想。技术实践真理观相对于传统真理观的优势就在于把真理直接定位在实践基础之上,真理直接体现在实践而非书本之中。在实践境遇下理解主观与客观相符合,技术实践真理的检验标准具体表现在两个方面:一是理论预言在实践中实现,二是理论指导实践达到预期目的获得成功。利用牛顿万有引力定律解释潮汐现象,成功预言海王星,发射人造地球卫星,这就是牛顿万有引力定律的实践检验。任何理论的检验都不是一次性的,都有一个曲折复杂过程,理论也将不断被修正乃至推翻。真理的实践检验是一种历史性的检验,而非所谓“判决性实验”的一锤定音、一次解决。

传统真理观与技术实践真理观都讲主观与客观相符合,它们二者之间有什么区别和不同呢?首先,技术实践真理观更为突出“实践”,是在实践基础上讲主观与客观相符合。实践不仅是理论实践更是具体的操作、制作,摒弃传统真理观的“回忆”与“神启”,让真理从天国彼岸回归现实生活世界。其次,技术实践真理观的主观与客观相符合不是单一原则运用,而是要与其他标准原则相互补充运用。真理不仅是“认识”问题,更是“实践”问题,认识脱离了实践就是空洞无根,我们要把认识与实践相统一,追求合规律性与和目的性的统一。最后,技术实践真理的检验不是最终目的,最终目的还在于改造自然与改造社会相统一的实践。传统哲学的“理论优位”限定了其思维视野，把“认识”、“理论”视作最终目的和归宿，实践特别是操作、制作的改造世界不能成为真正的哲学主题。马克思说“哲学家只是用不同的方式解释世界，问题在于改变世界”，这是我们提出技术实践真理的最重要思想启示。

（二）“是”与“应当”的统一

传统真理观局限在认识论，追究“是”的问题，不关涉“应当”问题。所谓“是”的问题，就是世界“是什么”的问题，哲学中的“世界本源”以及科学问题都属“是什么”的问题，“主观与客观相符合”就是“是”的一种规定。对于“是”与“应当”的关系，哲学史上哲学观点莫衷一是，即使是哲学家自身也常常前后矛盾、难以定论。

苏格拉底提出“认识你自己”的哲学主张，哲学研究重心从自然哲学转向人类社会。苏格拉底关心“勇敢”、“正义”道德问题，但探讨方法却是执着追问“勇敢”、“正义”的“是什么”定义问题，是一种事物概念的“本质”理论追究方法。苏格拉底讲“德性就是知识”，给我们的第一印象就是苏格拉底看重知识与道德的统一；但接下去苏格拉底大意还讲“没有人有意犯错”，这只能理解成人的犯错都是由于知识缺欠造成的，犯错的原因是由于“理智”的错误而非道德的“缺失”。从苏格拉底赴死就义的道德实践来看，“德性就是知识”倡导知行合一、真善一体，但其论证方法还是看重理论的“本质”求证、确立方法。

柏拉图的伦理学建立在他的形而上学基础之上，其形而上学的核心概念就是“理念”，理念是具有绝对价值的“至善”。理性的生活即有德性的生活，只有理性生活才是至善、幸福。因为哲学家是经过抽象训练而知晓理性“形式”的人，所以哲学家可以洞见“善”的理念，创立道德和政治观点成为“哲学王”。柏拉图学院门楣上镌刻的“不懂几何者莫入”，看重的就是几何学的抽象自洽。但是道德不是脱离人的普遍，而要适用于某人某种目的的具体情境，要做具体问题的具体分析。“这里。柏拉图所犯错误的一个根源在于他将不同种类的证明混淆在一起，即把在几何学上是恰当的证明与在有关行为上是恰当的证明混淆了。把正义和善当作形式的名称即失去正义和善的一个本质特征——那就是，善和正义的特征不是它们是什么，而是它们应当是什么。”①

针对苏格拉底“没有人有意犯错”说法，亚里士多德认为无知或被迫的行为都是无意行为，无意的行为没有道德属性，只有有意的行为才值得赞扬或责备。亚里士多德秉持一种幸福主义伦理观，幸福生活追求源于人的自然禀赋和自然目的追求。幸福相对于各个不同阶层来说具有不同理解和追求，穷人以财富为幸福，奴隶以自由为幸福，病人以健康为幸福，贵族以荣誉为幸福。善可以有不同的等级，出于个人目的与能力的自然统一就是善。亚里士多德的幸福主义伦理观与其目的论哲学相适应，看重事物内在自然本性的潜能与实现，而非脱离事物本身刻意寻求“善”的理论论证根据。“同时也没有必要，对所有的事物都同样找出一个原因，而能够很好地说明它们是怎么一回事也就足够了。例如关于始点或本原，只要指出那最初的东西就足够了。始点是多种多样的，有的从归纳方面被研究，有的从感觉方面被研究，有的从风尚方面被研究，还有其他不同的方面、不同的研究。”②可以看出，亚里士多德伦理学并不需要柏拉图的“几何证明”，挣脱了柏拉图深陷其中的理论困境。“因此，在证明某种行为是正当时，如果说：‘这将带来幸福’，或者说‘幸福在于这样做’，那就总是给予人们这样做的理由，而有了这理由也就中止了争论。不能再进一步问为什么了。”③

休谟持有一种基于感觉、幸福的功利主义伦理观，认为趋乐避苦、趋利避害是人的天性，凡能够给人带来效用、利益、财富、快乐、幸福的就是善。休谟

① [美]阿拉斯代尔·麦金太尔：《伦理学简史》，龚群译，商务印书馆 2014 年版，第 84 页。

② [古希腊]亚里士多德：《尼各马科理学》，苗力田译，中国人民大学出版社 2003 年版，第 13 页。

③ [美]阿拉斯代尔·麦金太尔：《伦理学简史》，龚群译，商务印书馆 2014 年版，第 98 页。

的功利主义伦理观并非自私自利的恶意膨胀，个人快乐幸福并非道德生活的全部，“同情”和“比较”是两条重要人性道德原则。休谟所说的同情原则相当于孟子所说的“恻隐之心”，这是人类道德的重要来源和社会基础。休谟所说的比较原则相当于孟子所说的“羞恶之心”，个人快乐不能脱离社会而存在，总是在各种文化观念、社会认同中实现。同情原则和比较原则支持为了长远公共利益，我们可以牺牲暂时个人利益。休谟的彻底怀疑论只是他哲学思辨的理论兴趣和爱好，在生活实践中他奉行的是“温和”怀疑论，哲学怀疑不应该也不可能改变健全的日常生活常识。“一切道德思辨的目的都是教给我们以我们的义务，并通过对于恶行的丑和德性的美的适当描绘而培养我们以相应的习惯，使我们规避前者、接受后者。但是这难道可能期望通过知性的那些自身并不能控制这些情感或并不能驱动人们的能动力量的推理和推论来达到吗？推理和推论发现真理；但是在它们所发现的真理是冷漠的，引不起任何欲望或反感的地方，它们就不可能对任何行为和举动发挥任何影响。”①休谟的伦理学着意于人类实践行为后果，看重的是现在和将来行为引起的快乐和痛苦的预料，这属于人的情感而非理性。休谟希望证明，“道德结论不能以理性所能确立的任何东西为基础，任何事实的真理或所谓事实性真理在逻辑上都不能为道德提供基础”。②

康德反对道德的幸福论、功利论主张，认为道德不是“功利”而是“义务”，不是“他律”而是“自律”。自然世界的运行是非道德的，道德与自然世界的“是什么”没有直接关系。“正如在知识论中那样，康德的任务不是寻找一个基础或某种申辩理由，而是探求我们的道德概念和戒律必须具有什么特征才能使道德有可能存在。”③按照康德观点，人类道德规范或行为准则来源于先

① ［英］休谟：《道德原则研究》，曾晓平译，商务印书馆2012年版，第23—24页。

② ［美］阿拉斯代尔·麦金太尔：《伦理学简史》，龚群译，商务印书馆2014年版，第230页。

③ ［美］阿拉斯代尔·麦金太尔：《伦理学简史》，龚群译，商务印书馆2014年版，第254—255页。

天的道德律。有理性的存在者听从的是他自己内心的无条件道德命令，这是“绝对命令”而非“假言命令”，只有善良的意志才是无条件的善。道德实践原则的先天依据，阐明了人为自己立法从必然王国的他律走向了自由王国的自律。理论理性与实践理性不可混淆，但是二者又是不可分割的统一体，统一的根据就在于认识世界从属意志世界，自然、科学因为道德才有意义。“但是我们却不能颠倒次序，而要求纯粹实践理性隶属于思辨理性之下，因为一切要务终归属于实践范围，甚至思辨理性的要务也只是受制约的，并且只有在实践运用中才能圆满完成。”①

“是”与“应当”不能混淆，但同样不能割裂，“是”与“应当”的统一可从以下几个方面认识理解。首先，从“是”推不出“应当”，但“是”限定“应当”的选择范围，为“应当”界定可能性空间。“热力学第一定律即能量守恒原理。指出了第一类永动机的制造是不可能的；热力学第二定律指出，不可能从单一热源吸取热量，使之完全变为有用功而不产生其他影响，这就宣告了第二类永动机幻想的破产；热力学第三定律则宣告了绝对零度是不可及的。科学定律是技术发展中不可违背的科学禁令。”②其次，从“是”推不出“应当”，但从“应当”可以导引、揭示“是”。但在传统认识论中，世界“是什么”的问题与“人”无关，套用康德的话来说就是“物自体”，借用今天的话来说就是“不以人的意志为转移”。康德的认识论革命变“知识符合对象”为“对象符合知识”，事物被划分为我们所认识的“表现”，以及认识之外的“事物自身”、“物自体”、“自在之物”。康德一方面保留“物自体”，另一方面宣告“物自体”是不可认识的，科学认识不过是对于事物现象的认识。康德的认识论革命一方面具有先验论的错误假定，另一方面也提升了认识论中的主体及其实践理性地位。最后，马克思主义实践论为“是”与“应当”的具体统一指明方向。康德把他所面对的哲学问题的“先验”解决，犹如笛卡尔哲学体系的“上帝”假定一样，都不过是

① ［德］康德：《实践理性批判》，关文运译，广西师范大学出版社 2002 年版，第 117 页。

② 李宏伟：《科学技术哲学的文化转型》，商务印书馆 2008 年版，第 55 页。

一种面对问题责任逃脱的理论遁词。马克思的实践论既不同于康德的先验论,也不同于海德格尔存在论的此在抽象结构分析,而是直面社会现实中的人的阶级存在问题,致力于社会革命和人的自由解放伟大实践。实践既是贯通客观与主观的桥梁以及理论真理性的检验标准,也是统合“是”与“应当”的现实基础和未来导向。

（三）合规律性与合目的性的和谐

规律有多重含义,既可以指自然规律也可以指社会规律,通常强调的是事物规律的客观性。目的的含义也是多种多样,既有符合历史发展的目的,也有违背社会道德的目的,但通常强调的是目的的主体性、主观性。人类实践活动不是自我的臆想、幻想,而是现实的生产实践、社会实践以及科学实验活动,总是要面对事物关系的内在规定制约,合规律性是人类实践合目的性的前提条件。人类实践活动是一种自觉的主动行为选择,带有明确的目的意识。目的有不同层次上的各种各样目的,有个人的、社会的、当下的、发展的不同目的,“合目的性”反映真理性的不同层次,但并不意味真理的完满实现。合目的性并不必然确证真理,因为真理总是具体的、有条件的,真理是永远开放向上发展的。

规律的歧义多重理解是我们研究问题的障碍,我们须大致梳理。我们不准备进行规律的专门分类研究,只是在合规律性与合目的性关系内讨论问题,这里大概讨论的就是一般意义上的客观规律而非主观规律,简言之即有关自然的科学技术规律而非心理活动规律。在科学哲学文献中,规律一般还是笼统理解,用英文表达就是 laws of nature,翻译成中文就是自然规律或自然律。在此基础上,我们大致可以把规律分为三个层次:首先是自然层次上的自然规律,其次是科学层次上的科学定律,最后是实践层次上的技术规则。规律的这三个层次划分,主要是基于人在不同规律层次上人的实践运用的不同特征而言。

自然层次上的自然规律，本书强调的是自然层面的自然演变生态规律，看重的是自然事物与自然现象的相互作用与演变关系。“按照倾向论者，在真实世界中存在着巨大数量的趋势和能力，它们同时运行于开放系统当中，它们结合到一起就产生了我们所观察到的东西。”①物理公式的数学关系研究在此不是最紧要的，而是对于自然生态系统的尊重和敬畏。地球自然生态系统不是我们试验和操控的对象，而是我们必须尊重和顺应的自然约束。合规律性首先就是要尊重自然生态规律，这是我们与自然和谐相处的前提，是人类得以繁衍发展的沃土基础。科学层次上的科学定律与实践层次的技术规则常常是反自然的，如质能关系式及其原子能利用都不是地球上的自然现象。不是说反自然的科学技术就一定要限制发展，但是要保持十分警惕，不能打破自然生态系统的整体平衡。

地球上本来并不存在核反应、核爆炸，这都不是正常的自然现象，或者说这就是反自然的违背自然规律。这里所说的规律是在“自然”本意上说的，质能关系式（$E=MC^2$）在严格意义上说不能称为“自然规律”，而只能称为“科学定律”。科学定律是实验室中的科学层次“定律”，而非自然生态系统层次的自然规律。“通过创造封闭系统，实验程序就可以使研究者把趋势独立出来，并在单独运行时去研究它们的影响。自然界中没有封闭系统。我们的自然律，即从开放系统中抽象出来的真实过程，并不是关于世界的真，而只是该世界各方面的抽象的和简化的模型。”②科学定律是对于自然界本不存在的事物关系重组、再造，揭示出事物之间的某种理论可能性关系，为科学应用、技术发明奠定理论基础。“合规律性”为“合目的性”提供可能选择空间，但合规律性绝不意味着合目的性。

---

① ［英］罗姆·哈利：《自然律》，载［英］W. H. 牛顿-史密斯主编：《科学哲学指南》，成素梅、殷杰译，上海科技教育出版社 2006 年版，第 261 页。

② ［英］罗姆·哈利：《自然律》，载［英］W. H. 牛顿-史密斯主编：《科学哲学指南》，成素梅、殷杰译，上海科技教育出版社 2006 年版，第 261—262 页。

理论可能性为技术限定可能性空间，现实技术却是理论向物质转化的现实条件。在一定理论可能性空间范围内，有怎样的技术条件就有怎样的技术转化。科学定律是事物间相互联系和作用的理论关系，理论关系受物质技术条件所限，不一定能够在现实中实现。光速星际飞行在理论上是可能的，但在现实技术中相差很远。利用虫洞理论实现星际旅行，当今技术条件下只是科学幻想。但是利用现有技术创造某些非自然条件，打破自然节律限制还是可以做到的。春种秋收是自然规律，但温室大棚和农业科学实验室可以打破自然季节局限，反季蔬菜瓜果成为现在超市货架的日常食品。技术在某种意义上来说常常是反自然的，这是人类技术生存的必需和优势，但也可能是自然破坏与人类毁灭的代价。技术实践不同于科学理论，直接作用于自然生态与人类社会，具有强烈的目的性和价值性，"实践理性"的合目的性是人类技术实践的前提和原则。

传统真理观的认识论视阈下，实践是检验真理的唯一标准强调的是认识检验，看重认识论的"是什么"问题，而实践目的性、价值合理性不在考虑范围内。技术实践真理观打破理论真理的局限，在社会实践的更广泛视域审视真理的社会实践效果，从理论理性进入实践理性，并且要用实践理性统辖理论理性的社会实践应用，传统真理观的合规律性唯一要求就必然要扩展到合规律性与合目的性的和谐统一。合规律性与合目的性的和谐统一，不是无视科学规律的肆意妄为，不是唯目的论的一意孤行，而是科学规律基础上的合目的性选择。技术实践真理的检验标准不仅要考虑理论可能性和现实可能性，更重要的是审慎考虑我们的目的选择、路径方向是否合乎长远可持续发展，是否合乎人类正义、幸福。当今科学与技术可能做到人兽杂交，可能制造出某种人兽混合体的怪物，诸如此类的科学理论可能是"真"的，但绝不是"善"的。只有"真"而缺失"善"的科学理论与技术实践，在社会实践中绝不能冠以"真理"桂冠，否则必然造成思想理论的混乱与实践活动的失范。

如果说"是什么"问题是科学的核心关切，那么"应当"则是技术实践的首要指导原则。实践不同于理论，它直接面对人的生存、生活、社会实践问题，我们的每一技术实践行为都具有明确的目的性，都要预估其对于自身以及社会后果，承担与此相关的道德、法律责任。技术实践不是我们在头脑中想什么的理论问题，而是我们实实在在地做了什么，这是需要在社会中接受评价的负责行为。以往学界争论技术哲学的核心问题是什么，一派认为技术哲学的核心问题是认识论问题，另一派坚持技术哲学的核心问题是价值论问题，争论的实质就在于技术哲学是要秉持传统科学哲学的认识论传统，还是根据技术的实践特点另辟研究路径。我们不应当把认识论与价值论完全对立、分割，在技术哲学研究中既要做好认识论基础工作，更要面对技术实践的价值论、技术伦理问题。如果从技术实践与人类利益的直接相关性来看，实践理性、伦理道德、价值论问题无疑是技术哲学的最重要核心问题。

技术实践既然是人的技术实践行为，就必然有相关规范要求来约制。在全球化的市场经济条件下，技术产品常常不是用于生产者个人使用、消费，而是经由市场进入社会成为社会产品，技术标准就成为凝结着技术知识、伦理道德、社会法制的综合体现。技术规则、技术规范、行业标准不仅仅是表达技术可能性的技术知识问题，而且是明确技术实践的行为规范、技术标准，凸显的是技术实践的合目的性。当然，技术实践的合目的性不能超脱技术知识的可能性范围，技术合目的性必须以技术合规律性为前提、基础，否则技术的合目的性就是水中月、梦中花的幻想。但是有了技术知识的可能性支持，并不意味着我们必须要做一切技术上的可能事情。我们可以合成毒品乃至开发出更多的新品种，这只是合规律性的技术可能问题解决，而合目的的道德法纪、人类幸福、社会和谐要求则对合成毒品的技术实践给出否定性判决。技术实践对于合规律性与合目的性的和谐统一要求，使得技术实践高出合规律性的纯粹理论推理发现，技术实践正是因其统合合规律性与合目的性于一身，我们才说技术实践真理具有更为原本生存论意义上的真理形式，是在贴近人类实际生活方面更为全面、完善意义上的真理。

第六章　技术实践真理观的面向现实思考

技术实践真理观对于身体、技术、实践基础地位的突出强调，对于技术实践真理形式和真理标准的丰富拓展，在身体行动的技术实践中弥合、贯通主体与客体、主观与客观、理论与实践的裂隙，开辟我们摆脱理论局限面向现实发展的更广阔思考空间。技术实践真理观视域下，生活世界、工匠精神、民生科技、社会变革、和谐发展的深层理论探讨和现实关切意义凸显。

一、现代技术回归生活世界求真务实

现代技术塑造现代世界样貌，深刻影响人类生活。一方面现代技术服务人类生活，提升生活质量；另一方面技术理性及其资本逻辑挟制人类生活，背离人类本真生活世界。现代技术向生活世界的复归不是要回归到胡塞尔的先验世界，而是要回归到人类劳动、社会实践的现实生活世界，使现代技术真正成为民生科技发展与和谐社会建设的重要力量。

（一）“生活世界”的多重内涵

说起“生活世界”，我们首先想到的就是胡塞尔，但胡塞尔并没有集中明确地给出“生活世界”概念。胡塞尔区分两个不同的世界，即生活世界和客观的—科学的世界，生活世界是作为“预先给定”、“共同生活”、“不言而喻”、“前科学”的感性直观世界，是自然科学的被遗忘了的意义基础。① “生活世界”的观念在胡塞尔在世时鲜为人知，只是胡塞尔构筑他超验现象学的道路基础，在其哲学中处于从属和附庸的地位。借由生活世界的“悬置”和“还原”，胡塞尔的现象学还原或超验的还原才有牢靠基础和适当引导。

“但是，不管生活世界对于证实胡塞尔的超验现象学以及对于展示超验自我的被掩盖了的成就可能有什么贡献，毫无疑问，它是在胡塞尔之后现象学历史中最富有创造力的思想。”②“生活世界”观念的创造力不是来源于其与超验世界的关联、规定，而是后人对于胡塞尔超验唯心主义的批判和发展。早期现象学运动中的哥丁根小组成员将现象学的“转向事物”主要理解为转向客观事物而非主观事物，认为现象学是一种有关普遍本质的哲学而非仅仅是“意识本质”的研究。梅洛-庞蒂将主观事物与客观事物统一于我们生动经验的世界原初印象，认为优先于感知活动与被感知对象划分的Être(存在)构成本体根据，拒绝包括胡塞尔在内的一切唯心主义。③

“生活世界”观念是胡塞尔面对欧洲科学危机现实问题，对欧洲科学的历史发展与现实情势作出总体评价之后提出的。“在19世纪后半叶，现代人的整个世界观唯一受实证科学的支配，并且唯一被科学所造成的‘繁荣’所迷惑，这种唯一性意味着人们以冷漠的态度避开了对真正的人性具有决定意义的问题。”④一方面，科学实证主义简单性原则的奥卡姆剃刀削减了人类经验

① [德]胡塞尔：《欧洲科学的危机与超越论的现象学》，王炳文译，商务印书馆2008年版，第158页。

② [美]赫伯特·施皮格伯格：《现象学运动》，王炳文、张金言译，商务印书馆2011年版，第210页。

③ [美]赫伯特·施皮格伯格：《现象学运动》，王炳文、张金言译，商务印书馆2011年版，第vi页。

④ [德]胡塞尔：《欧洲科学的危机与超越论的现象学》，王炳文译，商务印书馆2008年版，第15—16页。

范围,强化了自然控制却降低了科学的可理解性;另一方面,科学局限于纯粹事实,不能也不愿面对价值与意义问题,这是科学危机和人类自身危机的深层根源。科学危机表现在现代,但其思想根源早在伽利略那里就已埋下种子。“……早在伽利略那里就已发生的一种最重要的事情,即以用数学方式奠定的理念东西的世界暗中代替唯一现实的世界,现实地由感性给予的世界,总是被体验到的和可以体验到的世界——我们的日常生活世界。这种暗中替代随即传给了后继者,以后各个世纪的物理学家。”①胡塞尔之所以推崇“生活世界本体论”,是因为“生活世界是自然科学的被遗忘了的意义基础”。

哈贝马斯的“生活世界”是主体间认可的共同世界,是他“交往”概念的进一步展开和丰富,摆脱了意识哲学(主体哲学)的框架而转向语言哲学(主体际哲学)。“交往行为的主体总是在生活世界的视野内达成共识。他们的生活世界是由诸多背景观念构成的……这样一种生活世界背景是明确参与者设定其处境的源泉。”②哈贝马斯建基于“交往”概念之上的生活世界,揭示出生活世界的观念背景意义,充实了胡塞尔语焉不详的生活世界内涵,但是对于生活世界观念背景之后的社会实践决定作用认识不足。

马克思没有明确提出生活世界概念,但具有丰富、深刻的生活世界思想。马克思克服了以往生活世界观念的“超验”,着眼人的现实生活的社会实践。“人们为了能够‘创造历史’,必须能够生活……”③生活世界不再是先验的设定、逻辑的推理,也不是脱离社会实践和改造的抽象交往。“我们的出发点是从事实际活动的人,而且从他们的现实生活过程中还可以描绘出这一生活过程在意识形态上的反射和反响的发展。”④生活世界是马克思主义的现实基础

① ［德］胡塞尔:《欧洲科学的危机与超越论的现象学》,王炳文译,商务印书馆2008年版,第64页。

② ［德］尤尔根·哈贝马斯:《交往行为理论》第1卷,曹卫东译,上海人民出版社2004年版,第69页。

③ 《马克思恩格斯文集》第1卷,人民出版社2009年版,第531页。

④ 《马克思恩格斯文集》第1卷,人民出版社2009年版,第525页。

和理论前提，也是马克思主义直面和解决现实问题的理论归宿，向生活世界回归就是要从理论转向现实生活的社会实践和社会改造。

本文所言的生活世界不再局限于胡塞尔的“生活世界”概念内涵，也不是与“科学世界”完全对立意义上的生活世界，而是建基于科学技术进步基础提升民众生活质量，注重大众切身感受和幸福体验的以人为本的和谐社会，致力于公平正义实现的可持续发展的生态文明建设的现实社会实践。

（二）现代技术与生活世界的背离

技术与人类历史一样久远，与人类生活息息相关。从古代技术到现代技术的历史发展进程中，技术逐步摆脱了生活技艺的实践羁绊，越来越多地展现为一种技术理性膨胀和改造世界的力量，表现出与人类本真生活世界的某种背离。现代技术对生活世界的背离并不是说现代技术与人类生活不再相关，而是说现代技术深刻影响乃至决定现代人类生活样貌，人类生活越来越多地被技术理性扭曲、操控。从技术发展的历史进程追踪中，我们可以洞悉技术与人类生活关系、技术影响生活世界内涵的历史演变。

首先，劳动、技术创造了人，古代技术是直面生活的综合技术。恩格斯讲劳动创造了人，如果我们不对技术作狭义理解，那也就可以说是劳动、技术创造了人。贝尔纳·斯蒂格勒在《技术与时间》一书讲“人的发明”，不仅指人发明技术，更重要的是指人类是自身发明的历史产物。[①] 在人类和技术的起源处，人类缓慢进化与原始技术互动共生。原始技术以生活而非以生产和权力为指向，关注身体修饰、情感体验、性的陶醉，技术与歌舞、祭祀、仪式、信仰融汇。芒福德强调古代技术是直面生活的综合技术，这种综合技术不仅是物质技术同时也是精神表达和信仰追求。

其次，自然改造的科学技术目标创立，是现代技术背离生活世界的观念源

---

① ［法］贝尔纳·斯蒂格勒：《技术与时间：爱比米修斯的过失》，裴程译，译林出版社2000年版，第157页。

泉。技术的本质决不是技术的东西，而是隐藏在其后的技术文化、观念。现代技术虽然历史不长，却有悠久、深厚的思想文化根源。不追溯现代技术深远的思想文化根源，就不能明了古代技术观念是如何转变为现代技术观念，现代技术是如何逐渐背离其生活世界基础的。弗朗西斯·培根算不上科学家，他的方法论也不够科学，但他对于科学技术改造自然、社会的重要意义有清醒的认识。培根科学观的提出，一方面得益于航海大发现带来的财富增加和贸易、制造业繁荣，另一方面根源于文艺复兴背景下培根的特殊"复兴"理解。培根认为，人在堕落之时其对于天地万物的支配地位随之丧失，而通过技艺和科学人对于自然的支配力量得到重新确立和复兴。培根为科学技术确立的支配自然、改造自然目标，打破了以往经院哲学学术的求知目的局限。培根指出："科学过去之所以仅有极小的进步，还有一个重大的、有力的原因，就是下面这点。大凡走路，如果目标本身没有摆正，要想取一条正确的途径是不可能的。"①培根为科学设立的目标、目的就是运用理性的力量（power）来控制自然、惠赠人类，而非实现思辨的目的。第一是"知识就是力量"科学目标确立，第二才是系统的科学研究方法探求，在这种意义上弗朗西斯·培根开启了现代科学技术。

再次，世界的表象化、客体化，为现代技术背离生活世界提供了技术世界图景。怀特海认为，当我们摒弃具体事物而以抽象概念作为真实存在，这就是"具体性误置"（misplaced concreteness）的谬误。② 杜威表达相近认识，称其为"哲学的谬误"（the philosophical fallacy），即把不确定、不安定的事物贬黜到现象的意见世界，把有选择的理智偏爱对象建立为真实的实在，把作为探究结果的东西当作先于探究而存在的东西，这就是杜威所谓"最基本的哲学错误"。③

① ［英］培根：《新工具》，许宝骙译，商务印书馆 2008 年版，第 62—63 页。

② ［英］怀特海：《过程与实在》，李步楼译，商务印书馆 2011 年版，第 16 页。

③ ［美］拉里·希克曼：《杜威的实用主义技术》，韩连庆译，北京大学出版社 2010 年版，第 153 页。

海德格尔指出:“最早是在笛卡尔的形而上学中,存在者被规定为表象的对象性,真理被规定为表象的确定性了。”[①]笛卡尔区分“第一性质”与“第二性质”,认为广延是事物自身固有的基本属性,而气味、颜色这些属于主体的主观性质,是科学研究中需要克服的第二位的感性性质。自然由此失去了它的感性、生机和神秘,动物甚至人都沉沦为机器。宇宙不再从活的有机体得到解释,而是经由物质世界的原子分析得到说明,自然规律被理解为力学规律。“对于现代之本质具有决定性意义的两大进程——亦即世界成为图像和人成为主体——的相互交叉,同时也照亮了初看起来近乎荒谬的现代历史的基本进程。”[②]自然世界的客体化、对象化、数学化使得对于世界的预测和估算成为可能,世界的技术筹划得以实施、贯彻。

最后,现代技术本质不是单纯的手段,而是背离生活世界的现代技术世界构造。按照流行的常识认识,现代技术是“应用科学”(applied science),现代技术体现、追随的是科学原理。但是在海德格尔看来,现代科学出于现代技术的筹划,体现的是现代技术本质。“我们不能把机械技术曲解为现代数学自然科学的单纯的实践应用。机械技术本身就是一种独立的实践变换,惟这种变换才要求应用数学自然科学。”[③]海德格尔批驳把技术本质看作中立工具的人类学技术规定,任何手段都多于单纯的手段,技术本质是事物展现、世界构造。古代技术同样参与世界展现、世界构造,但是古代技术只是神话、诗歌、宗教等各种各样广泛文化视野中参与世界展现的一种,但是现代技术展现则是一种单纯技术限定和强求的世界构造,现代技术本质是摆置、集置、统辖世界的“座架”。

胡塞尔《欧洲科学的危机与超越论的现象学》直接提出、针对的是科学危

① [美]卡尔·米切姆:《技术哲学概论》,殷登祥、曹南燕译,天津科学出版社1999年版,第88页。

② [德]马丁·海德格尔:《林中路》,孙周兴译,上海译文出版社2004年版,第94页。

③ [德]马丁·海德格尔:《林中路》,孙周兴译,上海译文出版社2004年版,第77页。

机,但对于科学危机的"技术化"始作俑者有清醒认识,是"技术化"抽空了数学自然科学的生活世界意义。测量代替观感提供了主体际、主观际规定的"客观性",由几何关系推断未知成为纯粹几何的思想方法,测量的技艺成为纯粹几何的无限"世界"开路先锋。"如果说,技术实践方面非常狭隘的经验上的任务设定,原来曾推动了纯粹几何学的任务设定,那么从那以后很长时间,几何学已经反过来作为'应用的'几何学变成了技术手段,变成了构想和实行以下任务的指导;即通过向几何学的理想,即极限形态不断地提高与'接近',系统地构造用于客观规定诸形态的测量方法学。"①胡塞尔虽然批判海德格尔存在主义的非理性主义,但是在洞察科学危机源于科学技术化的生活世界意义缺失方面,对现代科学的技术基础和技术本质却持有大致相同的认识。

(三)现代技术回归生活世界的路径

现代技术的评判、发展既不能依凭其所谓"本质",也不能遵循抽象"人性",而是要直面社会现实,回归"生活世界"。现代技术如何回归生活世界,许多西方哲学家、思想家给出了自己的思考,但常常流于理论的思辨和现实的无奈。在海德格尔"冷静"、"沉思"的"诗歌"、"艺术"回归之路中,我们看到的不过是严酷现实的乌托邦幻想。现代技术回归生活世界之路不是超越时空的理论设想,我们必须紧密结合中国现实,致力于技术观念和社会实践的变革。

1.打破现代技术的资本逻辑,开辟回归生活世界的社会解放道路

工业化、现代化的发起是在资本主义框架下展开的,它看重的是技术效率。资本主义的现代技术应用为资本所驱使,"逐利"是现代技术的"资本逻辑"。马克思一方面高度肯定现代技术的生产力功能,另一方面明确指出克

---

① ［德］胡塞尔:《欧洲科学的危机与超越论的现象学》,王炳文译,商务印书馆2008年版,第40页。

服现代技术资本主义应用弊端的社会解放道路。“我们知道,要使社会的新生力量很好地发挥作用,就只能由新生的人来掌握它们,而这些新生的人就是工人。”①中国人民当家作主,但是科技成果怎样更好地为大众所共享仍需努力探索。现代技术回归生活世界不是一个单纯的理论问题而是实践问题,实践不仅指涉生产实践更重要的是社会公平正义的伦理道德实践。社会主义是对于资本主义社会不公的反叛,中国的社会主义市场经济就是对于社会公平正义与技术经济效率和谐统一的探求。中国是一个社会主义市场经济国家,为现代技术回归生活世界、构建和谐社会奠定了社会政治经济基础。

2. 发挥现代技术的生产力功能,奠定生活世界的坚实物质基础

马克思指出:“……为了生活,首先就需要吃喝住穿以及其他一些东西。因此第一个历史活动就是生产满足这些需要的资料,即生产物质生活本身……”②生理需要、生存需要是人的最基本需要,回归生活世界当然不仅仅是满足人的最基本需要,但满足人的最基本需要以及人们日益增长的物质需求无疑是回归生活世界的前提和基础。我国科学技术和经济发展还不够发达,还有不少挣扎在温饱边缘的贫困人群,满足人民群众不断增长的物质文化需求,特别是解决贫困人群生活困难是现代技术回归生活世界的首要任务。科技成果下乡,依靠科技扶贫,让现代科技成果走向最紧迫需要的地方。一方面要加强农村的职业教育,提高农民科技文化水平;另一方面要组织科研人员深入田间地头,普及科技知识,引进优良品种,开展多种经营,增加农民收入,提高生活水平。

3. 转变现代技术的价值追求,提升现代技术的人文价值含量

古代技术直面生活,生活世界赋予其文化意义。现代技术是面向市场的

---

① 《马克思恩格斯文集》第 2 卷,人民出版社 2009 年版,第 580 页。

② 《马克思恩格斯文集》第 1 卷,人民出版社 2009 年版,第 531 页。

大批量生产,追求的是商品交换价值而非使用价值,现代技术表现为意义苍白和文化失落。转变现代技术的价值追求,不是否定现代技术的经济价值,而是要提升其人文价值,回归生活的本真世界。在当前中国特色社会主义市场经济条件下,首先就是要发挥政府这只“看得见的手”的行政指导作用,让现代科技成果走向最需要的地方而非最赚钱的地方,打破技术理性的资本逻辑统治。凡是能够满足民生需要和健康发展技术,政府就要加大投入引导发展。现代技术与文化的联姻,不能仅仅满足于文化搭台经济唱戏,而且要技术搭台文化唱戏,提供更多更好的精神文化产品。依靠现代技术做大文化产业,加大影视动漫、数字媒体、文化娱乐产业的升级换代,营造良好社会文化氛围,为生活世界增添文化色彩。

4. 尊重技术专家的决策论证,重视大众利益,倾听公众呼声

哈贝马斯指出:“在这里,我首先引入生活世界概念,用来作为沟通过程的相关概念。”①寻求某种与功利性技术追求相抗衡的东西,是哈贝马斯研究的目标。“制度框架层面上的合理化,只有在以语言为中介的相互作用的媒介中,即只有通过消除对交往的限制才能实现。”②哈贝马斯寄望奠基于生活世界基础的交往理性抗争技术理性,鼓励政治家、技术专家、公众间的对话交流。现代技术发展道路如何选择,怎样的现代技术优先发展,这不仅是技术问题同时也是价值问题、政治问题。现代技术决策一定要顾及群众利益、大众感受,不能以科学、专业为名排斥大众参与、公众诉求。把现代技术发展与社会和谐建设统筹规划,使现代技术进步成为和谐社会建设的最重要力量。只有广大人民群众的积极参与和努力,现代技术才能真正回归生活世界,才能真正

---

① [德]尤尔根·哈贝马斯:《交往行为理论:行为合理性与社会合理化》,曹卫东译,上海人民出版社 2004 年版,第 69 页。

② [德]尤尔根·哈贝马斯:《作为“意识形态”的技术与科学》,李黎、郭官义译,学林出版社 1999 年版,第 76 页。

成为改造社会、服务民生的现实解放力量。

5. 遵循“技术使用”的实践理性，倒推技术创新的路径和方向

技术的自主成长和社会的实际需要是技术创新的两种动力来源，由此也提供了两种可能的技术决策方式。第一种技术决策方式就是遵循技术自主成长的技术效益最大化原则，凡是技术上能够实现的东西就是技术上可以做的事情，以技术的可能性代替技术决策。第二种技术决策方式就是遵循“技术使用”的实践理性原则，回归生活世界的社会实践，以人的健康幸福和社会和谐为旨归。第一种决策方式实质上是主动放弃了人的技术选择，没有看到技术自主可能带来的技术风险。第二种决策方式反对技术至上，对于技术可能风险保持高度警醒，对于技术的未来发展持有一种负责任的态度。依照康德观点看来，实践理性高于纯粹理性、技术理性，人的自由意志存在就要担负起实践理性的道德义务。但我们这里所说的实践理性不同于康德所言的先验“道德律令”，而是生活世界中达成的社会实践原则。现代技术进步不仅关注经济利益，更要考量社会效益。

6. 因地制宜发展适用技术，走技术生态化道路

中国是一个现代化进程中的发展中国家，美欧等资本主义发达国家在现代技术上占有领先优势，追赶、赶超是我们常有的“浮躁”心态。但是资本主义发达国家技术发展道路暴露出的“现代性”问题以及生态、资源、环境危机警醒我们，我们不能步西方发达国家后尘，一定要走出中国特色的现代技术发展道路。首先，我们要找寻现代技术未来发展的可能突破口，立志成为现代技术的方向引领者和标准制定者，我国的高铁技术发展为我们提供了一条可资借鉴的模式；其次，我们要把先进技术引导到民生科技方向，加大与广大人民群众日常生活切身感受密切相关领域的科技投入和产品研发，依靠现代技术解决食品安全、环境治理、公共卫生等方面现存问题；最后，改变现代技术评价

中的一味贪大求洋，技术应用不是越先进越好，而是要与当时当地的经济政治文化发展相适应，考量风土人情，与自然生态、社会生态相融合。各个技术过程之间要构成一个自洽的“类”有机生态系统，某一过程的废弃物成为另一技术过程的原料，使得整个技术生态系统达到自转化、自消化、自净化能力。

二、工匠精神的历史传承与当代培育

所谓工匠精神，简言之即工匠们对设计独具匠心、对质量精益求精、对技艺不断改进、为制作不竭余力的理想精神追求。现代科技时代，“工匠”似乎远离我们而去，“工匠精神”更是淡出哲学思想视野。然而，中华民族的伟大复兴、强国梦的理想实现，不仅需要大批科学技术专家，也需要千千万万能工巧匠。[①] 契合时代发展需要，传承和弘扬工匠精神，具有重要的理论与现实意义。

（一）工匠精神的内涵

工匠在古代可称其为手艺人，意为熟练掌握一门手工技艺并赖此谋生的人，如铁匠、木匠、皮匠、钟表匠等；在现代则可泛指家庭作坊、工厂工地等生产一线动手操作、具体制造的工人、技师、工程师等。如果说“求知”（acquire）是科学精神的内在追求的话，那么“造物”（create）就是工匠精神的伟大使命。“造物”的精神追求就是工匠精神的集中体现，其构成要素表现为工匠技艺在经验、知识、器物和审美四个层面的相互统一，其历史形成过程表现为工匠行业的伦理关系、制度规范和文化模式演变。工匠精神可概括为以下五种精神特质。

---

① 李宏伟、别应龙：《工匠精神的历史传承与当代培育》，《自然辩证法研究》2015 年第 8 期，第 54—59 页。

1. 尊师重教的师道精神

不管是手工作坊里的“子继父业”或是手工业行会里的“师徒相授”，大体上说，工匠间技艺的传承方式多是通过“口传心授”的方式完成。正如我国清代民间艺人吴永嘉在《明心鉴》所言，“学艺之始，必贵择师，师善则弟子受其益，师不善，则奥妙不能传”。尽管这种技艺的传授方式存在着明显的弊端，即技艺传承面临着极大的不稳定性和“失传断代”的风险，但它依然是过去工匠学习技艺的重要方式。一方面，学徒能否掌握技术、学到本领，自身的才智、悟性以及刻苦练习程度成为能否学成技艺的决定性因素，正所谓“师傅领进门，修行靠个人”，学徒必须尊重技艺，才有可能学会技艺；另一方面，学徒对待师傅的态度也成了能否学成技艺的关键性因素，学徒为了学到技艺，必须做到恭敬师傅、尊重同门。中国历来就有“师徒如父子”、“一日为师终生为父”之说，工匠精神就在这种尊师重教的师道传统中得以发扬和光大。

2. 一丝不苟的制造精神

人们通常认为，“制造”就是严格地按照技术标准和生产要求，批量生产某种技术制品的过程，甚至认为“制造”就是重复和模仿。然而，对工匠而言，制造器物的过程不同于标准化工艺下的大规模机器制造，“制造”意味着对其技术目的的再次创造。工匠制造器物主要是凭借其技艺，按照近乎严苛的技术标准和近乎挑剔的审美标准，不计劳作成本地追求每件产品的至善至美，通过大繁若简的制作手法赋予每一件产品生命。要达到这种制造境界，除了工匠所掌握的熟练的技艺经验外，还要求工匠具备良好的心理素质和平和的制造心态，也只有做到了这些，工匠才能心无旁骛地制造出一件又一件的精美器物。

3. 求富立德的创业精神

对于绝大部分工匠来说，养家糊口是其从事工匠行业最直接的现实目的。

如何通过自己所掌握的技艺来谋求尽可能多的经济利益、稳定其社会地位、巩固其社会关系，是工匠凭借其技艺立足社会后所必须面对的问题，于是创业成为工匠凭借其技艺成就事业的最好途径。历史上，许多知名的制造业企业，起初都是靠一个或者一批唯实笃行的工匠的艰苦奋斗奠定其日后发达的基础。例如，世界知名光学仪器制造企业——卡尔·蔡司(Carl Zeiss)公司就是靠最初在耶拿创立了一家精密机械及光学仪器车间，并成功应用了创始人之一恩斯特·阿贝(Ernst Abbe)的科学成果，其领先的技术深受行业推崇，其产品畅销全球成为行业翘楚。

4. 精益求精的创造精神

工匠的"造物"能力和技艺不仅是衡量和决定工匠水平高低的先决因素，也是工匠智慧和灵感的集中体现，创造精神是工匠精神的灵魂所在。然而，与爱因斯坦所说的那种科学研究中顿悟式"灵感"的创造性不同，工匠的创造性更多表现为累积式的渐进和改良。从工艺流程上看，工匠们不仅会从材质选料、毛坯定型、模具制作等"先天"方面进行塑造，还会从机械加工、成品打磨、喷涂抛光等"后天"方面对之加以改进。工匠根据自己长期的技术实践经验和对技术方法的思考，对前人的发明制品或技艺进行改良式的创造，以得到"青出于蓝而胜于蓝"的技术制品，推陈出新、革故鼎新就是工匠精益求精的创造精神表现。

5. 知行合一的实践精神

工匠操持技术、制作器物和传授技艺的过程是"意会知识"(tacit knowledge)从隐性转化为显性的实践过程。按照波兰尼的说法，"意会知识"难以言语表达但可以领会、体验、掌握，或经过长期实践作出的下意识习惯性反应。工匠的技术实践活动不仅符合"意会知识"的种种特征，还可以通过从"知"、"行"两方面进行描述。工匠从学徒时起，就需要尽可能多的"知"，除了要向师傅学习各种工具的使用和操练技术环节中的关键窍门外，还需要在平时自己操持技术时，对师傅所授的技艺“心得”不断加以揣摩和领悟，并长年累月地坚持；在“行”的方面，工匠不仅需要对自己所制器物进行反复比较、总结，以期加以改进，更需要大胆实践自己的设计理念，勇于突破前辈的发明创造。可以说，“知”、“行”的结合程度是影响工匠技艺造诣高低的最直接因素，也只有在技艺的操持过程中做到了知行合一，才能更好地发挥出工匠的技艺水平。

（二）工匠精神的历史传承

在西方文化中，工匠（artisan）一词的本义源自拉丁语中一种被称为“ars”的体力劳动，意为把某种东西“聚拢、捏合和进行塑形”（to put together，join，or fit），后来随着这种劳动形式的逐渐丰富才演变为“技能、技巧、技艺”（art）的意思；而“artisan”作为一门特定的职业和特定的社会阶层，即工匠、手工艺人的意思是通过 16 世纪法语“artisan”和意大利语“artigiano”的含义才确定下来的，并于 17 世纪早期开始广泛使用起来。[①] 词源分析不仅表明工匠与劳动的渊源，也为我们考察工匠精神的形成过程提供了可能的历史研究路径。从某种程度上来说，工匠精神的形成发展过程是人们对工匠劳动观念认知不断解放、工匠劳动价值评价不断提高以及工匠传统影响不断外化的历史渐进过程。

1. 古希腊—罗马时期的技艺经验是工匠精神得以形成的技术基础

劳动是辛苦的也常常是被迫的，它们大多由工匠、奴隶承担；而理论是在衣食无忧之后的闲暇中完成，是有闲阶级的特权。对于劳动的厌恶和对于工匠的鄙视是紧密联系在一起的，而远离劳动的思辨和理论则被赋予至上的尊贵地位。古代中国就有“劳心者治人，劳力者治于人”的说法，更有“万般皆下

---

① 工匠（artisan）的释义见《牛津词源辞典》（Oxford Dictionary of Word Origins）。

品，惟有读书高”的社会价值观念直接表达。

对于劳动和工匠的鄙视，杜威在《确定性的寻求》一书中给出更为深刻的思考和回答。劳动的对象和环境具有不确定性，劳动的成败就具有偶然性。这种成败得失的不确定性给我们带来困惑、不安和危险，这就是我们生活中的现实劳动处境。正是为了逃避现实困境，人们到哲学、科学等理论构想中找寻确定性，寻求心灵的安慰，劳动、劳动者及其工匠精神淡出了哲学视野。

在崇尚“思想至上”的古希腊，各种与“爱智慧”有关的探讨一直是哲学家、贵族和自由民等有闲阶级所热衷的脑力劳动，而一切与体力劳动相关的“形而下”活动则受到了他们鄙夷和嘲讽。尽管希波达莫斯①和亚里士多德都把工匠作为支撑古希腊城邦体系和社会运行不可或缺的社会阶层之一，但工匠的劳动价值并没有得到应有的尊重和理解，而是被当作与奴隶、战俘劳役一样，任由主人驱使的劳动工具。尽管当时社会对工匠阶层充满了鄙夷和排斥，但无法抹杀工匠对古希腊城邦制社会运行和古希腊文明进步所作出的贡献。正如科学史家乔治·萨顿所言，“在那时像现在一样，最出色的专家既不是博学之士也不是语言大师，而是手艺人——铁匠、制陶工、木匠和皮革工等，他们也许掌握了相当丰富的经验和民俗知识”。② 古希腊在几何学、宇宙学、地理学、生物学取得了突出成就，也为后来西方近代科学的发展奠定了始基，“但

① 希波达莫斯（Hippodamus），米利都人，城市规划技术的发明者和第一位探究政府最佳形式的非政治家。曾提出过“市民三分法”，即城市以一万名市民为度，分为三部分；其一是工匠，其二是农夫，其三是武装战士。农夫存在的作用是为了能够为武士们提供食物，而工匠存在的作用则是“因为任何城市都少不了工匠，他们可以凭借技术生活，就像其他地方的工匠那样”。亚里士多德在关于城邦制阶层结构问题上的看法与希波达莫斯一致，认为工匠、农民是城邦之所以存在的必要条件之一。他说，“我们反复强调过，城邦不是由一个部分而是由多个部分构成的。其中的一个部分是生产粮食的人们，即所谓的农民。第二个部分是所谓的工匠，缺少了这些人的技艺就无法维持城邦的存在；这些技艺中有的是处于必需，有的则是为了奢华或优雅的生活。参见《亚里士多德全集》第九卷（苗力田主编，中国人民大学出版社 1994 年版，第 54 页，第 126 页。）

② ［英］乔治·萨顿：《希腊黄金时代的古代科学》，鲁旭东译，大象出版社 2010 年版，第 173 页。

在希腊化和希腊—罗马文明存在的800年间,大部分生产仍是手工业,带有地域性,工匠们按照传统总是对他们的手艺严格保密,企图垄断自己的独门诀窍,他们的手艺也未从文字、科学或自然哲学中得到过任何好处”。①

2. 中世纪宗教改革的劳动观念转变是工匠精神得以形成的思想基础

马克思·韦伯说,“基督教从一开始就是手工业者的宗教,这是它的突出特征”。② 工匠是促使生活活动(拉丁语,vita activa)和宗教活动相结合并在他们的公众生活和私人生活中找寻宗教意义的人。某种确定的、虔诚的工匠文化是能通过工匠所固有的社会身份、职业身份和宗教身份这几个途径得以呈现的。③ 因为宗教的介入,人们对劳动的看法发生了根本性转变,更确切地说,宗教使劳动成为一种救赎的可能。与经济、社会局势紧密相联,意识形态的格局使对于劳动、技术和手艺人的态度从一种蔑视与谴责的氛围向一种褒扬的倾向摇摆。④

11世纪的宗教改革加速了认识上的演变,使人们意识到参加劳动是一种服从上帝的自然表现,并有助于加强对上帝的忠诚。⑤ 对于中世纪时期的工匠来说,劳作不再是迫于谋生的无奈和必须忍受的惩罚,而是满怀虔诚、敬畏之心从事技艺劳作的自我拯救。工匠在开展技术活动时更加耐心和细致,把提高技艺水平当作是对上帝忠诚度的一种体现,工匠所拥有的那种对技艺专

① [美]詹姆斯·E. 麦克莱伦第三、哈罗德多恩:《世界史上的科学技术》,王鸣阳译,上海科技教育出版社2003年版,第102页。

② [德]马克斯·韦伯:《经济与社会》第一卷,阎克文译,上海人民出版社2010年版,第612页。

③ Sabrina Corbellini,“MargrietHoogvliet”,*Journal of Medieval and Early Modern studies*,North Carolina:Duke University Press,2013,p.521.

④ [法]雅克·勒高夫:《试谈另一个中世纪——西方的时间、劳动和文化》,周莽译,商务印书馆2014年版,第138页。

⑤ [美]罗贝尔·福西耶:《中世纪劳动史》,陈青瑶译,上海人民出版社2007年版,第13页。

注、对产品负责、对职业忠诚的职业伦理精神基本形成。在工匠精神开始形成的时期，手工艺理想主义者的手工劳动既是颂扬上帝同时也是拯救自己，手工劳动被看作是净化灵魂和精神的修行。① 中世纪时期建起那些气势恢宏的大教堂都是为了弘扬上帝的荣耀而建，无数投身其中的工匠也是出于对上帝的虔诚而自愿奉献。

从12世纪起，修道院就是技术革命的先驱，这些革命最终改变了中世纪手工艺人的面貌。② 在中世纪后期的西欧世界，学问的中坚大多为大学中的经院派学者所占据；与之相对应，技术的中坚则主要是出于社会底层的工匠们。③ 也正是由于中世纪宗教改革对整个社会的思想洗礼，劳动不再有高低贵贱之分，工匠们的社会地位得到了空前提高，“商人和工匠不再被阻挡在真正的宗教生活之外，因为他们的财富和技艺，职业团体的礼拜仪式也出现在意大利和法国所有的教堂里了”。④

3. 手工业行会制度及其技术繁荣是工匠精神得以外化的社会基础

从12世纪上半叶起，各城市中按行业划分的手工业工匠的集合，即所谓同业行会建立起来。行会的宗旨是维护技术标准、保护手工艺人免受技术变化的影响、保护他们免受封建制度过重的压榨。⑤ 到了13世纪，所有手工业者均被强制性地要求加入到行会当中。师傅对手下那些领薪俸的“工匠”和

---

① ［英］爱德华·露西-史密斯：《世界工艺史：手工艺人在社会中的作用》，朱淳译，中国美术学院出版社2006年版，第92页。

② ［英］爱德华·露西-史密斯：《世界工艺史：手工艺人在社会中的作用》，朱淳译，中国美术学院出版社2006年版，第92页。

③ ［日］古川安：《科学的社会史：从文艺复兴到20世纪》，杨舰、梁波译，科学出版社2011年版，第47页。

④ Sabrina Corbellini，“MargrietHoogvliet”，*Journal of Medieval and Early Modern studies*，North Carolina：Duke University Press，2013，p.523.

⑤ ［英］爱德华·露西-史密斯：《世界工艺史：手工艺人在社会中的作用》，朱淳译，中国美术学院出版社2006年版，第96页。

不领薪俸的见习“徒弟”们拥有绝对的权威。行会在拜师修行制度(从十二三岁开始,在师傅手下过2—8年的学徒生活后,又作为工匠利用数年的时间,到各地的师傅手下去进一步提高技艺,最后才被认可升格为师傅的制度)的严格约束中运行。在这种体制下,与技术相关的经验性知识在工匠之间代代相传,形成了一种传统。①

手工业行会成立直接促进了行业内的技术分工,“某些行业的分工甚至达到这样的地步:生产过程区分为一系列简单的动作,近乎机械地不断重复。这种高效的、高度分化的生产方式距离机器的运用只有一步之遥了”。② 而由此带来的工匠技艺水平的直线提高在当时社会也引起了广泛关注。伽利略就曾高度赞扬过工匠的精湛技艺和高超智慧,“你们威尼斯人在著名的兵工厂里进行的经常性活动,特别是包含力学的那部分工作,对好学的人提出了一个广阔的研究领域。因为在这部分工作中,各种类型的仪器和机器被许多手工艺人不断制造出来,在他们中间一定有人因为继承经验或利用自己的观察,在解释问题时变得高度熟练和非常聪明”。③

机械论哲学家将自然视为一架巨大机器,从当时工匠们的工具制作中受到启发,将创造自然的上帝看作是机械工和机械师的理想化身。学者们为了研究作为机械的自然,就必然首先去研究工匠们制作的机械构造。制作空气泵、压力计、温度计、望远镜、显微镜、棱镜等一系列用于观察和实验的新器械的不仅仅是工匠,还有那些探究自然的学者们也常常亲自动手,并且在制作中追问那些器械的工作原理。④ 贝尔纳指出:“现代科学具有双重起源,它既起

① [日]古川安:《科学的社会史:从文艺复兴到20世纪》,杨舰、梁波译,科学出版社2011年版,第47页。

② [法]G. 勒纳尔、G. 乌勒西:《近代欧洲的生活与劳作:从15—18世纪》,杨军译,上海三联书店2008年版,第9页。

③ [意]伽利略:《关于两门新科学的对话》,武际可译,北京大学出版社2006年版,第1页。

④ [日]古川安:《科学的社会史:从文艺复兴到20世纪》,杨舰、梁波译,科学出版社2011年版,第47页。

源于巫师、僧侣或者哲学家的有条理的思辨,也起源于工匠的实际操作和传统知识。直到现在,人们重视科学的前一方面远远超过后一方面,结果,科学的整个发展就显得比实际情况更富于奇迹色彩。”①科学不应当忘记自己的工匠传统起源,现代科学过去是一门技术科学,到如今仍然是一门技术科学。

C. 莱特・米尔兹从六个方面刻画了工匠的理想性格:(1)工匠的全部神经都集中到产品品质以及生产技术上,与产品之间形成内在的直接关系;(2)产品与生产者之间具有某种心理契合;(3)成为劳动的主人,能够自己决定、控制劳动的计划以及作业方法;(4)随着劳动技术的提高,人类自身也有所发展;(5)劳动和娱乐、劳动与教育的相互一致;(6)工匠生活的目的和动机就是劳动。② 尽管米尔兹所概括的工匠的理想性格并不是严格意义上的工匠精神,与我们当今时代大工业生产下的工匠精神也有差距,但对于我们认识和领悟工匠精神是一种有益的启发。

如果说工匠技艺是其存在的“筋骨”的话,那么工匠精神则是工匠阶层得以传承延续的“风骨”。工匠的劳动价值在得到充分肯定和尊重之后,稳定和壮大了工匠阶层,刺激了他们的创造热情,中世纪欧洲兴起的技术革新运动(水车、风车、农具、马具、帆船、纺车、冶金高炉、机械时钟等),是跨越几个世纪的工匠们经验技术积累的产物。③ 与工匠技艺相关的手工业行业技术标准、工艺流程和成品质量得以确定,工匠们也逐渐养成了一种精益求精、以质取胜的制造理念。工匠师傅在钻研技艺,向徒弟、雇工亲身示范技艺,传授诸如“秘诀”、“窍门”和“心法”之类与技艺的意会知识的同时,也在无形之中,把专注、细致、耐心、冷静、果敢等精神品质和忠诚、诚信、友善、仁爱、务实、奉献、敬业等伦理价值传承给了他们;而学徒、帮工在耳濡目染师傅钻研技术问

① ［英］J. D. 贝尔纳:《科学的社会功能》,陈体芳译,广西师范大学出版社 2003 年版,第 18 页。

② ［日］苍桥重史:《技术社会学》,王秋菊、陈凡译,辽宁人民出版社 2008 年版,第 170 页。

③ ［日］古川安:《科学的社会史:从文艺复兴到 20 世纪》,杨舰、梁波译,科学出版社 2011 年版,第 47 页。

题、勤修技艺本领、追求臻美的“造物”精神后，也自然而然地在相互间掀起了刻苦求学、比试技艺、竞争上游的优良学习风气以及尊师重教、恭勤养德、以技治业的职业伦理。

（三）工匠精神的失落及其当代培育

随生产力的不断提高和社会经济发展，社会生产方式以及职业伦理精神悄然转变，中世纪工匠们那种带有宗教奉献和自我拯救的劳动观念受到巨大冲击，工匠及其工匠精神开始逐步走向衰落。首先，一方面是自15世纪以来，在家工作的工匠（chambrelans）数量稳步增长，他们没有当过学徒工，也不可能成为短工或师傅。由于政府的容忍，他们越来越活跃地与普通的师傅展开了竞争[①]；另一方面是“行会规则越来越严，许多工匠不堪忍受奴隶般的且不稳定的漫长学徒期，逃离了城市”。[②] 手工业行会对手工业的发展不再具有统筹力和凝聚力，对行会内工匠的约束力也越来越薄弱。其次，由于科学技术的发展，技术革新不再单纯依赖工匠的长期实践经验总结，科学知识武装的自然哲学家、实验主义者逐渐成为技术革新的主力军；再次，由于新兴产业资本家的出现，工匠们作坊式生产模式在与工场批量生产模式中逐渐处于劣势，手工业逐渐向机械工业化转型。不少工匠因为生计所迫，无奈转入工场谋生，曾拥有精湛技艺的工匠变成了工场车间流水线上的计时计件工。最后，科学知识和传统技艺的结合萌生了技术教育的新形式，出现了以旨在培养高水平的工匠技师和技术官员的国营技术学校，这对传统工匠技能传习的行会师徒制带来致命冲击。

20世纪下半叶起，德国企业以享誉世界的“德国制造”诠释现代工匠精

① ［法］G. 勒纳尔、G. 乌勒西：《近代欧洲的生活与劳作：从15—18世纪》，杨军译，上海三联书店2008年版，第137页。

② ［法］G. 勒纳尔、G. 乌勒西：《近代欧洲的生活与劳作：从15—18世纪》，杨军译，上海三联书店2008年版，第65页。

神，而后又延续到日本制造。当今苹果公司让工匠精神重回企业经营和管理的视野，乔纳森·艾夫认为对于优质产品的追求是无止境的，必须有不断创新的欲望和做到极致的全身心投入。无可否认中国是一个制造大国，然而中国却不是一个制造强国，我们的制造工艺、产品质量、品牌价值与发达国家相比还有较大差距。当今的后工业革命时代，追求个性、特色的差异化生产的手工定制成为新宠和时尚，由工匠们手工打磨制作的名包、名表成为世界名牌，作为奢侈品受到中国消费者的竞相抢购。中国游客在日本抢购马桶盖，虽然后来说这些马桶盖本来就是中国制造，但还是反映出国人对于国内产品质量缺乏信心。中华民族伟大复兴的中国梦，既需要现代科学技术成果的不断创新支撑，也需要千千万万能工巧匠的亲手打造，我们需要唤醒、培育工匠精神。

1. 打破就业体制，改革就业观念，提高工匠职业威望

中国具有悠久的农耕传统，农业是华夏文明繁衍的文化内核。对农业的高度重视，自古就有“农本工末”的职业偏见，工匠的发明创造也常常被冠以“奇技淫巧”。我国改革开放后走上了工业化的快速发展道路，现代化流水线生产不仅对于传统工匠，对于传统工人也形成巨大冲击。工匠师傅的技能被生产线分解取代，沿袭多年的师徒制走上末路，工人工匠的社会地位衰落。古代中国流传下来的“劳心者治人，劳力者治于人”、“万般皆下品，惟有读书高”等社会价值观念的影响，以及现阶段中国国情所固有的体制机制障碍，我国大学生就业首选公务员、国有企业员工、事业单位职工，成为体制内的人成为大学生就业的首选原则。如果大学生未能成功进入国家体制，在他们自身、家庭乃至整个社会看来，就算不得就业，就是某种失败。在德国，一个优秀的工匠和一个出色的科学家没什么两样，同样受到社会的尊敬。在美国，一个铺地砖的工人或者一个端盘子的餐馆服务员，从来不会因为自己的职业而感觉低人一等。中国职业等级观念划分由来已久，既有历史文化原因，更有当今体制原因。改革开放，国企改革打破的只是下岗工人的铁饭碗，公务员事业编制的金

饭碗还没有被打破。随着我国体制机制改革的不断深入,社会主义市场经济将发挥越来越重要作用,在生产一线真正创造社会财富的工人工匠价值将会逐渐凸显,工人工匠的职业威望将会不断提高。

2. 树立杰出工艺大师、工人技师榜样,引领工匠精神示范

首先,我们要保护传承传统技艺、工艺,抢救挖掘那些濒于绝技失传的独门绝技,请“大师”、“名匠”著书立说、留下影音资料,为他们撰写人物志和传记,发扬光大传统技艺和工匠精神。其次,我们要培养年轻人对于传统技艺、现代技术的热爱,打造一支年轻的工匠大师、技师队伍,给予他们新时代的荣誉称号如五四奖章、劳动模范等,积极树立当代手工业制造中的优秀工程师、优秀技工的典型,让那些能催人上进、激发热情的事迹能更好地感召和吸引工匠从业者勤奋工作。再次,要给予这些技师、能手较高的社会承认,不仅是精神荣誉同时也要提高他们的社会经济地位,要使那些乐于传承、肯于钻研的大师、技师真正成为年轻人乐于学习、效仿的榜样。最后,我们还应该针对工匠阶层的职业伦理观念特点,开展相关伦理研究,编制特色教材,供大学课堂、相关入职培训机构使用。把手工业制造所形成的刻苦钻研、敏而好学、勇于创新等实践精神,在以血缘、地缘为纽带的师徒传授中所形成的爱岗敬业、守时守法、敢于担当等职业素养,以及在手工业长期发展潜移默化中形成的意志坚强、诚实守信、乐于奉献等道德品质传承、发展下去。

3. 保护工匠、技师合法利益,借用现代手段拓展技艺传承

首先,继承传统师徒制的优势所在,注重“手把手”、“一对一”的言传身教,在动手实践中感悟技艺、提高技能、养育精神。变革传统师徒制的家庭化、家族化弊端,破除师徒之间的人身依附隶属关系。其次,针对传统工匠技艺传习“传内不传外”、“传儿不传女”、“传大不传小”等排他性和单一性问题,加强与工匠相关的知识产权、技术专利的保护工作,通过运用法律、制度等形式

对工匠的技艺进行专利注册，最大限度地保护传统工匠的合法权益不受侵害。最后，抢救性保护那些濒临失传断代危险的民间手工业技艺，通过影像、走访、录音等形式保全匠人技艺的相关资料。加强对诸如“老字号”、“百年老店”等一些传统手工业的那些靠“口传心授”、“心领神会”等才能领会的“诀窍”、“心法”的“解码”工作，在注重知识技术产业保护的同时，“打开黑洞”提高工匠技艺传习的效率，扩大他们的市场影响力和辐射力。

4. 通过传统手工艺生产演示与精美产品展示，传达工匠精神

工匠精神不是理论的空话，而是贯彻在工匠们精益求精的生产过程中，凝结在巧夺天工的精美产品上。首先，在某些传统产品产地、传统技艺发源地，结合当地旅游宣传当地特有的物产文化，不是单纯一味地推销产品，而是要弘扬地域传统文化和物产生态文化。其次，为增加工匠对于其作品产品的责任心和荣誉感，借鉴古代社会“物勒其名”办法，利用条形码、二维码等现代网络技术手段，对工匠、技师的每一件作品、产品实行责任追究，强化工匠职业伦理精神建设。最后，要对精美作品产品实行奖励制，就像当今建筑界的“鲁班奖”或者工艺美术界的“金奖”“银奖”，树立标杆，鼓励赶超。

5. 传统与现代相结合，以双元制、双导师制培养工匠技师

传统“师徒制”传习技术、通过行会认定从业资格的旧式技术教育模式，其优势在于切身性、实践性，弊端在于其经验性和封闭性。双元制是源于德国的一种职业培训模式，它规避传统师徒制与现代教育不足，将这二者各自的优势和强项有机结合。所谓双元，是指职业培训要求参加培训的人员必须经过两个场所的培训，一元是指职业学校，其主要职能是传授与职业有关的专业知识；另一元是企业或公共事业单位等校外实训场所，其主要职能是让学生在企业里接受职业技能方面的专业培训。所谓双导师制，就是学生既有其在学校的基础课老师，也有其在联合办学的企业实习单位导师。双导师制既有师徒

制经验优势,也有现代教育的效率优势,是理论与实践相结合,较快培养工匠、技师的有效路径。

6. 加强职业资格认证,实行职前宣誓,将工匠精神社会化、具体化。

以19世纪的德国为例,当时除了建立和扶持一大批技术学校开展技术教育外,德国还变革了工匠认证制度,并从法律的高度确立和保障了技术教育的顺利开展。1849年,普鲁士修订职业条例,规定共建考试、师傅考试和学徒修业年限。1885年符腾堡实行商业学徒结业考试,1892年德国药商工所实行学徒结业考试。第一次世界大战后,德国职业教育举行国家考试,使全国的职业培训标准统一,有效地制止有关机构滥发文凭,提高职工培训的质量。对于我国而言,除了要加强现行职业教育法的修订工作和执法力度外,要特别强化职业资格认证制度,提高职业资格水准和职业荣誉感。《希波克拉底誓言》是希波克拉底警戒人类的古希腊职业道德的圣典,也是全社会所有职业人员言行自律的要求典范。当今时代,我们就是要对职业抱有一份敬畏之心,心怀虔诚和感恩,实行入职前庄严宣誓制度,强化工匠精神的培育。

三、民生科技的价值追求与实现途径

所谓“民生科技”,就是指与解决、服务民生问题直接相关的科学技术,就是与广大人民群众物质生活、社会安全、心理健康以及文化追求等切身感受和现实利益问题相关的科学技术。改善民生、建设和谐社会离不开科学技术的发展,科技进步与科技创新是服务民生、让广大人民群众共享科技成果、共创和谐社会的重要途径。① 研究、发展“民生科技”,规范科学技术的人性化发展

① 李宏伟:《民生科技的价值追求与实现途径》,《科学·经济·社会》2009年第3期,第99—102页。

方向，使科学技术回归生活世界、建设和谐社会，具有重要理论和现实意义。

（一）民生科技的历史溯源

“民生科技”的提出不是要科技分类，而是现代条件下新的科技价值追求和发展方向，在这一意义上可以说“民生科技”是一全新概念。但是民生科技的提出基于现代科技价值追求反思和批判，古代科技中的某些人本价值传统内核值得我们研究和借鉴，古代科技的生活指向、实用追求和技艺审美等价值追求给我们许多有益启示。

孟子重视农业、民生，视之为王者之道。《孟子·梁惠王》曰：“不违农时，谷不可胜食也；数罟不入洿池，鱼鳖不可胜食也。斧斤以时入山林，材木不可胜用也。谷与鱼鳖不可胜食，材木不可胜用，是使民养生丧死死无憾也。养生丧死死无憾，王道之始也。五亩之宅树之以桑，五十者可以衣帛矣。鸡豚狗彘之畜无失其时，七十者可以食肉矣。百亩之田勿夺其时，数口之家可以无饥矣。”《孟子》论说“王道”的关键在于“夫耕、妇蚕、五鸡二彘，无失其时，老者衣帛食肉、黎民不饥不寒”等方面，其民本思想跃然纸上，撼动人心。

中国古代思想家除老庄外，可以说都不反对科技的发展，但他们又几乎毫无例外地反对那些无益于国计民生，只是供少数人享乐的“奇技淫巧”。《墨子·鲁问》讲：“公输子削竹木以为鹊，成而飞之，三日不下，公输子自以为至巧。”但墨子说，这不如自己做车辖，“须臾刘三寸之木而任五十石之重”。墨子认为，只有有利于人的东西才是真正的巧：“故所为功利于人谓之巧，不利于人为之拙”。墨子反对刻木为鹊，但主张将木工技术用于做车。《管子》主张严厉处罚为淫巧者，但对医、农等技术深入研究。宋太宗毁了制作精巧的便溺之器，却下令在江北推广水稻，在江南旱地推广粟麦，并领导了新式农具的推广。朱元璋毁掉了水晶刻漏，但领导了制历工作，并下令翻译了回回历法。①

① 席泽宗：《中国科学技术史·科学思想卷》，科学出版社2001年版，第144—145页。

汉代赵过发明的耧犁，张衡造的浑天仪和地动仪，汉代马钧的龙骨水车，宋代苏颂的水运浑仪，元代黄道婆改进的织机，以及其他无数有利民生的技术发明，从来没有被认为是奇技淫巧。① 反对奇技淫巧，但并不排斥有益国计民生的实用、适用科技成果，中国古代科技发展的民生取向鲜明。

相对于西方而言，中国古代科技具有很强的实用取向。中华传说中的伏羲、女娲、神农、燧人、祝融、黄帝都是有所发明创造，有益民生的英雄人物。如伏羲作"九九"，"制嫁娶之礼"（《管子・轻重》），"女娲作笙簧"（《礼记》），"神农教民耕"（《礼记》），"燧人钻燧取火"（《韩非子・五蠹》，"祝融作市"（《吕览・勿躬》）。《墨子・辞过》讲："古之民未知为宫室，时就陵阜而居，穴而处。下润湿伤民，故圣王为作宫室。"《韩非子・五蠹》说："上古之时，人民少而禽兽众，人民不胜禽兽虫蛇。有圣人作，构木为巢，以避群害。而民悦之，使王天下，号曰有巢氏。"《易系辞・正义》说："取牺牲以充庖牺，故号曰伏牺氏。"《尸子》说："宓牺氏之世，天下多兽，故教民以猎。""作结绳而为网罟，以田以渔"（商代以上称猎为田，《易系辞》）。

我国古代农业发达，这是我国漫长封建社会稳定发展的重要科技基础。我国古代农业技术的突出之点在于精耕细作，为此，人们对时令、土壤、施肥、耕作、田间管理等都作出了许多深入细致的研究。二十四节气为我国所独有，是为黄河中下游地区农业生产掌握时令而用的，大约在战国时代已经完备。"奠定了产业革命基础的欧洲农业革命，只是由于引进了中国的思想和发明才得以出现。分行耕种、强化除草、'现代'条播机（耧车）、铁犁、将犁起的土翻转的犁壁，以及有效的挽具，全都是从中国引进的。在胸带挽具和颈圈挽具从中国来到之前，西方人是用绕在马喉部的皮带来勒他们的马的。"②西方在采用条播机之前，实行用手撒播种子的做法。这惊人的浪费，以至要把多达一半的收成留作翌年播种是常见的事。结果植株挤在一起，互相争夺水分、光线

---

① 李申：《中国古代哲学和自然科学》，上海人民出版社 2002 年版，第 28 页。

② ［英］R. 坦普尔：《中国的创造精神》，陈养正译，人民教育出版社 2004 年版，第 10 页。

和养分。而且,正确除草的问题根本没法解决,因为杂草与庄稼混杂一处。中国播种系统在效率上至少是欧洲系统的 10 倍,而按收获量算的话,则效率可能达到 30 倍。相对于西方古代科学而言,我国古代更长于技术,所以也更趋于实用,靠近民生。中国古代的农事、中医、纺织、水利等都有自己独到的创造,走在了世界的前面。但是,不可否认,这种实用理性相对于西方近代的实验科学则暴露出自己的某种内在不足,中国近代科学技术相对落后了。

芒福德指出,古代技术主要是一种多元技术或生物技术,"大体上是以生活发展为方向,而不是以工作或权力为中心的"。古代技术不以技术效益为前提,而主要是一种实用生活艺术追求,如家居艺术、生活用品艺术、园林艺术等。水磨和蒸汽在用于矿井抽水之前,主要是用来带动管风琴。到 16 世纪,虽然已经部分地机械化,但多元技术还具有其轻松快乐的一面。水磨就着溪流,风车和着风,技术仍然具有很强的地域性并表达社会风情。"机械发明和美感表现为这种多元技术中不可分割的两个方面,而直到文艺复兴时为止,艺术本身仍为主要的发明领域"。① "这种对'机械技术'和'自由艺术'双重的关心,实际上是中世纪末和文艺复兴时期几代工程师——艺术家的共同特点。达·芬奇,如同阿尔伯蒡、杜雷或吉奥尔吉奥,也认为不可能把艺术和技术这两个近似的东西分开。"②

我们可以把传统技术划分为三种类型,即从属于僧侣的技术、从属于民众的技术和从属于宫廷的技术。从属于僧侣的技术如道家的炼丹术、西方的炼金术,脱离世俗大众,主要服务于特定的群体,如宫廷贵族与道家隐士。不否认炼丹、炼金可能带来某种实用价值(如火药与医药),但是"中国那些精通此道的人干这些事情并非是贪图钱财,而是有很深层次的精神动机,为的是达到

---

① [美]刘易斯·芒福德:《机械的神话》,钮先钟译,黎明文化事业股份有限公司 1972 年版,第 139 页。

② [法]布鲁诺·雅科米:《技术史》,蔓君译,北京大学出版社 2000 年版,第 180 页。

精神上的超脱”。[①] 从属于宫廷的技术不能说不关乎民生，但首先考虑的是国家的需要，国家需要与民生需要毕竟有所不同。宫廷技术（比如说铸鼎、陵寝建筑）不以实用为限，而是不计成本、不遗余力，更多显示的是皇家、宫廷的至尊、威严和气派。从属于民众的技术关注的是人们日常生活衣食住行生活必需品的满足，扎根于民众、民间的婚丧嫁娶、生老病死，与地方性文化伦理生活相交融，是民生科技生长的丰富沃土。

新中国成立特别是改革开放后，我国科学技术、文化教育取得了飞速发展，取得了举世瞩目的伟大成就，广大人民物质文化生活水平迅速提高，从旧社会的挨饿受冻走上了小康富裕的现代化道路。可以肯定地说，我国科学技术进步对于我国民生改善作出了难以估量的重要贡献。但是，当科学技术发展愈益远离生活世界，而致力于微观和宇观的科学技术最前沿探索时，就有可能忽略或者遗忘了科学技术的生活之根，科学技术对于改进民生方面的边际效益也可能随之消减。我们必须在科学技术研究中把服务社会、改善民生确立为明确、自觉的科学技术价值追求。

（二）民生科技的价值追求

民生科技不是传统意义上的科技分类概念，它是为适应中国和谐社会建设实际需要而提出，具有鲜明的价值追求取向。

1. 民生科技服务大众的价值追求

科学技术是第一生产力，它可以带来巨大物质财富，提高物质生活水平，这一般来说是没有问题的。但是具体来讲，不同科技成果致力解决不同科技问题，服务特定目的和人群，这则是有差别的。打造人工美女的整形技术与大

---

① ［美］詹姆斯·E. 麦克莱伦第三、哈罗德·多恩：《世界史上的科学技术》，王鸣阳译，上海科技教育出版社2003年版，第55页。

众医疗保健技术可能都在医院实施，也可能同样归属医疗技术，但是其技术目的和服务对象不同。整形美容可能是为了选美夺魁，医疗保健却是为了生命健康；整形美容花费巨大却较少社会效益，而医疗保健成本低廉却具有巨大社会效益；二者间最大的区别就在于整形美容只是服务于少数人，而大众医疗保健则是面向社会、服务大众。我们没有提出与“民生科技”相对的概念，但是单纯追求选美夺魁的整形美容不能归属民生科技范畴，而医疗保健由于其服务社会普通大众的价值取向无疑是符合民生科技规范的。

2. 民生科技致力保障群众基本生活需求的价值追求

民生科技面向大众、服务大众的平民意识，注定了它满足、保障群众基本生活的价值追求。相对于社会高收入阶层，普通大众、社会平民的收入较低，特别是生活在社会底层的一些下岗职工以及残疾人，基本生活需求甚至温饱问题就是他们每日面对和揪心的首要问题。古代的金字塔、长城直到现今的军备竞赛、星球大战计划，都是特定时代的标志性科学技术成果，但是它们无益于改进民生、提高大众生活。相反，李时珍的《本草纲目》致力于解除民众病痛，袁隆平的杂交水稻技术提高粮食产量，解决亿万人口的吃饭问题，这无疑是民生科技保障、满足群众基本生活需求的价值追求体现。当今中国是一科技大国，能够取得“两弹一星”及太空行走这些只有世界上少数几个国家取得的科技成就，我们也一定能在事关广大人民群众生命安危和健康的饮用水和食品卫生等方面让群众放心。

3. 民生科技注重社会和谐发展的价值追求

自工业革命，科学技术一日千里，迅猛发展，彻底改变了我们的物质、文化生活。但是，人作为一种生物的和文化的存在物，无法永无止境地适应环境本身的变化，变化太快会造成灾难性的后果。现代科技发端于工业国家，它是内生的而非外来的，很少免疫排斥反应；但对于发展中国家来说，现代科技是外在的而非内生的，现代科技的引进常常面临着尖锐的政治、文化冲突，中国洋务运动的失败就是一例。即使在西方发达国家，某些现代科技成果，如基因移植、克隆人、人兽杂交怪胎等同样挑战人类文化道德底线，引发社会抵制和抗议。和谐社会体现在人与自然、人与人以及人的内心和谐，注重社会的和谐发展并不是一味地要用传统伦理道德去约制科技发展，而是要尊重历史文化和大众心理接受、情感体验，让现代科技和社会文化互动共进、和谐发展，让现代科技遵循人性化发展方向，为和谐社会建设作出贡献。

4. 民生科技的可持续发展价值追求

可持续发展是一个新概念，但可持续发展的价值追求在中国传统文化中却有深厚的历史和文化渊源，我国历来就有“前人栽树、后人乘凉”、“十年树木、百年树人”、着眼长远发展、造福子孙后代的可持续发展实践意识。中国传统文化讲求天人合一、细水长流、勤俭持家，反对奢华享受、竭泽而渔、坐吃山空。人的和谐发展要正确处理人与自然的关系、人与人的关系，人与人的关系不仅包括我们当代人之间的关系，同时也包括当代人与下代人、未来人的关系（即代际关系）。我们和子孙后代所共有的只能是一个地球，我们必须反思我们给子孙后代留下一个怎样的地球。民生科技服务大众、满足基本生存需求、反对奢华浪费的和谐社会理念，已经注定了它追求与自然和谐共处、顾及子孙后代的可持续发展价值追求。

（三）民生科技发展的现实途径

民生科技自古有之，但是借用科技成果来满足和提高大众生活在古代还不可能上升到社会主导价值观念而成为人们的自觉努力方向。古代帝王虽然关心旱涝灾害、粮食收成，但所做的常常是祈天保佑，也只能靠天吃饭。自近代科技兴起，人类借用科技的力量改变了人与自然的关系，也创造了巨大的社会物质财富，但这并没有改变资本主义社会工人阶级受剥削、受压迫的悲惨生活境地。这一切难道是技术自身所固有的罪恶吗？马克思明确指出，要“把机器和机器的资本主义应用区别开来”。[①] 社会主义制度取代资本主义制度，最广大的人民群众当家作主，为科学技术的合理应用提供了最有力的社会制度保障，为民生科技的创新、发展开辟了最广泛的发展道路。但这并不是说在我国社会主义制度下，民生科技的快速发展就是顺理成章、一路坦途了，我们还必须妥当处理各种关系，排除各种可能存在的障碍，为民生科技的快速、持续发展提供全面社会保障。

1. 从学院科学、后学院科学的价值追求转到民生科技的价值追求

所谓学院科学就是存在于大学、科学院等“为知识而知识”的学术科学，其秉承的是追求科学的真理价值观，重科学理论知识轻成果的实际应用。所谓后学院科学又称产业科学（industry science），是学院科学向产业领域的扩展，强调效用性、应用价值、商业价值，形成的是追求生产力和物质财富的价值观。不可否认后学院科学的生产力价值，它也确实带来了巨大社会物质财富，但这毕竟不同于民生科技基于人们现实生活需要、追求群体幸福和谐的价值追求。从学院科学、后学院科学到民生科技，它们之间在知识内涵上并不存在什么截然分明的界限，但是在科技价值观上却有着鲜明的不同。这就是从与价值无涉的纯科学到追求财富增长的功利科学，再到满足大众现实生活需要、追求群体幸福和谐的人性化科学技术。

2. 尊重基础研究、威望科技，为民生科技发展奠定坚实基础

民生科技强调实用、适用，但并不意味着漠视基础研究价值，割断基础研究、应用研究和应用开发之间的内在联系。重大基础研究成果可能没有直接可见的社会应用，但其潜在的应用前景却不能断然否定，这正如我们不能否认

---

① 《马克思恩格斯全集》第 23 卷，人民出版社 2005 年版，第 469 页。

一个初生婴儿的未来成长和内在价值一样。威望科技并不是一个严谨的学术概念,但我们可以把宇航科技、军事科技这些并不直接服务民生,而是更多与大国地位和军事实力相关联的科技项目划归为威望科技。威望科技显然不能等同于民生科技,但是威望科技又不是与民生科技对立的,在长远战略考量上威望科技与民生科技的价值追求又是内在关联的。威望科技保障国家主权、安全、和平,这是民生幸福的必要前提和首要条件,必备的威望科技(军事技术)不是出于战争的需要而是确保和平之所需。不仅如此,威望科技常常占据科技制高点,具有带动科技发展的牵引作用,有明显的"溢出"效应。发展民生科技,不能以牺牲基础研究、威望科技为代价,而是要确实发挥基础研究、威望科技的基础性、统领性作用,为民生科技发展提供强大后备支持。

3. 从科技创新与扩散两方面为民生科技快速发展促力

相对于科技创新的高成本、高风险来说,民生科技的发展特别是经济欠发达地区的民生提高可以借助于发达地区的技术扩散,完成民生科技的跨越式发展。传统的熊彼特创新理论是以创新成果产业化和市场化为目的的,只有具有良好的经济效益的创新才是成功的。而民生科技并不是以经济效益为首要目的,更多考虑的是社会效益,属于社会性投入,需要政府主导以实现现有的成熟技术、适用技术向欠发达地区扩散。当然,我们不能无视技术创新在民生科技发展中的原创性地位和基础性作用,特别是对于某些急迫性民生关键问题的针对性研究、开发,是不能等待和依赖技术扩散来解决问题的,政府必须在民生科技创新上发挥积极主导作用。实际上,《国家中长期科学和技术发展规划纲要(2006—2020年)》的制定与实施,已经将科技工作的重点向民生科技转移。该规划纲要中涉及的几个在前几次规划中从未提到的领域,其中公共安全科技、环保科技、人口科技、健康科技等,都属于民生科技的范畴,或与民生科技领域密切相关。

4. 倾听民意，公众参与，首先解决人民群众最关心、最直接、最现实的民生问题

什么是人民群众最关心、最直接、最现实的民生问题，这应当直接倾听广大人民群众的民意和呼声。公众参与，就是指公众不仅有对于民生科技的认识和自觉，并且要积极主动地影响、参与到国家有关技术政策的制定、决策，使技术的发展符合最广大人民群众的利益。官员、企业家以及专家、人文学者的看法也许与公众的认识、看法有差别，但是，公众的利益以及观点、看法我们必须认真听取，因为他们代表了最广大的社会实践主体，实践应当是最有说服力和发言权的。公众参与需要一定的社会制度保证，否则就成为空话。西方社会的绿党政治制度未必适用于中国，我们可以探索出一条适合中国国情的道路。我国三峡工程听取了广泛的意见，经过了几十年的反复论证，最后经全国人民代表大会投票表决通过。这是一个很好的开端，但也引发我们思考：以后怎样的工程需要以这种形式立项、决策，公众参与的制度化、法制化应当怎样落实。如今我国现实社会生活中，有许多决策都采取“听证会”的形式（如铁路听证会讨论铁路票价是否合理），这表明我国公众在国家事务决策中的影响越来越大，公众的参与越来越广泛。以人为本，就是要以实现人的全面发展为目标，就是要让改革发展的成果惠及全体人民，就是要切实保障人民群众的参与权和决策权，只有最广大人民群众的积极参与和努力，民生科技的发展才有可能真正落实到实处，才能真正发挥出民生科技对于和谐社会建设的重要支撑作用。

四、马克思“机器”意义的当代启示

在马克思看来，仅仅作为生产力的机器自身还算不得经济范畴，只有纳入生产力与生产关系相互对立统一关系的“机器”概念，才是经济范畴。马克思

强调“工具”与“机器”的本质区别，其实质就是强调“机器”的经济范畴意义，而不是机器的单独生产力意义。[1] 对于科学技术的伟大历史作用，必须从科学技术作为生产力对于生产方式、生产关系、社会制度变革的视角理解。

“社会地控制自然力，从而节约地利用自然力，用人力兴建大规模的工程占有或驯服自然力，——这种必要性在产业史上起着最有决定性的作用。”[2] 这种必要性不但在产业史上起决定性作用，也决定着科学、技术的发展。科学、技术对于生产、社会又有巨大反作用，或者说它们就是最重要生产力，不仅改造自然而且改造社会，促进生产方式、社会制度转变。马克思在《资本论》中指出：“生产方式的变革，在工场手工业中以劳动力为起点，在大工业中以劳动资料为起点。因此，首先应该研究，劳动资料如何从工具转化为机器，或者说，机器和手工业工具有什么区别。”[3]

（一）生产方式研究的“机器”起点

马克思1863年1月28日致恩格斯的信指出：“对纯粹的数学家来说，这些问题是无关紧要的，但是，在问题涉及证明人们的社会关系和这些物质生产方式的发展之间的联系时，它们则变得非常重要。”[4]“如果不正视这种情况，而仅仅着眼于动力，那就会恰恰忽视在历史上曾经是转折点的东西。”[5]马克思所言对于我们是一个警示，我们常常强调“蒸汽机”的划时代意义，却疏忽了“机器”这样一个“习见”的概念。马克思著有《机器。自然力和科学的应用》，“机器”是马克思主义科学、技术与社会理论重要概念，马克思总是讲“资本主义大机器生产”，用以标志现代社会的“机器”特征。

---

① 李宏伟：《〈资本论〉中“机器”概念的革命意义》，《马克思主义理论学科研究》2018年第2期，第86—93页。

② 《马克思恩格斯文集》第5卷，人民出版社2009年版，第587—588页。

③ 《马克思恩格斯文集》第5卷，人民出版社2009年版，第427页。

④ 《马克思恩格斯文集》第10卷，人民出版社2009年版，第200页。

⑤ 《马克思恩格斯全集》第47卷，人民出版社2005年版，第415页。

动力的使用,包括人自身以及其他自然力的使用,如水力、风能等,都没有带来工业革命。人们推崇蒸汽机作为工业革命的象征和标志,常常讲是因为其超越了地域、季节等自然条件限制,成为可移动动力来源。但是,“人们在驯服了牲畜之后,很久以来就拥有了活的自动机。利用牲畜作为搬运重物、乘骑和运输等等的动力,比人使用大多数手工工具要早。因此,如果以此作为决定性的标准,那么机器在斯基台人那里似乎比在希腊人那里更为发达,因为斯基台人更多地,至少是规模更大地,采用了这种活的发动机”。①牲畜——这种活的发动机,我们并不把它们作为“机器”理解,也没有带来工业革命。对于“机器”,对于引发工业革命的机器,我们应当如何正确理解呢?

“所有发达的机器都由三个本质上不同的部分组成:发动机,传动机构,工具机或工作机。……机构的这两个部分(引用者注:指发动机和传动机构)的作用,仅仅是把运动传给工具机,由此工具机才抓住劳动对象,并按照一定的目的来改变它。机器的这一部分——工具机,是18世纪工业革命的起点。在今天,每当手工业或工场手工业生产过渡到机器生产时,工具机也还是起点。”②只有工具机才真正作用于劳动对象,并使之符合自己的目的。无论发动机多么强大,也只能通过工具机发挥作用。发动机的变革必须通过工具机寻找到着力点,生产方式的改变首先是通过工具机的变革而完成。“作为工业革命起点的机器,是用这样一个机构代替只使用一个工具的工人,这个机构用许多同样的或同种的工具一起作业,由一个单一的动力来推动,而不管这个动力具有什么形式。”③

蒸汽机在工业革命中的伟大历史作用不可轻视,它在工业革命中起着无可替代的重要作用,但没必要把它说成是工业革命的起点。“当1735年约翰·淮亚特宣布他的纺纱机的发明,并由此开始18世纪的工业革命时,他只

① 《马克思恩格斯全集》第47卷,人民出版社2005年版,第415页。
② 《马克思恩格斯文集》第5卷,人民出版社2009年版,第429页。
③ 《马克思恩格斯文集》第5卷,人民出版社2009年版,第432页。

字未提这种机器将不用人而用驴去推动,尽管它真是用驴推动的。淮亚特的说明书上说,这是一种‘不用手指纺纱’的机器。”①我们在讲到工业革命时,首先想到瓦特的蒸汽机并没有错,问题在于我们还有多少人记得淮亚特。就是淮亚特发明的“不用手指纺纱”的机器,不但表明了“机器”与“工具”的差别,也开启了工业革命的伟大进程。

(二)“机器”与“工具”的本质差别

“机器”与“工具”的不同,不在于前者比后者更复杂,而是要透过问题表象看本质。“在真正的工具从人那里转移到机构上以后,机器就代替了单纯的工具。即使人本身仍然是原动力,机器和工具之间的区别也是一目了然的。人能够同时使用的工具的数量,受到人天生的生产工具的数量,即他自己身体的器官数量的限制。”②可见,工具受人操控,因而受限于人的自然条件,毕竟人不是“千手观音”。机器虽然也要最终受控于人,但是摆脱了对于人体的直接依赖,珍妮机一开始就能用12—18个纱锭。人经由“机器”而不是“工具”作用于劳动对象,极大地提高了生产力。

最初的蒸汽机发明并没有引起工业革命,这不仅是因为这一发明还不完善。“相反地,正是工具机的创造才使蒸汽机的革命成为必要。一旦人不再用工具作用于劳动对象,而只是作为动力作用于工具机,人的肌肉充当动力的现象就成为偶然的了,人就可以被风、水、蒸汽等等代替了。”③工具一旦转变为工具机、机器,劳动者就从工具的使用者中解放出来,他现在可以作为机器的动力提供者或者机器的操控者。因为劳动者从直接的工具使用者脱身而出,使得水、风、蒸汽等其他动力源的使用才变得生产上必要、技术上可行,劳动者更多的是作为操控者而非作为动力源发挥作用。“工作机规模的扩大和

① 《马克思恩格斯文集》第5卷,人民出版社2009年版,第428页。
② 《马克思恩格斯文集》第5卷,人民出版社2009年版,第430页。
③ 《马克思恩格斯文集》第5卷,人民出版社2009年版,第432页。

工作机上同时作业的工具数量的增加,需要一种较大的发动机构。这个机构要克服它本身的阻力,就必须有一种比人力强大的动力,更不用说人是一种进行划一运动和连续运动的很不完善的工具了。”①

正是首先由于机器的革命、纺纱机的革命,人手的灵巧就不再成为生产过程的必需。当人一旦只是作为机器的动力提供者的时候,人的这一劳动功能很快就会变得不保,因为动力来源除了人本身之外,可以有多种多样更好的选择,这为人的自身体力之外的其他能源的应用开辟了广阔途径。“工业革命首先涉及的是机器上进行工作的那一部分。动力在这里一开始还是人本身。……自从人由直接参加生产过程转为只起简单的动力作用的时候起,所要完成的工作的原理便开始由机器来决定了。现在有了机械;而动力以后可以用水、蒸汽等来代替。继这第一次伟大的工业革命以后,采用蒸汽机作为产生运动的机器,则是第二次革命。”

第一次工业革命促动第二次工业革命,但第二次工业革命——蒸汽机的诞生无论如何不是一个简单的事情,它的强大动力要不断地促动、推进机器体系、机器社会的滚滚向前。“只是在工具由人的有机体的工具转化为机械装置即工具机的工具以后,发动机才取得了一种独立的、完全摆脱人力限制的形式。于是,我们以上所考察的单个的工具机,就降为机器生产的一个简单要素了。现在,一台发动机可以同时推动许多工作机。随着同时被推动的工作机数量的增加,发动机也在增大,传动机构也跟着扩展成为一个庞大的装置。”②机器体系的如此爆发、衍生为资本主义的大机器生产奠定了物质、技术基础,这样的大机器生产过程是排斥人的,也可说这是人的解放抑或说人的放逐。

工场手工业与大工业的区别,就在于生产中到底是以“劳动者”还是以“机器”为中心,这是个原则问题。在工场手工业中,由于工人直接掌控生产工具,生产节奏和进程受工人控制。在大工业的自动机或者机器体系中,工人

---

① 《马克思恩格斯文集》第5卷,人民出版社2009年版,第432页。

② 《马克思恩格斯文集》第5卷,人民出版社2009年版,第434页。

可能不再直接生产或者提供动力,看似从生产进程中得到解放,实际上却成为机器体系的伺服者,肩负着操控、调控、监督机器运行重任,必须紧跟、适应自动机的节奏和进程。“在工场手工业中,每一个局部过程必须适应工人;而在大工业中,已经没有这种必要了:劳动过程能够客观地分解为各个组成部分,如何完成每一局部过程是由科学或是由基于科学的实际经验借助机器来解决的。在这里,各组工人之间的数量上的比例是作为各组机器之间的比例而重现出来。”①工场手工业的生产方式变革受劳动者操控,而大工业生产方式的变革由机器开始并决定。

马克思并不否认从工具到机器的历史发展,在《哲学的贫困》中马克思指出:“简单的工具,工具的积累,合成的工具;仅仅由人作为动力,即由人推动合成的工具,由自然力推动这些工具;机器,有一个发动机的机器体系;有自动发动机的机器体系——这就是机器发展的进程。”②马克思在《资本论》中也曾说过:“工场手工业时期通过劳动工具适合于局部工人的专门的特殊职能,使劳动工具简化、改进和多样化。这样,工场手工业时期也就同时创造了机器的物质条件之一,因为机器就是由许多简单工具结合而成的。”③但是,一定要明确理解,马克思肯定从工具到机器的历史发展,或者说“机器就是由许多简单工具结合而成的”,这都不是就机器与工具之间的本质区别而言的。

(三)“机器”革命意义的当代启示

“正确的东西”和“本质的东西”还是有区别的,说“诗歌是词汇的堆积”算得上正确,但显然还没有说出事物的本质。马克思 1863 年 1 月 28 日致恩格斯的信说:“一当问题不再涉及到机器的历史发展,而是涉及到在当前生产方式基础上的机器,工作机(例如在缝纫机上)就是唯一有决定意义的,因为

① 《马克思恩格斯全集》第 16 卷,人民出版社 2005 年版,第 316 页。
② 《马克思恩格斯选集》第 1 卷,人民出版社 2012 年版,第 246 页。
③ 《马克思恩格斯文集》第 5 卷,人民出版社 2009 年版,第 434 页。

一旦这一过程实现了机械化,现在谁都知道,可以根据机械的大小,用手、水或蒸汽来使机械转动。”①马克思对“工具”与“机器”作了本质区分,强调机器的重要历史作用,并不是基于机器的生产力作用,而是机器对于生产方式、社会制度的变革作用。马克思在《哲学的贫困》指出:“机器正像拖犁的牛一样,并不是一个经济范畴。机器只是一种生产力。以应用机器为基础的现代工厂才是社会生产关系,才是经济范畴。”②

马克思在《1861—1863年经济学手稿》中明确指出:“首先应当指出,这里所说的不是[工具与机器之间]在工艺上的确切区分,而是在所使用的劳动资料上发生的一种改变生产方式、因而也改变生产关系的革命;因此,在当前的场合,所说的正是在所使用的劳动资料上发生的那种为资本主义生产方式所特有的革命。”③马克思关注的不是机器相对于工具的工艺、技术变革,而是看重“机器”对于生产方式变革的革命意义。不止于机器,对于科学技术历史作用也必须站在社会变革的高度认识“随着新生产力的获得,人们改变自己的生产方式,随着生产方式即谋生的方式的改变,人们也就会改变自己的一切社会关系。手推磨产生的是封建主的社会,蒸汽磨产生的是工业资本家的社会”。④ 马克思强调生产力对于生产关系的决定性作用,但这种决定作用也是在生产力与生产关系的对立统一矛盾运动中完成。不可否认生产力的伟大历史作用,但这种伟大历史作用就在于它是一种促进生产关系、社会变革和人类解放的革命力量。简单武断地把马克思归结为技术决定论者或者唯生产力论者,是对马克思主义科学技术观的曲解。

科学革命、技术革命的意义不止于科学、技术的内部革命,关键在于其深远的社会影响,促成社会革命和人类解放。恩格斯在《在马克思墓前的讲话》

---

① 《马克思恩格斯全集》第30卷,人民出版社2005年版,第318页。
② 《马克思恩格斯选集》第1卷,人民出版社2012年版,第241页。
③ 《马克思恩格斯全集》第47卷,人民出版社2005年版,第412页。
④ 《马克思恩格斯选集》第1卷,人民出版社2012年版,第222页。

中指出:“在马克思看来,科学是一种在历史上起推动作用的、革命的力量。任何一门理论科学中的每一个新发现——它的实际应用也许还根本无法预见——都使马克思感到衷心喜悦,而当他看到那种对工业、对一般历史发展立即产生革命性影响的发现的时候,他的喜悦就非同寻常了。”①马克思作为革命导师不同于一般学者,对于科学有清醒的辩证认识,为我们树立了正确对待科学的榜样。“尽管他专心致志地研究科学,但是他远没有完全陷进科学。……但是,他把科学首先看成是历史的有力的杠杆,看成是最高意义上的革命力量。而且他正是把科学当作这种力量来加以利用……”②

一方面,是以往哲学、历史学对于科学、技术的漠视,看不到科学、技术的伟大历史作用;另一方面,是科学、技术的伟大历史作用常常不得不在现实中表现为直接的非人化。“而哲学对自然科学始终是疏远的……甚至历史编纂学也只是顺便地考虑到自然科学,仅仅把它看作是启蒙、有用性和某些伟大发现的因素。然而,自然科学却通过工业日益在实践上进入人的生活,改造人的生活,并为人的解放作准备,尽管它不得不直接地使非人化充分发展。”③马克思对于科学、技术的评价有两个基本方面,一是高度评价科学、技术促动历史发展的伟大杠杆作用,二是对科学技术的资本主义应用无情鞭挞。

资本主义大机器生产没有减轻工人的劳动强度,反而剥夺了工人的劳动技能,加重了资本主义剥削。机器生产早期工人常常捣毁机器,用以表达对资本主义残酷剥削的不满和反抗,但是我们必须认清始作俑者并非机器,而是资产阶级及其社会制度。“……这些矛盾和对抗不是从机器本身产生的,而是从机器的资本主义应用产生的!因为机器就其本身来说缩短劳动时间,而它的资本主义应用延长工作日;因为机器本身减轻劳动,而它的资本主义应用提高劳动强度;因为机器本身是人对自然力的胜利,而它的资本主义应用使人受

① 《马克思恩格斯选集》第3卷,人民出版社2012年版,第1003页。

② 《马克思恩格斯全集》第19卷,人民出版社2005年版,第372页。

③ 马克思:《1844年经济学哲学手稿》,人民出版社2018年版,第86页。

自然力奴役;因为机器本身增加生产者的财富,而它的资本主义应用使生产者变成需要救济的贫民,如此等等”。①

科学技术的伟大历史作用不是一朝一夕的现时显现,必须放在历史的长远发展维度理解。从本质上来说,科学技术是一种在历史上起推动作用的革命力量和解放力量;但在历史发展过程中,科学技术又常常表现为某种与人对立的非人力量。这也可以理解为科学技术历史发展的肯定、否定、否定之否定的辩证发展过程。“工业是自然界对人,因而也是自然科学对人的现实的历史关系。因此,如果把工业看成人的本质力量的公开的展示,那么,自然界的人的本质,或者人的自然的本质,也就可以理解了;因此,自然科学将抛弃它的抽象物质的方向,或者更确切地说,是抛弃唯心主义方向,从而成为人的科学的基础,正像它现在已经——尽管以异化的形式——成了真正人的生活的基础一样;说生活还有别的什么基础,科学还有别的什么基础——这根本就是谎言。”②

不可否认,科学、技术、生产力在资本主义社会获得了极大发展,但资本主义的本质目的并不是发展社会生产力,而是最大限度地榨取工人血汗、扩充资本财富。对于资本主义生产来说,不是最新技术设备成为资本家的首选,而是能够攫取最大剩余价值的生产方式成为资本家的理想选择。如果使用现有的旧机器比采用新技术、新机器更能赚钱的话,资本家对新技术、新机器没有兴趣。“资本主义生产方式在这里陷入了新的矛盾。它的历史使命是无所顾虑地按照几何级数推动人类劳动的生产率的发展。如果它像这里所说的那样,阻碍生产率的发展,它就背叛了这个使命。它由此只是再一次证明,它正在衰老,越来越过时了。”③

马克思、恩格斯所处时代,是资本主义对工人阶级实施最严酷阶级统治的

---

① 《马克思恩格斯文集》第5卷,人民出版社2009年版,第508页。

② 马克思:《1844年经济学哲学手稿》,人民出版社2018年版,第86页。

③ 《马克思恩格斯文集》第7卷,人民出版社2009年版,第292页。

时代，也是资本主义基本矛盾最为激烈的时代。马克思、恩格斯根据资本主义基本矛盾和社会黑暗现实，作出了资本主义社会必然为社会主义社会、共产主义社会所代替的预言。“现代工业、科学与现代贫困、衰颓之间的这种对抗，我们时代的生产力与社会关系之间的这种对抗，是显而易见的、不可避免的和毋庸争辩的事实。有些党派可能为此痛哭流涕；另一些党派可能为了要摆脱现代冲突而希望抛开现代技术；还有一些党派可能以为工业上如此巨大的进步要以政治上同样巨大的倒退来补充。可是我们不会认错那个经常在这一切矛盾中出现的狡狯的精灵。我们知道，要使社会的新生力量很好地发挥作用，就只能由新生的人来掌握它们，而这些新生的人就是工人。”①

马克思、恩格斯对于工人阶级当家作主的新社会寄予厚望，相信在新社会里不仅是工人阶级得到解放，同样也使科学、技术及其社会生产力获得新的更大发展。“历史的发展使这种社会生产组织日益成为必要，也日益成为可能。一个新的历史时期将从这种社会生产组织开始，在这个时期中，人自身以及人的活动的一切方面，尤其是自然科学，都将突飞猛进，使以往的一切都黯然失色。”②马克思、恩格斯对于新社会的预言在中国已经得到实现，中国特色社会主义伟大事业蓬勃向上，不论是在科学、技术及社会生产力各方面都取得了跨越式飞速发展。如果说科学、技术及社会生产力在资本主义社会取得了较快发展的话，那么在社会主义的中国则是取得了更大的辉煌，最重要的是科学技术正在成为广大人民自由全面发展的解放力量。当然，在社会主义现代化伟大事业建设过程中，如何保持科学、技术及社会生产力的健康可持续发展，特别是科学技术的人性化发展，还是需要我们在实践中不断探索的问题，也是马克思主义的科学、技术与社会理论在新时代发展过程中有待进一步充实、完善的新的研究课题。

马克思不否认蒸汽机在工业革命中的重要作用，但是工业革命的最初起

---

① 《马克思恩格斯全集》第12卷，人民出版社2005年版，第4页。

② 恩格斯：《自然辩证法》，人民出版社2015年版，第23页。

点是“机器”工具机而非动力“蒸汽机”。仅仅作为生产力的机器自身还算不得经济范畴，只有纳入生产力与生产关系相互对立统一关系的“机器”概念才是社会关系、经济范畴。马克思不是在生产力意义上强调“机器”与“工具”的差别，而是看重“机器”劳动资料上发生的那种改变生产方式进而催生社会革命的意义。马克思热心科学但从来没有陷入科学，对于科学技术的资本主义应用深刻揭露和无情鞭挞。马克思主义的科学、技术与社会理论，不是对于“工具”、“机器”、“蒸汽机”在工艺史、技术史的角度上探讨，而是站在人的自由解放社会革命意义上的高远视野。这对于我们当今清醒认识科学技术的社会作用，正确把握科学技术的合理发展方向，辩证审视人工智能、机器人迅猛发展所带来的生产方式、社会关系变革具有重要启示意义。

五、立足国情的新时代自然辩证法发展

自然辩证法是马克思主义自然辩证法，是马克思主义理论的重要组成部分，在马克思主义中国化中取得不断丰富和发展。毛泽东同志关心自然科学的哲学问题，倡导自然辩证法的学习、实践。邓小平同志推动实践是检验真理的唯一标准大讨论，提出了科学技术是第一生产力的重要论断。习近平同志关于生态文明与科技创新论述，体现出立足中国国情的中国特色、立足创新驱动的时代特色、问题导向致力应用的实践特色、谋划未来着眼赶超的发展特色，对于中国自然辩证法的新时代发展具有重要启示和指导意义。自然辩证法是具有鲜明中国特色、中国风格、中国气派的学科，必须坚持立足国情、“为国服务”方向。

（一）自然辩证法的新时代思想内涵

习近平同志重要报告、讲话中具有大量创新意义、内容丰富的有关生态文明、科技创新论述，主要体现在人与自然关系、科学技术观、科学技术方法论、

科学技术与社会思想方面，是内容丰富、特色鲜明、时代感强的马克思主义自然辩证法中国化最新成果。

1. 强化生态文明建设的人与自然关系思想

人与自然关系的现实生成基于人的生存实践，人世间一个简单的道理就在于人必须首先求生，这是人与自然关系的现实基础和前提条件。马克思、恩格斯在《德意志意识形态》指出："全部人类历史的第一个前提无疑是有生命的个人的存在。因此，第一个需要确认的事实就是这些个人的肉体组织以及由此产生的个人对其他自然的关系。"①在此，我们可以看到人与自然关系在马克思主义理论中的重要基础地位及逻辑起点意义。"人靠自然界生活。这就是说，自然界是人为了不致死亡而必须与之处于持续不断的交互作用过程的、人的身体。所谓人的肉体生活和精神生活同自然界相联系，不外是说自然界同自身相联系，因为人是自然界的一部分。"②

习近平在《纪念马克思诞辰200周年大会上讲话》指出："学习马克思，就要学习和实践马克思主义关于人与自然关系的思想。"习近平新时代中国特色社会主义思想中蕴含着丰富的人与自然关系思想，创新性地提出了一系列新思想、新观点、新要求。2013年9月7日习近平在哈萨克斯坦纳扎尔巴耶夫大学回答学生问题，就正确处理经济增长与环境保护关系明确指出："我们既要绿水青山，也要金山银山。宁要绿水青山，不要金山银山，而且绿水青山就是金山银山。"2015年1月习近平在云南考察工作时讲话，宣告我们绝不走西方先发展后治理的老路，"要把生态环境保护放在更加突出位置，像保护眼睛一样保护生态环境"。2018年5月习近平在全国生态环境保护大会上指出，"生态环境保护是功在当代、利在千秋的事业"，"是关系党的使命宗旨的重大政治问题"，必须"用最严格制度最严密法治保护生态环境，加快制度创

---

① 《马克思恩格斯文集》第1卷，人民出版社2009年版，第519页。

② 马克思：《1844年经济学哲学手稿》，人民出版社2000年版，第56—57页。

新，强化制度执行，让制度成为刚性的约束和不可触碰的高压线”。习近平站在“生态兴则文明兴，生态衰则文明衰”的人类文明历史发展高度，把马克思主义人与自然关系思想与新时代中国特色社会主义伟大实践相结合，把马克思主义人与自然思想推向了新的认识高度。

2. 把握大方向抢占制高点的科技进步思想

习近平在继承马克思主义科学技术观以及总结科学历史发展趋势基础上，从实现中华民族伟大复兴中国梦、建设现代化强国的视角，为我国科学技术未来发展以及抢占科技和产业制高点指引方向。首先，清醒认识我国科学技术发展的薄弱方面和不足，“要瞄准世界科技前沿领域和顶尖水平，树立雄心，奋起直追，潮头搏浪，树立敢于同世界强手比拼的志气”。① 其次，全球新一轮科技和产业革命呼之欲出，“抓住了就是机遇，抓不住就是挑战。新科技革命和产业变革将重塑全球经济结构，就像体育比赛换到了一个新场地，如果我们还留在原来的场地，那就跟不上趟了”。② 再次，牢牢把握科技进步大方向，寻找科技创新突破口，抢占未来科技发展先机。“推进科技创新，首先要把方向搞清楚，否则花了很多钱、投入了很多资源，最后也难以取得好的成效。”③最后，深刻把握全球科技创新的新态势，占据战略制高点。进入21世纪以来，“学科交叉融合加速，新兴学科不断涌现，前沿领域不断延伸，物质结构、宇宙演化、生命起源、意识本质等基础科学领域正在或有望取得重大突破性进展。信息技术、生物技术、新材料技术、新能源技术广泛渗透，带动几乎所有领域发生了以绿色、智能、泛在为特征的群体性技术革命”。④ 习近平对科学技术最新发展态势作出准确判断，指明了我国科学技术未来发展的战略方向。

---

① 《习近平关于科技创新论述摘编》，中央文献出版社2016年版，第80页。
② 《习近平关于科技创新论述摘编》，中央文献出版社2016年版，第78页。
③ 《习近平关于科技创新论述摘编》，中央文献出版社2016年版，第80页。
④ 《习近平关于科技创新论述摘编》，中央文献出版社2016年版，第81页。

3. 系统工程方法为核心的科技发展战略思想

在科学、技术、工程与社会一体化、深度融合趋势下，在“大科学”跨学科协同创新发展情势下，科学技术发展的道路方向以及方法选择尤为重要。习近平同志站在科学技术发展趋势以及国际竞争最新态势高点，注重系统整体的战略实施与系统工程方法运用。习近平同志指出：“顶层设计要有世界眼光，找准世界科技发展趋势，找准我国科技发展现状和应走的路径，把发展需要和现实能力、长远目标和近期工作统筹起来考虑，有所为有所不为，提出切合实际的发展方向、目标、工作重点。”①在坚定不移走中国特色自主创新道路安排上，习近平同志指出：“要准确把握重点领域科技发展的战略机遇，选准关系全局和长远发展的战略必争领域和优先方向，通过高效合理配置，深入推进协同创新和开放创新……”②习近平同志《在十八届中央政治局第九次集体学习时的讲话》中明确指出，“实施创新驱动发展战略是一项系统工程”③，《习近平同志在听取全国人大常委会、国务院、全国政协、最高人民法院、最高人民检察院党组工作汇报时的讲话》指出，我们所从事的“是艰巨繁重的系统工程”。习近平同志反复强调的“系统”、“协同”，“统筹”、“配置”，彰显习近平同志系统工程方法为核心的科技发展战略实施方法。

4. 科技创新驱动发展的科学技术与社会思想

马克思恩格斯看重科学技术的生产力功能，认为“科学技术是一种在历史上起推动作用的、革命的力量”；邓小平特别强调科学技术是“第一生产力”，突出科学技术在生产力中的首要地位。习近平在继承马克思主义科学技术思想基本观点基础之上，把科技创新作为科学技术的核心要素、活的灵

---

① 《习近平关于科技创新论述摘编》，中央文献出版社 2016 年版，第 15 页。
② 《习近平关于科技创新论述摘编》，中央文献出版社 2016 年版，第 47 页。
③ 《习近平关于科技创新论述摘编》，中央文献出版社 2016 年版，第 56 页。

魂,揭示了科学技术内在本质的活力所在。科技创新不是无源之水,而是深植于社会经济发展,科技创新与社会经济文化深度融合、互动发展。

中国近代落后可以有各种各样维度的解释,其中科学技术落后是最主要、直接原因。康熙学了不少西方科学知识,作为一种文人雅兴、猎奇与社会经济发展相脱节,没有发挥出任何社会效益。我们要实现中华民族伟大复兴、建设现代化强国,就必须实施科学技术与社会深度融合的创新驱动发展战略。首先,发挥中国特色社会主义制度优越性,集中力量办大事。“不能‘脚踩西瓜皮,滑到哪儿算哪儿’,要抓好顶层设计和任务落实。”①其次,充分调动、发挥多元主体积极作用,在竞争与协同中实现全面创新。“要加快构建以企业为主体、市场为导向、产学研相结合的技术创新体系”。② 再次,深化科技体制改革,切实营造实施创新驱动发展战略的良好环境。“坚决扫除阻碍科技创新能力提高的体制障碍,有力打通科技和经济转移转化的通道,优化科技政策供给,完善科技评价体系,营造良好创新环境。”③最后,坚定不移走中国特色创新道路,不能在核心技术上受制于人。自主创新不是关起门来搞创新,我们要用好国内、国际两种科技资源。我国科技赶超世界先进水平,要采取“非对称”、“弯道超车”战略,“必须超前谋划,下好先手棋,打好主动仗”。④

(二)自然辩证法的新时代思想特色

自然辩证法的新时代思想是马克思主义自然辩证法的继承和发展,具有鲜明的中国特色、时代特色、实践特色、发展特色和创新特色。

1. 立足中国国情的中国特色

“自然辩证法”源于恩格斯的未完成著作《自然辩证法》,伴随着马克思主

---

① 《习近平关于科技创新论述摘编》,中央文献出版社 2016 年版,第 15 页。
② 《习近平关于科技创新论述摘编》,中央文献出版社 2016 年版,第 3 页。
③ 《习近平关于科技创新论述摘编》,中央文献出版社 2016 年版,第 56 页。
④ 《习近平关于科技创新论述摘编》,中央文献出版社 2016 年版,第 43 页。

义在中国传播和发展,它是作为革命的理论和学说进入中国。在延安艰难困苦的战争年代,革命者就已经开始了对《自然辩证法》的集中学习与研讨。我国改革开放,自然辩证法学人为科学春天和改革开放鼓与呼,是思想解放的革命号角。习近平同志针对中国生态环境问题提出“绿水青山就是金山银山”的生态文明建设思想;针对中国科学技术创新能力相对落后问题提出牢牢把握科技进步大方向的“弯道超车”战略谋划,针对我国科技体制与社会环境阻碍科技进步不利因素提出深化科技体制改革思想。自然辩证法的新时代思想立足中国国情,着眼中国现实问题与未来发展,把马克思主义自然辩证法与中国国情实际情况紧密结合,创造性地发展了马克思主义自然辩证法思想,是具有鲜明中国特色的马克思主义自然辩证法中国化最新成果。

2. 立足创新驱动的时代特色

习近平同志在十九大报告中强调,中国特色社会主义进入新时代,我国社会主要矛盾已经转化为人民日益增长的美好生活需要和不平衡不充分的发展之间的矛盾。这个主要矛盾,贯穿于我国社会主义初级阶段的整个过程和社会生活的各个方面,决定了我们的根本任务是集中力量发展社会生产力。新时代发展生产力不能再走单纯追求数量指标的外延式扩张发展道路,不能再走拼资源、毁生态的“先发展、后治理”西方老路,只能走创新型国家发展战略道路。2016 年 5 月,中共中央、国务院印发《国家创新驱动发展战略纲要》,强调科技创新是提高社会生产力和综合国力的战略支撑,必须摆在国家发展全局的核心位置。科学技术创新是创新型国家战略实施最重要支撑力量,是迎接新一轮技术革命挑战和各国实力比拼的必然要求。新时代我国社会矛盾转化以及新一轮科技革命的国际竞争态势下,创新驱动的自然辩证法思想时代特色和时代意义愈加明显。

3. 问题导向致力应用的实践特色

自然辩证法不仅是马克思主义辩证唯物的世界观，同时也是改造自然、社会、思维的方法论。自然辩证法进入中国不仅是科学理论更是革命武器，是早期马克思主义宣传教育的重要内容，也是我国改革开放思想解放和唤醒科学春天的号角和春雷。习近平在哲学社会科学工作座谈会上讲话指出，“坚持以马克思主义为指导，必须落到研究我国发展和我们党执政面临的重大理论和实践问题上来，落到提出解决问题的正确思路和有效办法上来”。中国特色社会主义是实践、理论、制度的有机统一，三者统一于中国特色社会主义伟大实践，理论与实践相结合才有出路、前途。习近平总书记在讲到明末清初我国科技逐渐落伍时指出，康熙对西方科学技术很有兴趣，请西方传教士给他讲授西学，“时间不谓不早，学的不谓不多，但问题是当时虽然有人对西学感兴趣，也学了不少，却并没有让这些知识对我国经济社会发展起什么作用，大多是坐而论道、禁中清谈”。[①] 汲取历史经验教训，自然辩证法的新时代思想紧密围绕生态文明建设、科学技术创新以及深化科技体制改革等中国发展中的重大现实问题展开，突出了理论与实践相结合的实践前提、实践基础、实践特色。

4. 谋划未来着眼赶超的发展特色

自然界的辩证发展注定了社会和人类思维的辩证发展，“永恒的自然规律也愈来愈变成历史的自然规律”（恩格斯语），科学技术及其社会应用的不断发展对发展中国家而言既是机遇又是挑战。习近平同志继承了马克思主义经典作家辩证发展思想和邓小平同志“发展是硬道理”的论断，强调“中国是世界上最大的发展中国家，发展是解决中国所有问题的关键”。[②] 对于中国科

① 《习近平关于科技创新论述摘编》，中央文献出版社 2016 年版，第 61 页。
② 习近平：《让工程科技造福人类、创造未来》，《人民日报》2014 年 6 月 4 日。

学技术与发达国家的差距，习近平同志非常清醒地指出："我国科技创新的基础还不牢固，创新水平还存在明显差距，在一些领域差距非但没有缩小，反而有扩大趋势。"①习近平同志看到传统外延式发展老路难以为继，"我们必须加快从要素驱动发展为主向创新驱动发展转变，发挥科技创新的支撑引领作用"。② 在科学技术上赶超世界发达国家不是"大跃进"，必须尊重科学技术发展规律，"不要以出成果的名义干涉科学家的研究，不要动辄用行政化的'参公管理'约束科学家。很多科学研究要着眼长远，不能急功近利，欲速则不达，还可能引发学术不端"。③ 中国科学技术的某些领域正在由"跟跑者"向"并行者"、"领跑者"转变，这种发展态势的真正确立和完成是一个强手过招、反复博弈、艰难竞争过程。真正的关键核心技术是花钱买不来的，我们必须走中国特色自主创新道路，要有"非对称"性赶超措施"弯道超车"。创新驱动发展战略把创新与发展紧密结合，致力解决科学技术与经济发展"两张皮"现状，以发展为科技创新注入活力、引领方向。"科技创新绝不仅仅是实验室里的研究，而是必须将科技创新成果转化为推动经济社会发展的现实动力。"④

（三）思想启示与学科改革未来发展

"哲学家们只是用不同的方法解释世界，而问题在于改变世界。"⑤自然辩证法的新时代思想立足中国国情的中国特色、立足创新驱动的时代特色、问题导向致力应用的实践特色、谋划未来着眼赶超的发展特色给我们深刻启示，中国自然辩证法只有立足国情、致力应用、为国服务、融入新时代才有前途和发展。

① 《习近平关于科技创新论述摘编》，中央文献出版社 2016 年版，第 24 页。
② 《习近平关于科技创新论述摘编》，中央文献出版社 2016 年版，第 13 页。
③ 《习近平关于科技创新论述摘编》，中央文献出版社 2016 年版，第 120 页。
④ 《习近平关于科技创新论述摘编》，中央文献出版社 2016 年版，第 57 页。
⑤ 《马克思恩格斯文集》第 1 卷，人民出版社 2009 年版，第 506 页。

恩格斯《自然辩证法》写于1873年至1883年间，是指导工人阶级推翻资产阶级统治、争取自由解放的马克思主义理论重要部分。1871年巴黎公社失败后，欧洲工人运动进入低潮。巴黎公社起义失败的经验表明，无产阶级要在与资产阶级的斗争中取得最终胜利，必须有自己的政党，需要更完备的马克思主义的指导，《自然辩证法》就是在这样的无产阶级革命情势下产生的。《自然辩证法》进入中国，不论是在延安战争环境理论武装群众，还是在改革开放时代引领思想解放，都是自然辩证法在中国蓬勃发展的最好时期。按照吴国盛教授所言，中国自然辩证法有两个传统，一是从20世纪50年代延续下来的自然辩证法传统，二是新兴的科学哲学传统。① 从后来吸纳、结合了科学技术哲学的广义自然辩证法来看，可以说自然辩证法有两个传统；但是从恩格斯创立《自然辩证法》的本意、内容来看，从自然辩证法的最初翻译、进入中国来看，它只有一个传统——马克思主义传统。

不仅仅是自然辩证法的理论传统，自然辩证法的现实发展对于自然辩证法的学科归属也提出了新的要求。当前形势是马克思主义理论一级学科蓬勃发展，马克思主义学院特别是重点马院建设如火如荼。马克思主义学院统一开设全校思想政治理论课，统一管理思想政治理论课教师，统一负责马克思主义理论学科建设。“自然辩证法”是高等学校研究生思想政治理论课，自然辩证法的学科建设与教学改革要以马克思主义学院建设标准作为前提依据。中国自然辩证法研究会理事长吴启迪在2017年中国自然辩证法研究会的工作报告中指出，一些长期困扰我们事业发展的困难和问题，仍没有得到根本解决。主要是：以往的学科建制和学科发展定位面临着新的挑战，由此可能引发的学科危机、队伍危机、生源危机、就业危机，等等，值得我们花大力气给予关注……新时代形势下，自然辩证法的学科归属与未来发展需要我们重新反思、调整应对。

---

① 吴国盛：《中国科学技术哲学三十年》，《天津社会科学》2008年第1期，第20—26页。

1. 学术规范与社会需求双重作用下的“自然辩证法”

新时代马克思主义理论建设蓬勃发展大好形势下，全国重点马克思主义学院建设规范管理情势下，作为理工农医类研究生必修政治课的“自然辩证法”课程，在马院搞“科学技术哲学”或者说“自然辩证法”的哲学学科建设不符合马克思主义学院建设要求，马克思主义学院体制下的“自然辩证法”队伍面临学科调整、角色调整要求。

讨论“自然辩证法”的学科归属，一般都从学科的历史渊源与演进讲起，尊重学科的历史传统与内在发展，把握学科的“范式”性质。但是学科归属显然不是由学科自身决定的，定位要在社会中寻求承认，没有社会承认就没有存在和定位。在中国现行体制之下，每一学科之所以成为学科，就是要在国务院学位委员会审定的学科目录之下寻到自身位置，并且经过国家审定通过，这就是学科获得的国家法定“户口”、“身份”，这才是合法存在和身份定位。我们对于自然辩证法的理解，不再是仅仅哲学意义上的自然观和方法论，而是马克思主义理论的重要组成部分。

2. 学科归属要更好地适应新时代社会需求

把自然辩证法定位在马克思主义哲学的重要组成部分，或者说把科学技术哲学确立为哲学一级学科下属的二级学科，把自然辩证法或者说科学技术哲学当作哲学学科来建设，这从学科内在属性、学科规范建设以及当时学科发展建设态势来看都具有一定合理性。但学科归属又不是一成不变的，它要适应学科发展与社会需求变化。正像国务院学位委员会、教育部 2005 年 12 月《关于调整增设马克思主义理论一级学科及所属二级学科的通知》所说：根据《中共中央国务院关于进一步加强和改进大学生思想政治教育的意见》和《中共中央关于进一步繁荣发展哲学社会科学的意见》精神，为了加强马克思主义理论体系研究、马克思主义发展史和马克思主义中国化研究、思想政治教育研究,推进党的思想理论建设和巩固马克思主义在高等学校教育教学中的指导地位,加强高校思想政治理论课建设、培养思想政治教育工作队伍,经专家论证,决定在《授予博士、硕士学位和培养研究生的学科、专业目录》中增设马克思主义理论一级学科及所属二级学科。可见学科调整不但要符合学科发展内在禀赋、属性要求,更要适应中央要求和国家需求,这可以作为我们学科归属调整的基本原则。

于光远同志讲,中国自然辩证法就是一个“大口袋”,什么都能往里装。但是《自然辩证法》和科学技术哲学是两种不同价值取向和研究方法传统,在现实发展中隐含着矛盾、纠纷和冲突,到一定发展阶段这种矛盾冲突就会显现、爆发。清华大学刘立教授主张把自然辩证法分为两部分,“科学技术哲学”部分保留在哲学学科,“自然辩证法”争取成为马克思主义理论一级学科下的二级学科。这从中国自然辩证法现实存在的两个传统来看,还是有根据的。

3.“自然辩证法”符合马克思主义理论学科性质要求

郭贵春教授主编教育部马克思主义理论研究和建设工程重点教材配套用书《自然辩证法概论》绪论开篇讲:“自然辩证法是马克思主义关于自然和科学技术发展的一般规律、人类认识和改造自然的一般方法以及科学技术与人类社会相互作用的理论体系,是对以科学技术为中介的人与自然、社会的相互关系的概括、总结。自然辩证法就是马克思主义自然辩证法,是马克思主义理论的重要组成部分。”①自然辩证法是马克思主义理论的重要组成部分这不仅是专家学者的观点,更代表了马工程教材权威部门的审定、认可。

自然辩证法在中国的引进和创立进程,不同于一般学科发展走过的道路,具有鲜明的意识形态色彩,发挥了一般哲学学科所不具备的社会政治功能。

① 郭贵春:《自然辩证法概论》,高等教育出版社 2013 年版,第 1 页。

将“自然辩证法”更名为“科学技术哲学”,强化了其科学性和学科规范,但也削弱了其政治功能发挥。过去我们总讲与国际接轨,但是对外交流、接轨应该是一个双向过程,必须坚持我们自己的学科特色。自然辩证法是一个中国特色非常鲜明的学科,这是它的优势所在而非弱点缺点。正像曾国屏教授所说:“中国的自然辩证法,作为马克思主义自然辩证法中国化的重要成果,是颇有中国特色、中国风格和中国气派的一个学科。”①

自然辩证法的新时代思想立足中国国情的中国特色、立足创新驱动的时代特色、问题导向致力应用的实践特色、谋划未来着眼赶超的发展特色给我们深刻启示,中国自然辩证法只有立足国情、致力应用、为国服务、融入新时代才有前途和发展。自然辩证法是马克思主义自然辩证法,是马克思主义理论的重要组成部分。自然辩证法的学科归属基于学科历史发展的自身认识,更要适应新时代的社会发展需求。中国自然辩证法是马克思主义中国化的重要成果,是具有鲜明中国特色、中国风格、中国气派的学科,我们要在马克思主义理论发展中寻求学科归属与未来发展。“为国服务”是自然辩证法的优良传统,曾经获得国家大力支持,也发挥了重要社会功能。以“自然辩证法”作为学科名称具有中国特色的独到优势,在这面旗帜下可以汇聚更广泛的各方力量,谋求长远发展的国家政策支持。自然辩证法在马克思主义理论学科中坚实扎根,坚持为国服务的基本方向,自然辩证法的未来发展前景广阔。

---

① 曾国屏、王妍:《自然辩证法:从恩格斯的一本书到马克思主义中国化的一门学科》,《自然辩证法研究》2014 年第 9 期,第 22—26 页。

结语：技术实践真理观视阈的“具体性误置”批判

“真理”是两千多年哲学史的核心概念，也是哲学家们无法回避的问题。本体论、认识论、价值论等各种哲学探讨都关涉真理问题，需要哲学家们做出真理问题回答。不仅哲学事关真理，科学更是以真理自居，我们常常称之为“科学真理”。真理的哲学研究与真理的科学探讨不尽相同，但却有着相同的真理形态——判断、命题或者理论。把真理束缚、局限在“理念”或者“我思”的思想形式表达，摒弃具体事物而以抽象概念作为真实存在，被怀特海称之为“具体性的误置”，杜威称之为“哲学的谬误”。

一、“具体性误置”的理论与实践根源

人类面对的是一个纷繁多变世界，承受着各种各样的风险和失败，在事物变化中寻求不变的秩序原则，就是古希腊所说的“logos”或者我们当今所说的“逻辑”、“规律”。亚里士多德说哲学始于惊奇，把哲学、科学的起源归之于脱离生活实践的纯粹“思”之作用，抹杀了哲学、科学的生存实践前提和基础。惊奇、好奇始源于外界事物的新变化、新发现，带来的是新的生存风险或者新的生活对策，惊奇、好奇背后深层起支配作用的是生活实践问题。波普尔说

"科学始于问题",但是问题不仅是科学的理论问题还有实践问题,科学理论问题总有生活实践的直接或者间接影响和作用。

杜威把科学理论看作是生产和生活实践的备用工具,海德格尔认为理论不过是应对生活的技术筹划。思想、理论不过是人类生存生活的实践产物,而非远在彼岸天国的先验理念。远古人类没有理论乃至没有文字,但不能说他们没有应对自然的生存经验知识,套用波兰尼的说法我们可以称之为"默会知识"。人类生存的经验技艺因为缺少普遍原则和抽象理论说明,不便于知识的教育、保存和传播。把丰富的经验知识抽象化、理论化,理论逐渐脱离了生活实践的具体性羁绊,获得了自身逻辑体系的独立发展,就犹如理论自身获得了独立生命。但是正如胡塞尔所说,科学危机源于生活世界危机,科学脱离了生活世界的意义赋予和经验呵护。

纷繁多变的现象世界简单化、抽象化、数学化处理,为人们提供了一个确定有序的理念、理论世界,满足了人们逃避自然风险的"确定性寻求"愿望。古希腊哲人对于理性、理论、科学的探求,一方面是由于理论具有普遍指导意义,另一方面则是古代哲人的社会地位使然。奴隶主不齿于物质生产的体力劳动,智者的思考成为高高在上的尊贵活动。按照柏拉图的"模仿说",只有理念的桌子才是完善完满的,现实中的桌子总是不完美的,木匠打制一张桌子就是对桌子之理念的模仿。桌子之理念对于现实的指导作用不可否认,但是桌子之理念总是从生活实践中而来,从根源上来讲理念是对于现实的模仿。柏拉图把真理放置在理念天国,康德把真理放在先验世界,现实与理论的关系发生了根本性的倒转,"具体性的误置"是两千多年哲学史最基本的"哲学的谬误"。

二、面对"哲学谬误"的传统真理观局限

对于传统真理观,海德格尔用三个命题归结表达。"1. 真理的'处所'是

命题(判断)。2. 真理的本质在于判断同它的对象相‘符合’。3. 亚里士多德这位逻辑之父既把判断认作真理的源始处所,又率先把真理定义为‘符合’。”“符合”真理观的“符合”说起来简单,但追问理论观念与实在事物两类不同事物的“符合”真实含义,脱离了实践活动的纯粹思维符合外界现实不可理喻。笛卡尔对主体与客体之间的不同给出了明确的划分,主体与客体、主观与客观、物质与精神的不同结构存在注定了它们之间的相互符合是没有出路的。当我们强调真理的时候,实质上我们是在表白、证明什么,意图使他人或者自己相信,给出一个说服别人或者自己行为选择的理由。这实际上已经隐含着真理的外在世界根据,是真理研究从主观思维走向社会实践的索引。

传统真理观的“符合”或者“反映”,隐含着认识论上的“镜子”或者“照相机”比喻,以主体与客体、思维与物质的二分对立为前提。当我们首先设定了主体与客体的二分对立,而后我们以实践或者其他作为构架贯通二者的桥梁,这种努力值得肯定但也有所不足。主体与客体、思维与物质有所不同,但不过是物质世界、人类实践的辩证发展结果。我们既要看到主体、客体分离设定的认识论价值和哲学意义,也要看到其内在缺陷和不足。中国古代人与自然关系是建立在天人合一基础上的“场内观”,西方生态学意义上的自然保护是建立在人与自然相互分离基础上的“对象观”。不可否认对象研究的现代科学价值和自然改造意义,但是人与自然的本质统一更为源始和基础,为人与自然的和谐发展提供有益启示。

“符合”真理观以客观实在或者科学事实为根据,真理认识不再是模仿天国理念而是客观实在。但是“不以人的意志为转移”的客观实在,与人无涉的世界只能是康德所谓的“物自体”。康德把科学认识限定在现象界,走向了先验论的不可知论,传统真理观的内在缺陷暴露无遗。“具体性误置”的哲学谬误和传统真理观的共通之处在于,他们都是恪守基础主义、本质主义知识观,力求排除人的主观认识“干扰”,寻求一劳永逸的确定性理论形态知识。

三、技术实践真理的活动揭示

真理问题的诸多理论探讨并没有取得令人信服的满意结果,这让我们反思是不是真理的初始设定有问题,我们对于真理的提问方式本身有问题。不在认识论已有观念框架中兜圈子,把符合与证明活动联系起来,将真理纳入现象学、生存论研究是海德格尔存在论真理观研究的新路径。存在与真理问题,在海德格尔看来本就是一个问题,都可以从人的在世存在着手。

不在精神、观念、概念中找寻真理的根据,而是在存在者本身的被揭示状态中说出它的所是。强调的不是如此说出的概念、观念,而是存在者如此的被揭示活动。从命题之真走向存在者之真,走向揭示活动的生存论基础。不是要全盘否定命题的真理性意义,而是要追索真理的更为源始基础,获得我们通常所说"真理"的意义根据。对于命题的真,海德格尔常常称其为"正确",以区别于奠基于揭示活动的生存论基础的真。

命题来源于存在者的被揭示状态,比如说"这把锤子是重的",来源于我在使用过程的不顺手,我把它放弃不用等感受经验。但是命题一旦形成,就确定了事物间的一种现成联系。判断、命题并不以我们个人的源始经验为基础,我们常常作为正确认识或者理论接受使用,这就是我们常说的"间接经验"。间接经验的可接受性,就在于虽然不是我的直接感受经验,但是它作为前人经验并且经过了无数次证明,就成为真理性认识理所当然地被我们接受采用。理论来源于生活,理论也是一种生活方式,理论的真理性根源于生活实践基础。但是理论一旦忘却自己的生活世界基础,或者说遗忘了存在,那就是理论和生存的误置和颠倒。

如果说真理是基于此在的存在者被揭示状态,那么,由此会不会损害真理的客观性呢?不会,这是因为真理是对于存在者的揭示,而不是此在的任意胡为。真理不是脱离此在揭示活动的"绝对客观"现成真理,真理只能是此在在实践中认识、揭示的真理。让真理降落人间，成为人的活动的揭示行为，传统真理观的“符合”困难不复存在。可以说，海德格尔的生存论真理观的基本方向正确，对于认识生成的现象学分析以及真理本质揭示给我们许多启发，对于传统真理观的诸多无法克服苦难给出了富有新意解决方案。当然海德格尔真理观中也有一些语焉不详的诗意化讲述，对于其我们大致也只能停留在美学欣赏而不可用于研究论证。我们必须打破技术实践真理的“黑箱”，探索技术实践真理的历史发展、内在结构、真理标准。

四、技术实践真理的创新意义

技术实践真理不是一个传统理论问题，缺少现成的概念及其理论方法。技术实践真理的探讨可以通过实践与文化的视角切入，弥合科学与技术、理论与实践之间的裂隙，破除传统真理观的理论形态局限和束缚，拓展真理理解的实践意蕴和生存根基。

“具体性误置”把真理的处所置放在概念、判断和命题，这也是传统真理观的基本观点。不否认理论的真理性，但是要清醒认识理论真理性背后的实践根源和规定。从科学的理论反思转向科学的实践与文化根源揭示，为科学理论向技术实践过渡作准备。技术实践不是“座架”的自主天命，也不是无“思”的机械操作，它体现着社会实践的思想文化变迁脉络，技术实践是人类实践活动的文化成果。科学与技术具有相同的人类生存实践根源基础，这就是科学与技术相互贯通的实践与文化桥梁。

自然界与人类实践是辩证发展的，基于自然界与人类实践基础之上的技术实践真理也是历史发展的。从实证主义、实用主义真理观到技术审美、生态文明发展观，大致勾勒出技术实践真理从理论到实践、从工业文明到生态文明的历史发展进程。技术实践真理不是空洞的概念，而是具有丰富内涵的复杂结构体系。技术实践真理是人与对象物之间实践关系的活动揭示，在技术的时间视野与空间筹划中得到具体规定，而非超越时空的一成不变永恒抽象真理。

真理的“具体性的误置”在于其“心”、“思”设定，技术实践真理不仅要揭示科学理论的技术实践根源，更要深掘“心”、“思”背后的身体活动认知意义。尼采借狂人查拉斯图拉言说，在你的思想和感情的背后，有一个有权力的王，一个不知名的圣哲……它便是你的肉体。从皮亚杰认识发生原理、波兰尼默会知识到尼采权力意志的身体发现过程，是身体活动对于“心”、“思”作用的认识论颠倒，也是“具体性误置”的根本性翻转。

技术实践真理作为传统真理的拓展，具有历史维度的过程性、生活世界的现实性、真理形态的具体性特点，突出强调真理揭示的动态过程、真理根基的生活基础、真理表现的实践体现。技术实践真理看重的不是纯粹理论认识，而是理论联系实际的社会实践历史发展，所以在实践真理检验标准上有更为具体丰富规定，这就是主观与客观相符合、“是”与“应当”的统一、合规律性与合目的性的和谐。技术实践真理不仅追问“是什么”，更强调“应当怎样”，致力于人类实践的和谐社会发展。

参 考 文 献

[1]《马克思恩格斯全集》,人民出版社 2005 年版。

[2]《马克思恩格斯文集》,人民出版社 2009 年版。

[3]《马克思恩格斯选集》,人民出版社 2012 年版。

[4]马克思:《1844 年经济学哲学手稿》,人民出版社 2000 年版。

[5]恩格斯:《自然辩证法》,人民出版社 2015 年版。

[6]《列宁全集》,人民出版社 2017 年版。

[7]《列宁选集》,人民出版社 2012 年版。

[8]《习近平关于科技创新论述摘编》,中央文献出版社 2016 年版。

[9]习近平:《让工程科技造福人类、创造未来》,《人民日报》2014 年 6 月 4 日。

[10][波兰]莱泽克·科拉科夫斯基:《理性的异化——实证主义思想史》,张彤译,黑龙江大学出版社 2011 年版。

[11][德]阿尔布莱希特·维尔默:《论现代和后现代的辩证法》,钦文译,商务印书馆 2003 年版。

[12][德]阿尔弗雷德·许茨:《社会实在问题》,霍桂桓译,浙江大学出版社 2011 年版。

[13][德]奥斯瓦尔德·斯宾格勒:《西方的没落》第一卷,吴琼译,上海三联书店 2006 年版。

[14][德]贝尔纳·斯蒂格勒:《技术与时间:爱比米修斯的过失》,裴程译,译林出版社 2000 年版。

[15][德]恩斯特·卡西尔:《人文科学的逻辑》,关之尹译,上海译文出版社 2004 年版。

[16][德]恩斯特·卡西尔:《神话思维》,黄龙保、周振选译,中国社会科学出版社1992年版。

[17][德]费尔巴哈:《基督教的本质》,荣振华译,商务印书馆1984年版。

[18][德]冈特·绍伊博尔德:《海德格尔分析新时代的技术》,宋祖良译,中国社会科学出版社1993年版。

[19][德]哈贝马斯:《后形而上学思想》,曹卫东、付德根译,译林出版社2001年版。

[20][德]哈贝马斯:《交往行为理论》第1卷,曹卫东译,上海人民出版社2004年版。

[21][德]哈贝马斯:《作为"意识形态"的技术与科学》,李黎、郭官义译,学林出版社1999年版。

[22][德]海德格尔:《存在与时间》,陈嘉映、王庆节译,生活·读书·新知三联书店2012年版。

[23][德]海德格尔:《技术的追问》,孙周兴译,载《海德格尔选集》上海三联书店1996年版。

[24][德]海德格尔:《林中路》,孙周兴译,上海译文出版社2004年版。

[25][德]海德格尔:《路标》,孙周兴译,商务印书馆2001年版。

[26][德]海德格尔:《人,诗意地安居》,郜元宝译,广西师范大学出版社2000年版。

[27][德]海德格尔:《物的追问》,赵卫国译,上海译文出版社2010年版。

[28][德]海德格尔:《形而上学导论》,熊伟等译,商务印书馆1996年版。

[29][德]海森堡:《严密自然科学基础近年来的变化》,《海森堡论文选》翻译组译,上海译文出版社1978年版。

[30][德]汉斯-格奥尔格·伽达默尔:《诠释学I:真理与方法》,洪汉鼎译,商务印书馆2010年版。

[31][德]黑格尔:《美学》第1卷,朱光潜译,商务印书馆1981年版。

[32][德]胡塞尔:《笛卡尔式的沉思》,张廷国译,中国城市出版社2002年版。

[33][德]胡塞尔:《欧洲科学的危机与超越论的现象学》,王炳文译,商务印书馆2008年版。

[34][德]胡塞尔:《生活世界现象学》,倪梁康、张廷国译,上海译文出版社2005年版。

[35][德]康德:《实践理性批判》,关文运译,广西师范大学出版社2002年版。

[36][德]罗宾·柯林伍德:《自然的观念》,吴国盛、柯映红译,华夏出版社 1999 年版。

[37][德]马克斯·霍克海默、西奥多·阿道尔诺:《启蒙辩证法》,上海人民出版社 2003 年版。

[38][德]马克斯·韦伯:《经济与社会》第一卷,阎克文译,上海人民出版社 2010 年版。

[39][德]马克斯·韦伯:《新教伦理与资本主义精神》,彭强、黄晓京译,陕西师范大学出版社 2002 年版。

[40][德]尼采:《查拉斯图拉如是说——看哪,这人》,楚图南译,北京时代华文书局 2013 年版。

[41][德]尼采:《偶像的黄昏》,杨丹,陈永红译,江苏凤凰文艺出版社 2015 年版。

[42][德]尼采:《权力意志》,孙周兴译,商务印书馆 2016 年版。

[43][德]尼采:《善恶的彼岸》,赵千帆译,商务印书馆 2016 年版。

[44][法]G. 勒纳尔、G. 乌勒西:《近代欧洲的生活与劳作:从 15—18 世纪》,杨军译,上海三联书店 2008 年版。

[45][法]奥古斯丁·孔德:《论实证精神》,黄建华译,商务印书馆 2011 年版。

[46][法]贝尔纳·斯蒂格勒:《技术与时间:爱比米修斯的过失》,裴程译,译林出版社 2000 年版。

[47][法]布鲁诺·雅科米:《技术史》,蔓君译,北京大学出版社 2000 年版。

[48][法]丹皮尔:《科学史》上册,李珩译,商务印书馆 1997 年版。

[49][法]费尔南·布罗代尔:《15 至 18 世纪的物质文明、经济和资本主义》第一卷,顾良、施康强译,生活·读书·新知三联书店 2002 年版。

[50][法]费尔南·步罗代尔:《文明史纲》,肖昶等译,广西师范大学出版社 2003 年版。

[51][法]克洛德·贝尔纳:《实验医学研究导论》,夏康农、管光东译,商务印书馆 1996 年版。

[52][法]利奥塔:《利奥塔访谈书信录》,谈瀛洲译,上海人民出版社 1997 年版。

[53][法]列维-布留尔:《原始思维》,丁由译,商务印书馆 2007 年版。

[54][法]卢梭:《论人类不平等的起源和基础》,李常山译,商务印书馆 1962 年版。

[55][法]米歇尔·福柯:《疯癫与文明》,刘北成、杨远婴译,生活·读书·新知三联书店 2012 年版。

[56][法]米歇尔·福柯:《规训与惩罚》,刘北成、杨远婴译,生活·读书·新知三联书店 2003 年版。

[57][法]莫里斯·梅洛-庞蒂:《知觉现象学》,姜志辉译,商务印书馆 2005 年版。

[58][法]尼采:《苏鲁支语录》,徐梵澄译,商务印书馆 1997 年版。

[59][法]雅克·勒高夫:《试谈另一个中世纪——西方的时间、劳动和文化》,周莽译,商务印书馆 2014 年版。

[60][古罗马]圣·奥古斯丁:《忏悔录》第 11 卷,周士良译,商务印书馆 1963 年版。

[61][古希腊]柏拉图:《斐多》,杨绛译,辽宁人民出版社 2000 年版。

[62][古希腊]亚里士多德:《尼各马科理学》,苗力田译,中国人民大学出版社 2003 年版。

[63][古希腊]亚里士多德:《形而上学》,李真译,上海世纪出版集团 2005 年版。

[64][荷]汉斯·拉德主编:《科学实验哲学》,吴彤、何华青、崔波译,科学出版社 2015 年版。

[65][加]巴里·艾伦:《知识与文明》,刘梁剑译,浙江大学出版社 2010 年版。

[66][克罗地亚]斯尔丹·勒拉斯:《科学与现代性——整体科学理论》,严忠志译,商务印书馆 2011 年版。

[67][美]N. 施皮尔伯格、B. D. 安德森:《震撼宇宙的七大思想》,张祖林、辛凌译,科学出版社 1992 年版。

[68][美]阿拉斯代尔·麦金太尔:《伦理学简史》,龚群译,商务印书馆 2014 年版。

[69][美]艾尔伯特·鲍尔格曼:《跨越后现代的分界线》,孟庆时译,商务印书馆 2003 年版。

[70][美]爱德华·W. 萨义德:《文化与帝国主义》,李琨译,生活·读书·新知三联书店 2003 年版。

[71][美]爱德华·W. 萨义德:《东方学》,王宇根译,生活·读书·新知三联书店 2007 年版。

[72][美]安德鲁·皮克林:《作为实践和文化的科学》,柯文、伊梅译,中国人民大学出版社 2006 年版。

[73][美]巴巴拉·弗里兹:《煤的历史》,时娜译,中信出版社 2005 年版。

[74][美]大卫·雷·格里芬:《后现代精神》,王成兵译,中央编译出版社 1998 年版。

[75][美]戴安娜·克兰:《文化生产:媒体与都市艺术》,译林出版社 2001 年版。

[76][美]丹尼尔·贝尔:《资本主义文化矛盾》,赵一凡等译,生活·读书·新知三联书店 1989 年版。

[77][美]杜威:《确定性的寻求》,傅统先译,上海人民出版社 2004 年版。

[78][美]菲利普·费尔南德斯·阿莫斯图:《食物的历史》,何舒平译,中信出版社 2005 年版。

[79][美]赫伯特·施皮格伯格:《现象学运动》,王炳文、张金言译,商务印书馆 2011 年版。

[80][美]加来道雄:《平行宇宙》,伍义生、包新周译,重庆出版社 2008 年版。

[81][美]卡尔·米切姆:《技术哲学概论》,殷登祥、曹南燕译,天津科学出版社 1999 年版。

[82][美]拉里·希克曼:《杜威的实用主义技术》,韩连庆译,北京大学出版社 2010 年版。

[83][美]理查德·罗蒂:《后哲学文化》,黄勇译,上海译文出版社 2004 年版。

[84][美]理查德·罗蒂:《实用主义哲学》,林南译,上海译文出版社 2009 年版。

[85][美]理查德·罗蒂:《哲学和自然之境》,李幼蒸译,商务印书馆 2003 年版。

[86][美]理查德·桑内特:《肉体与石头——西方文明中的身体与城市》,黄煜文译,上海译文出版社 2011 年版。

[87][美]理查德·塔纳斯:《西方思想史》,吴象婴、晏可佳、张广勇译,上海社会科学出版社 2007 年版。

[88][美]刘易斯·芒福德:《机械的神话》,钮先钟译,黎明文化事业股份有限公司 1972 年版。

[89][美]罗贝尔·福西耶:《中世纪劳动史》,陈青瑶译,上海人民出版社 2007 年版。

[90][美]马歇尔·麦克卢汉:《理解媒介》,何道宽译,商务印书馆 2001 年版。

[91][美]玛丽恩·内斯特尔:《食品安全》,程池、黄宇彤译,社会科学文献出版社 2004 年版。

[92][美]迈克尔·林奇:《科学实践与日常活动》,邢冬梅译,苏州大学出版社 2010 年版。

[93][美]皮特·N. 斯特恩斯等:《全球文明史》,赵轶峰等译,中华书局 2006 年版。

[94][美]乔治·巴萨拉:《技术发展简史》,周光发译,复旦大学出版社 2000

年版。

[95][美]乔治·瑞泽尔:《后现代社会理论》,谢立中译,华夏出版社 2003 年版。

[96][美]桑德拉·哈丁:《科学的文化多元性》,夏侯炳、谭兆民译,江西教育出版社 2002 年版。

[97][美]苏珊·哈克主编:《意义、真理与行动》,陈波等译,东方出版社 2007 年版。

[98][美]唐·伊德:《技术与生活世界》,韩连庆译,北京大学出版社 2012 年版。

[99][美]唐·伊德:《让事物“说话”》,韩连庆译,北京大学出版社 2008 年版。

[100][美]梯利:《西方哲学史》,葛力译,商务印书馆 2000 年版。

[101][美]托马斯·L. 汉金斯:《科学与启蒙运动》,任定成、张爱珍译,复旦大学出版社 2000 年版。

[102][美]托马斯·K. 麦克劳:《现代资本主义——三次工业革命中的成功者》,赵文书、肖锁章译,江苏人民出版社 2006 年版。

[103][美]希拉·贾撒诺夫等主编:《科学技术论手册》,盛晓明、孟强、胡娟、陈蓉蓉译,北京理工大学出版社 2004 年版。

[104][美]伊恩·哈金:《表征与干预》,王巍、孟强译,科学出版社 2011 年版。

[105][美]约翰·D.卡普托:《真理》,贝小戎译,上海文艺出版社 2016 年版。

[106][美]约瑟夫·劳斯:《涉入科学》,戴建平译,苏州大学出版社 2010 年版。

[107][美]约书亚·亚历山大:《实验哲学导论》,楼巍译,上海译文出版社 2013 年版。

[108][美]詹姆斯·E. 麦克莱伦第三、哈罗德·多恩:《世界史上的科学技术》,王鸣阳译,上海科技教育出版社 2003 年版。

[109][美]詹姆斯:《实用主义》,陈小珍编译,北京出版社 2012 年版。

[110][美]詹姆斯:《真理的意义》,刘宏信译,广西师范大学出版社 2007 年版。

[111][美]詹姆斯·E. 麦克莱伦第三、哈罗德·多恩:《世界科学技术通史》,王鸣阳译,上海科技教育出版社 2007 年版。

[112][美]詹姆逊:《文化转向》,胡亚敏译,中国社会科学出版社 2000 年版。

[113][挪威]希尔贝克、伊耶:《西方哲学史》,童世骏、郁振华、刘进译,上海译文出版社 2004 年版。

[114][日]柄谷行人:《哲学的起源》,潘世圣译,中央编译出版社 2015 年版。

[115][日]苍桥重史:《技术社会学》,王秋菊、陈凡译,辽宁人民出版社 2008 年版。

[116][日]古川安:《科学的社会史:从文艺复兴到20世纪》,杨舰、梁波译,科学出版社2011年版。

[117][瑞士]皮亚杰、B. 英海尔德:《儿童心理学》,吴福元译,商务印书馆1986年版。

[118][瑞士]皮亚杰:《发生认识论原理》,王宪钿等译,商务印书馆1989年版。

[119][瑞士]皮亚杰:《结构主义》,倪连生、王琳译,商务印书馆1987年版。

[120][斯里兰卡]C. G. 维斯曼特里编:《人权与科学技术发展》,张新宝等译,知识出版社1997年版。

[121][匈牙利]波兰尼:《科学、信仰与社会》,王靖华译,南京大学出版社2004年版。

[122][意]伽利略:《关于两门新科学的对话》,武际可译,北京大学出版社2006年版。

[123][英]G. S. 基尔克等:《前苏格拉底哲学家》,聂敏里译,华东师范大学出版社2014年版。

[124][英]J. D. 贝尔纳:《科学的社会功能》,陈体芳译,广西师范大学出版社2003年版。

[125][英]R. 坦普尔:《中国的创造精神》,陈养正译,人民教育出版社2004年版。

[126][英]W. H. 牛顿-史密斯主编:《科学哲学指南》,成素梅、殷杰译,上海科技教育出版社2006年版。

[127][英]爱德华·露西-史密斯:《世界工艺史:手工艺人在社会中的作用》,朱淳译,中国美术学院出版社2006年版。

[128][英]爱德华·泰勒:《原始文化》,连树生译,广西师范大学出版社2005年版。

[129][英]安东尼·吉登斯:《历史唯物主义的当代批判:权力、财产与国家》,郭忠华译,上海译文出版社2010年版。

[130][英]安东尼·肯尼:《牛津西方哲学史》第二卷,袁宪军译,吉林出版集团有限责任公司2010年版。

[131][英]查尔斯·辛格等:《技术史》第三卷,高亮华、戴吾三译,上海科技教育出版社2004年版。

[132][英]查尔斯·辛格著:《科学简史》,马百亮译,格致出版社2016年版。

[133][英]怀特海:《过程与实在》,李步楼译,商务印书馆2011年版。

[134][英]怀特海:《科学与近代世界》,何钦译,商务印书馆1989年版。

[135][英]卡尔・波普尔:《客观知识:一个进化论的研究》,舒炜光等译,上海译文出版社 2015 年版。

[136][英]克莱夫・庞廷:《绿色世界史》,王毅、张学广译,上海人民出版社 2002 年版。

[137][英]李约瑟:《中国古代科学思想史》,陈立夫等译,江西人民出版社 1999 年版。

[138][英]罗素:《西方哲学史》,何兆武、李约瑟译,商务印书馆 1963 年版。

[139][英]迈克尔・波兰尼:《个人知识——迈向后批判哲学》,许泽民译,贵州人民出版社 2000 年版。

[140][英]迈克尔・波兰尼:《科学、信仰与社会》,王靖华译,南京大学出版社 2004 年版。

[141][英]培根:《新工具》,许宝骙译,商务印书馆 2008 年版。

[142][英]乔治・萨顿:《希腊黄金时代的古代科学》,鲁旭东译,大象出版社 2010 年版。

[143][英]韦尔斯:《世界史》,焦向阳译,九州出版社 2005 年版。

[144][英]休谟:《道德原则研究》,曾晓平译,商务印书馆 2012 年版。

[145][英]约翰・汤姆林森:《全球化与文化》,郭英剑译,南京大学出版社 2002 年版。

[146][英]约翰・V. 皮克斯通:《认识方式》,陈朝勇译,上海科技教育出版社 2008 年版。

[147][英]詹姆斯・乔治・弗雷泽:《金枝》上册,赵昍译,安徽人民出版社 2012 年版。

[148]北京大学哲学系外国哲学史教研室编译:《西方哲学原著选读》,商务印书馆 1999 年版。

[149]曾国屏、王妍:《自然辩证法:从恩格斯的一本书到马克思主义中国化的一门学科》,《自然辩证法研究》2014 年第 9 期。

[150]邓波:《技术与现代主义建筑思想》,《科学技术与辩证法》2004 年第 2 期。

[151]费多益:《转基因:人类能否扮演上帝?》,《自然辩证法研究》2004 年第 1 期。

[152]郭贵春:《自然辩证法概论》,高等教育出版社 2013 年版。

[153]郝苑、孟建伟:《从"人的发现"到"世界的发现"——论文艺复兴对科学复兴的深刻影响》,《北京行政学院学报》2013 年第 4 期。

[154]何丽野:《从理论与实践互动的语境反思马克思主义哲学》,《哲学动态》

2009年第10期。

[155]何新:《中国远古神话与历史新探》,黑龙江教育出版社1988年版。

[156]洪汉鼎主编:《理解与解释:诠释学经典文选》,东方出版社2001年版。

[157]李申:《中国古代哲学和自然科学》,上海人民出版社2002年版。

[158]李泽厚:《美的历程》,中国社会科学出版社1984年版。

[159]刘德明、蔡菊英:《天然食物也未必无害于人体》,《生物学教学》1995年第10期。

[160]蒙本曼:《知识地方性与地方性知识》,中国社会科学出版社2016年版。

[161]孟建伟、刘红萍:《杜威的科学人文主义对后分析哲学的影响》,《北京行政学院学报》2012年第6期。

[162]孟建伟:《论科学的人文价值》,中国社会科学出版社2000年版。

[163]孟建伟:《全球化科学哲学:根源、问题与前景》,《北京行政学院学报》2014年第6期。

[164]唐明邦:《李时珍评传》,南京大学出版社1991年版。

[165]涂途:《现代科学技术之花——技术美学》,辽宁人民出版社1986年版。

[166]汪民安:《尼采与身体》,北京大学出版社2008年版。

[167]汪民安编:《福柯文选》第3卷,张凯等译,北京大学出版社2016年版。

[168]王建明:《"红"与"绿":展现新全球化时代生态政治哲学新思维》,《自然辩证法研究》2008年第12期。

[169]王雨辰:《生态政治哲学何以可能》,《哲学研究》2007年第11期。

[170]吴国盛:《让科学回归人文》,江苏人民出版社2003年版。

[171]吴国盛:《中国科学技术哲学三十年》,《天津社会科学》2008年第1期。

[172]吴文新:《基因科技与身心二元论的消解》,《自然辩证法研究》2001年第10期。

[173]席泽宗:《中国科学技术史·科学思想卷》,科学出版社2001年版。

[174]肖峰:《论科学与人文的当代融通》,江苏人民出版社2001年版。

[175]英国布朗参考书出版集团:《经济史》,刘德中译,中国财政经济出版社2004年版。

[176]张一兵:《永恒的自然规律在变成历史的自然规律》,《南京大学学报》(哲学·人文·社科版)1995年第3期。

[177]张志伟:《西方哲学十五讲》,北京大学出版社2004年版。

[178]周程:《屠呦呦与青蒿高效抗疟功效的发现》,《自然辩证法通讯》2016年第

1 期。

[179]宗白华:《西洋哲学史》,江苏教育出版社 2005 年版。

[180]Anderson, A. A., "Why Prometheus Suffers: Technology and the Ecological Crisis", *Society for Philosophy & Technology*, 1995(1-2).

[181]Borgmann, A., "The Moral Assessment of Technology", in *Democracy in a Technological Society*, *Winner*, L.(eds.), Netherlands: Kluwer Academic Publishers, 1992.

[182] Borgmann, A., *Technology and Character of Contempory Life: A Philosophy Inquiry*, Chicago and London: The University of Chicago Press, 1984.

[183] Butterfield, H., The Origins of Modern Science: 1300 - 1800, New York: Macmillan, 1957.

[184] Chalmers, A., " Atomism from the 17th to the 20th Century ", *Stanford Encyclopedia of philosophy*, First published Thu Jun 30, 2005, substantive revision Thu Oct 28, 2010.

[185] Corbellini, S., " MargrietHoogvliet ", *Journal of Medieval and Early Modern studies*, North Carolina: Duke University Press, 2013.

[186]Drengson, A., *The Practice of Technology*, Albany: State University of New York Press, 1995.

[187] Durbin, P. T., " Toward a Social Philosophy of Technology ", *Research in Philosophy & Technology*, Vol. 1, 1978.

[188]Ellul, J., "Nature, Technique and Artificiality", *Research in Philosophy & Technology*, Volume 3, by JAI Press Inc., 1980.

[189]Ellul, J., *The Technological Society*, New York: Alfred A. Knopf, Inc. and Random House, Inc., 1964.

[190]Fandozzi, P. R., "Appropriate? Inappropriate? ——What's the Difference?", *Research in Philosophy & Technology*, Volume 6.

[191]Hatfield, G., "René Descartes", *Stanford Encyclopedia of Philosophy*, First published Wed Dec 3, 2008.

[192]Ihde, D., "Technoscience and the 'other' continental philosophy", *Continenta Philosophy Review*, vol. 33, 2000.

[193]Ihde, D., *Postphenomenology and Technoscience*, Albany: State University of New York, 2009.

[194]Ihde, D., *Technics and Praxis: A Philosophy of Technology*, Dorderecht: Reidel

Publishing Company,1979.

[195]Ihde,D.,*Technology and the Life World*,Bloomington and Indianapolis:Indiana University Press,1990.

[196]Landes,D.A.,"Individuals and technology:Gilbert Simondon,from Ontology to Ethics to Feminist Bioethics",*Cont Philos Rev*,2014(47).

[197]Machamer,P.,"Galileo Galilei",*Stanford Encyclopedia of philosophy*,First published Fri Mar 4,2005; substantive revision Thu May 21,2009.

[198]Mitcham,C.,*Thinking through Technology*:The Path between Engineering and Philosophy,Chicago:The Chicago University Press,1994.

[199] Mumford, L., *The City in History: Its Origins, Its Transformations, and Its Prospects*,New York:Harcourt and World,1961.

[200]Rivers,T.J.,*Contra technologiam:the crisis of value in a technological age*,Lanham:University Press of America,Inc.,1993.

[201]Rouse,J.,"New philosophy of science in North America twenty years later",*Journal for General Philosophy of Science*,vol. 29,1998.

[202]Rouse,J.,*How Scientific Practice Matter:Reclaiming Philosophical Naturalism*,Chicago:The University of Chicago Press,2002.

[203]Shapin,S.,"History of Science and Its Sociological Reconstruction",*History of Science*,Vol. XX,1982.

[204]Shields,C.,"Aristotle",*Stanford Encyclopedia of philosophy*,First published Thu Sep 25,2008.

[205]Shrader-Frechette,K.,Westra L.,*Technology and Values*,Lanham:Rowman & Littlefield Publishers,Inc.,1997.

[206]Smiers,J.,*Arts under Pressure,Promoting Cultural Diversity in the Age of Globalization*,London:Zed Books Ltd.,2003.

[207]Winner,*Autonomous Technology*,Cambridge:MIT Press,1977.

[208]Zahavi,D.,*Subjectivity and Selfhood:Investigating the First-Person Perspective*,Massachusetts Cambridge:The MIT Press,2005.

后　记

本书系国家社科基金项目“基于‘具体性误置’批判的技术真理意义研究”结项成果（立项号：15BZX027；结项号：20192780），结项成绩“良好”。感谢国家社科基金的支持，感谢华中师范大学重点马克思主义学院建设以及一流学科建设支持！

作为立项课题研究项目，首先要明确必须面对、不能回避有待解决的关键问题。关键性问题不解决，研究就缺少了地基、框架，研究的大厦就立不住、垮掉了。课题研究进程中，每当心浮气躁试图“多快好省”、“大跃进”时候，就以榜样人物鞭策、激励自己。马克思写作《资本论》历时40年，马克思在世时出版了第一卷，后续各卷出版是由恩格斯等人完成的。马克思在那样艰难困苦条件下，为写作《资本论》付出毕生心血，我们为什么在学术研究中做不到呢？

实践不仅是检验真理的唯一标准，而且它自身就是更源始意义上的真理；实践也不能局限于本体论、认识论层面理解，它更是人类的自我发明、自我创造、自我解放。马克思说，以往的哲学家只是用不同的方式解释世界，而问题在于改变世界。马克思实践哲学不是本体论、认识论层面的思辨哲学，而是致力于改变世界、为人类求解放的人类学实践哲学。本书只是在马克思人类学实践哲学视阈下的“技术实践真理”具体研究展开，其中很多疏漏和不足之处将在接下来的“技术实践哲学”研究中修正、充实、完善。

项目研究过程中，得到了陈凡老师、孟建伟老师、尚东涛老师长期指导帮助，别应龙、张群、潘宝君、刘杨、郝喜等博士生同学帮助引文核对、文献查找，在此一并致谢！要特别感谢的是人民出版社责任编辑和校对老师，他们精益求精、力求完美的工匠精神给我鞭策和鼓励！

最后还要感谢家人长年的辛苦付出和全力支持，感谢不倦的善意批评和“后进”提醒，自己应以更加进取的精神投入新时代新长征。

李宏伟

于武汉桂子山

2020 年 5 月

责任编辑：马长虹
封面设计：徐　晖

图书在版编目(CIP)数据

技术实践的真理意义研究/李宏伟 著. —北京:人民出版社,2021.9
ISBN 978－7－01－022688－0

Ⅰ.①技…　Ⅱ.①李…　Ⅲ.①技术哲学-研究　Ⅳ.①N02

中国版本图书馆 CIP 数据核字(2020)第 236654 号

技术实践的真理意义研究

JISHU SHIJIAN DE ZHENLI YIYI YANJIU

李宏伟　著

人民出版社 出版发行
(100706　北京市东城区隆福寺街 99 号)

中煤(北京)印务有限公司印刷　新华书店经销

2021 年 9 月第 1 版　2021 年 9 月北京第 1 次印刷
开本:710 毫米×1000 毫米 1/16　印张:23.75
字数:340 千字　印数:0,001-3,000 册

ISBN 978－7－01－022688－0　定价:68.00 元

邮购地址 100706　北京市东城区隆福寺街 99 号
人民东方图书销售中心　电话 (010)65250042　65289539